Scherzer / Martin

Brücken zur Mechanik

Rolf Scherzer
Rolf Martin

Brücken zur Mechanik

Statik: Aufgaben

HANSER

Die Autoren waren viele Jahre als Professoren an der Hochschule Esslingen tätig.
Prof. Dr.-Ing. Dipl.-Ing. Rolf Martin Scherzer lehrte 26 Jahre Mechanik, Konstruktion, CAD und Technisches Zeichnen und Prof. Dr. rer. nat. Dr. h.c. Rolf Martin lehrte über 30 Jahre Physik und Optoelektronik.

MIX
Papier aus verantwortungsvollen Quellen
FSC® C083411

Print-ISBN: 978-3-446-48149-7
E-Book-ISBN: 978-3-446-48396-5

Bibliografische Information der Deutschen Nationalbibliothek:
Die Deutsche Nationalbibliothek verzeichnet diese Publikation in der Deutschen Nationalbibliografie; detaillierte bibliografische Daten sind im Internet unter http://dnb.d-nb.de abrufbar.

Vilshofener Straße 10 | 81679 München | info@hanser.de
www.hanser-fachbuch.de
Lektorat: Dipl.-Ing. Natalia Silakova-Herzberg
Herstellung: Eberl & Koesel Studio, Kempten
Coverkonzept: Marc Müller-Bremer, www.rebranding.de, München
Covergestaltung: Max Kostopoulos
Titelmotiv: © gettyimages.de/gaspr13
Satz: le-tex publishing services GmbH, Leipzig
Druck: CPI Books GmbH, Leck
Printed in Germany

Inhalt

Vorwort

Den Studierenden der Technischen Mechanik 1 (Statik) und allen Interessierten stellen wir hiermit eine umfangreiche Sammlung ausgewählter Übungsaufgaben zur Verfügung. Sie dient als Ergänzung zum Lehrbuch „Brücken zur Mechanik – Statik". Die Anregungen dazu stammen zu einem gewissen Teil von unseren geschätzten Kollegen der Fakultäten Fahrzeugtechnik, Grundlagen und Maschinenbau der Hochschule Esslingen. Namentlich bedanken möchten wir uns bei den Professoren Hartmut Bathelt, Joachim Berkemer, Helmut von Eiff, Andreas Fritz, Harro Kümmerer, Werner Lang, Roland Mastel, Gerhard Ott, Fritz Silberberger und bei Frau Professorin Monika Rack. Zudem gilt unser Dank den Mitarbeiterinnen des Carl Hanser Verlags in München, insbesondere Frau Natalia Silakova für das Lektorat und Frau Christina Kubiak von den Editorial Services.

Seit kurzer Zeit sprechen uns einige unserer ehemaligen Studierenden an, dass die hier vorgelegten „Brücken zur Mechanik" leider ein paar Jahre zu spät erscheinen würden. Mittlerweile nutze man an Schulen und Hochschulen sogenannte (generative) KI-Löser zum softwaregestützten Berechnen von Mathematik- und Mechanikaufgaben. Die Autoren haben dabei allerdings milde Zweifel, ob diese „Suchmaschinen", die sich bisher nur auf bereits hinlänglich bekanntes Datenbankwissen stützen, tatsächlich in der Lage sind, künftige und vor allem bisher noch ungelöste Ingenieuraufgaben zuverlässig lösen zu können. Und das vor allem im Hinblick auf Qualität, Praxistauglichkeit und die Verantwortung der Ingenieur:innen für ihre Entwicklungen einschließlich ihrer persönlichen Produkthaftung.

Die Erfahrung zeigt, dass KI-gestützte Programme auch Fehler machen, die – wenn sie nicht von Fachleuten als solche erkannt werden – schlimmen Schaden anrichten können. Man denke etwa an falsche Diagnosen in der Medizin. Es muss also stets der Mensch das letzte Wort haben und deshalb ist es wichtig, dass Ingenieurstudierende eine umfassende Ausbildung in den Grundlagenfächern erhalten, denn nur dann sind sie in der Lage, Ergebnisse einer KI-Rechnung zu interpretieren, d. h. zu validieren oder ggf. zu verwerfen.

Merke: Nur das selbstständige Rechnen und mühsame Bearbeiten von Aufgaben in den MINT-Fächern formt den robusten, kritischen und erfahrenen Ingenieur und schärft seine Sinne, NICHT das Bedienen neuer Mode-Tools. Möge sich die aktuelle KI-Begeisterung nicht über kurz oder lang als fataler Irrtum herausstellen.

Esslingen und Köngen, im August 2025

Rolf Martin Scherzer, Rolf Martin

1 Einleitung

Diese insgesamt **280** Statik-Aufgaben sind nach Themen gegliedert, beginnend bei den eher einfachen Fachwerken bis hin zur etwas anspruchsvolleren Balkenstatik. Innerhalb der Kapitel sind sie nach ihrem Schwierigkeitsgrad (leicht – mittel – schwer) sortiert. Die leichten stehen am Anfang, die schwierigen am Ende. Die jeweilige Einschätzung des Schwierigkeitsgrades ist sehr individuell und hängt vom eigenen Kenntnisstand ab. Daher fehlen bei den jeweiligen Aufgaben entsprechende Vermerke. In der Aufgabenstellung werden – falls erforderlich – Kurzhinweise zur Lösung gegeben. Die Kurzlösungen stehen jeweils in eckigen Klammern direkt unter den jeweiligen Aufgaben. In der Balkenstatik finden sich die grafischen Schnittgrößenverläufe jeweils am Aufgabenende direkt unter den Kurzlösungen.

Es wurde absichtlich auf die Vorgabe von empfohlenen Bearbeitungszeiten verzichtet, um den geneigten Leser weder zu irritieren noch unter Druck zu setzen. Natürlich ist es den Autoren bewusst, dass die Fülle dieser Aufgaben den Rahmen **jedweder** Klausurvorbereitung bei Weitem überschreitet. Hauptziel hierbei ist stets die Unterstützung der Studierenden. Eine weitere Intention war es, die Vielfalt und den Variantenreichtum an Aufgabenstellungen zu dokumentieren.

Merke: In diesen Übungsaufgaben wirken bzw. verlaufen – soweit nicht bemaßt – alle Einzelkräfte, Streckenlasten und Fachwerkstäbe in horizontaler bzw. vertikaler Richtung.

Komplette Musterlösungen zu den jeweiligen Themen samt ausführlicher Lösungsanleitung werden im Lehrbuch „Brücken zur Mechanik – Statik“ gezeigt.

Verwendete Abkürzungen

2D	zwei Dimensionen, zweidimensional
3D	drei Dimensionen, dreidimensional
äK	äußere Kraft
Ba	Balkenaufgabe
BGA	Bereichsgrenzenanalyse (Balkenstatik)
BT	Bewegungstendenz
BR	Bewegungsrichtung
EMGS	Erstarrungsmethode Gesamtsystem (bei mehrteiligen Systemen und Fachwerken)
FhGdB	Freiheitsgrade der Bewegung (in 2D: 3, in 3D: 6)
FSP	Flächenschwerpunkt (2D)
FW	Fachwerk (2D, eben) bzw. Fachwerkaufgabe
iK	innere Kraft
K	Kontakt- bzw. Kipppunkt
Kn	Anzahl Knoten eines Fachwerks
LGS	lineares Gleichungssystem
LöStra	Lösungsstrategie
LSP	Linienschwerpunkt (2D)
MKS	Einheitensystem Meter, Kilogramm, Sekunde
n	Anzahl Einzelteile eines Mechanischen Systems
PS	Pendelstütze
PSA	Pendelstützen-Analyse (Zerlegen schräger Stabkräfte in Kraftkomponenten entsprechend der vorgegebenen Einbaubemaßung oder des Einbauwinkels)
q	Belastungsintensität bei Rechteckslasten
q_0	Maximalwert der Belastungsintensität bei Dreieckslasten
Re	Reibaufgabe
RSP	räumlicher Schwerpunkt (3D)
SG	Systemgrenze (beim Abgrenzen)
SP	Schwerpunkt bzw. Schwerpunktaufgabe
St	Anzahl Stäbe eines Fachwerks
TM	Technische Mechanik
w	Wertigkeit(en) innerer und/oder äußerer Lager

2 Häufige Defizite und Fehler

Nach Jahrzehnten der Lehre müssen die Autoren feststellen, dass die mathematischen Fähigkeiten selbst „sehr guter" Abiturienten ungefähr seit der Einführung der reformierten Oberstufe (1972), spätestens aber seit dem Wendejahr 1989 kontinuierlich abnehmen. Besonders fatal wirken sich bei den Studierenden der MINT-Fächer die weitverbreiteten Lücken in der Mittelstufenmathematik aus. Ganz konkret gibt es gravierende Mängel beim a) kleinen und großen Einmaleins, b) einfachsten Umstellen von Gleichungen, c) Kürzen, d) Erweitern, e) Potenzieren, f) Wurzelziehen, g) Suchen des gemeinsamen Nenners etc.

Diese Grundtechniken werden teilweise nur noch rudimentär gelehrt, wenig geübt und dadurch selten korrigiert und – in letzter Konsequenz – dementsprechend von vielen Studierenden kaum noch beherrscht.

Der geneigte Leser wird sehr schnell feststellen, dass ihm nicht die Mechanik Schwierigkeiten bereitet, sondern aus o. g. Gründen die fehlenden einfach(st)en Rechengrundlagen der 5. bis 10. Klasse. Also dient ihm diese Aufgabensammlung zusätzlich als Übungsfeld, um die mathematischen Grundfähigkeiten für die Anforderungen an den Ingenieurberuf zu erlangen.

Nach der Korrektur von mehr als 20 000 TM-Klausuren stellt man fest, dass sich einige grobe Fehler über Jahrzehnte statistisch häufen und immer wieder gemacht werden. Vor diesen sei hier ausdrücklich gewarnt. Dazu zählen vor allem:

- **Oberflächliches Durchlesen:** Oft werden die Aufgaben nur flüchtig überflogen und dabei wesentliche Angaben übersehen. Bei 3D-Aufgaben wird häufig die Gewichtskraft bzw. das Eigengewicht des Bauteils vergessen. **Abhilfe:** Den Aufgabentext zweimal langsam durchlesen und wichtige Informationen farblich markieren.
- **Der viel zu frühe Griff zum Taschenrechner** erschwert oder verhindert die Kontrolle über die physikalischen Einheiten. Es gab immer wieder Hinweise, dass sich

Abiturprüfungen in Mathematik allein mithilfe eines vollprogramierbaren graphikfähigen Taschenrechners bestehen ließen. Immer mehr kann man beobachten, dass Studierende beim Versuch, Mechanikaufgaben zu lösen, sofort reflexartig zum Rechner greifen oder mittlerweile gleich im Internet nach der jeweiligen Lösung suchen. **Das ist der falsche Ansatz**.

Es wird empfohlen, a) die jeweilige Aufgabe so lange wie möglich allgemein (mit physikalischen Größen und Unbekannten) zu lösen, b) bei der Lösung die algebraisch kompakteste Form anzustreben und c) erst zum Schluss Zahlenwerte einzusetzen. Daher wird bei einigen Aufgaben erst ganz am Ende nach Zahlenwerten gefragt (siehe **SP_09, SP_10, SP_12, SP_17).** Das fördert die algebraischen Fähigkeiten ungemein.

- **Fehlende Kontrolle über die physikalischen Einheiten.** Es gilt der eherne Grundsatz: **Einheit vor Zahl**. Gewöhnen Sie sich an, die physikalischen Einheiten so lange im Rechenweg mitzuführen, bis Sie eine reproduzierbare Fehlerfreiheit erlangt haben. Erst auf diesem Niveau dürfen Sie auf die Einheiten verzichten. **Merke:** Fehler in den Einheiten bedeuten **immer** Rechenfehler. Finden Sie Ihre Fehler selber, bevor es **andere** tun.
- **Oberflächliche oder unvollständige Bezeichnung** von unbekannten Stabkraftkomponenten S_i. Wir sprechen hier von einem Stabkraftverhältnis $S_x : S_y$. Gelegentlich werden Kraftkomponenten bei der Stabkraftzerlegung (PSA) folgendermaßen ins Verhältnis gesetzt:

$$\frac{5x}{5y} = \frac{x}{y} = \frac{1}{1} = 1 \rightarrow x = y$$

  Wenn man auf die Bezeichnung S verzichtet, darf man sich über die Konsequenzen solcher mathematischer „Großtaten“ nicht wundern.

- **Unsicherheiten bei der statischen Bestimmtheit:** Überprüft man nach dem Durchlesen der Aufgabe die statische Bestimmtheit des Bauteils bzw. des mechanischen Systems, ergeben sich folgende Vorteile:
  a. Man verschafft sich Gewissheit über die äußeren und inneren Lagerwertigkeiten.
  b. Dabei kann man sicher sein, dass statisch unbestimmte Systeme in der Statik eine absolute Ausnahme darstellen, sie werden in der Festigkeitslehre behandelt.
  c. Bei unsauberer bzw. unklarer Darstellung der Lagersymbole kann man bei dem/der Zuständigen nachfragen.

  Dabei ist zu beachten, dass es für die statische Bestimmtheit **vier** verschiedene Bestimmungsgleichungen gibt. Hierbei bezeichnet ***w*** die Wertigkeit(en) aller inneren und/oder äußeren Lager, ***n*** die Anzahl der Einzelteile eines Mechanischen Systems, **St** die Anzahl der Stäbe eines Fachwerks und **Kn** die Anzahl der Knoten eines Fachwerks:

a. Für ebene mehrteilige mechanische Systeme **ohne** Reibung gilt $\Sigma w = 3 \cdot n$.
b. Gibt es einen oder mehrere Reibpunkte r, kann man pro Reibpunkt eine separate Reibgleichung nach *Coulomb* aufstellen. Für ebene mehrteilige mechanische Systeme **mit** Reibung gilt $\Sigma w = 3 \cdot n + r$.
c. Im Raum haben wir sechs FhGdB. Dementsprechend gilt für 3D-Körper $\Sigma w = 6 \cdot n$.
d. Ebene Fachwerke haben – wegen der Zweiwertigkeit des Fachwerkknotens – ihre eigene Bestimmungsgleichung, sie lautet $\Sigma w + \Sigma \mathrm{St} = 2 \cdot \Sigma \mathrm{Kn}$.

Achtung: Bei den ersten drei Bestimmungsgleichungen bedeutet Σw die Summe aller **äußeren und inneren** Lagerwertigkeiten. Im vierten Fall ist mit Σw nur die Summe aller **äußeren** gemeint.

Wendet man bei ebenen mehrteiligen Systemen die **EMGS** an, dann handelt es sich beim erstarrten Gesamtsystem um $n = 1$ Bauteil. Also lautet die Bestimmungsgleichung dafür $3 = 3 \cdot 1$. Sollte das Gesamtsystem vierfach, also einfach überbestimmt gelagert sein, lässt sich die EMGS trotzdem anwenden (siehe **FW_16** und **FW_18**). Die fehlende vierte Gleichung erhält man im Laufe der Aufgabenbearbeitung aus der Analyse der Einzelteile.

- **Einbauzustand beachten:** Pendelstützen, Federn und Seile haben zwar an jedem Ende ein (zweiwertiges) Gelenk bzw. eine Öse, dennoch sind sie im eingebauten Zustand stets **einwertig**.

- **Fehler beim Abgrenzen:** Häufig wird nicht erkannt, ob ein Gesamtsystem analysiert werden soll oder nur einzelne Gruppen bzw. Einzelteile daraus. In Extremfällen werden sogar nur die Symbole der äußeren Lager abgegrenzt und das vorgegebene Bauteil/System schlichtweg ignoriert oder gar völlig weggelassen. Abhilfe: das Abgrenzen muss geübt und sicher beherrscht werden. Zeichnen Sie anfänglich die Systemgrenze (SG) um das abgegrenzte d.h. zu analysierende Bauteil/System farblich ein und denken Sie sich den umliegenden Rest einfach weg.

- **Falsches Koordinatensystem:** Vor der Verwendung „individueller" Koordinatensysteme wird ausdrücklich gewarnt. Gelegentlich verwechseln nervöse Prüflinge die Achsbezeichnungen x und y. Für das Lösen der ebenen und räumlichen Aufgaben ist ein Rechtssystem zwingend erforderlich.

- **Mangelhafte bzw. unvollständige Freischneidskizze:** Nur sehr wenige Studierende sind in der Lage, eine Mechanikaufgabe ohne Freischneidskizze fehlerfrei bis zum Schluss durchzurechnen. Erfahrungsgemäß gilt: Mangelhafte (schludrige) Skizzen führen nie zum Erfolg. Abhilfe: Fertigen Sie trotz Zeitdruck eine saubere

Freischneidskizze an. Nutzen Sie diese kurze „Zwangspause“, um sich in die Aufgabe hineinzudenken und etwas Nervosität abzubauen.

- **Fehlerhaftes Freischneiden:** Sicheres und richtiges Freischneiden gehört nach dem Abgrenzen zu den absoluten Grundlagen der Technischen Mechanik. Es erfolgt ganz am Anfang jeder Aufgabenlösung und muss geübt und sehr sicher angewendet werden. Vorgehensweise: beim Freischneiden werden die an die Systemgrenze (SG) angrenzenden Bauteile (in den Lagerstellen) gedanklich entfernt und dort durch Kraftpfeile ersetzt. Wegfallende Bauteile können dabei entweder mit Strichlinie gezeichnet oder am besten gleich weggelassen werden. Hierbei müssen

  a. die Lagerwertigkeiten,
  b. das Wechselwirkungsgesetz und
  c. die Unterscheidung zwischen inneren und äußeren Kräften bekannt sein und sicher beherrscht werden.

  Einwertige Bauteile (Pendelstützen, Seile und Federn) werden entsprechend der gegebenen Einbaulage in ihre Kraftkomponenten zerlegt und als Kraftpfeile am Angriffsort (auf der Systemgrenze!) eingezeichnet.

  Gelegentlich werden **Pendelstützen** (Gelenkstäbe) nicht erkannt und falls doch, dann leider falsch freigeschnitten. Grundsätzlich gilt:

  a. Es wird nur ein Paar Gelenkkraftkomponenten für beide Gelenkenden eingeführt, also z. B. nur A_x und A_y.
  b. Deren Verhältnis ergibt sich aus dem Einbauwinkel oder der Einbaubemaßung.
  c. Bei Zugstäben ziehen alle Komponenten an den beiden Gelenken, bei Druckstäben entsprechend umgekehrt:
  d. das Wechselwirkungsgesetz ist auch hier konsequent zu berücksichtigen.

- **Unkenntnis des Wechselwirkungsgesetzes:** bei mehreren Einzelteilen gilt an den Kraftübertragungsstellen (Lagerstellen) das Wechselwirkungsgesetz (actio = reactio). Gelegentlich wird recht munter actio = actio freigeschnitten, d.h. die Lagerkräfte zeigen auf beiden Seiten des getrennten Gelenks bzw. Lagers in die gleiche Richtung. Das ist mehr als grober Unfug, verdirbt das LGS und führt unweigerlich zu fatalen und schwer zu findenden Fehlern.

- **Unsicherheit bei den Lagerwertigkeiten:** sehr häufig wird bei festen Einspannungen das Einspannmoment weggelassen. Gelegentlich werden bei der klassischen 2-1-Lagerung das Punktlager und das feste Gelenk schlichtweg vertauscht. Die Wertigkeiten der Lager in der Ebene (2D) und im Raum (3D) werden im Lehrbuch „Brücken zur Mechanik – Teil 1“ ausführlich besprochen.

- **Fehler bei der Unterscheidung zwischen inneren (iK) und äußeren Kräften (äK):** Falls diese Unterscheidung nicht sicher gelingt, passieren auch hier gravierende Fehler. Die Ursache dafür liegt im mangelhaften Abgrenzen (s. o.). Gelegentlich werden völlig unbekümmert innere und äußere Kräfte in den Gleichgewichtsbedingungen aufgeführt. Das Lineare Gleichungssystem (LGS) wird dadurch unlösbar, die Aufgabe ist verdorben. Das soll an einer Beispielaufgabe gezeigt werden. Wir analysieren dazu die Balkenaufgabe **Ba_51**, wobei $q_0 = 3F/a$ und $M = Fa$ gegeben sind.

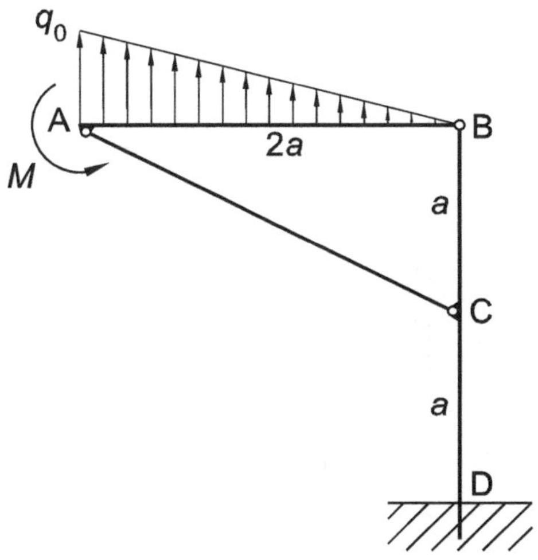

Bild 2.1
Unterscheidung von inneren und äußeren Kräften am Beispiel der Balkenaufgabe Ba_51

In der Teilaufgabe a) sind die Einspannreaktionen in D, die Gelenkkraftkomponenten in B sowie die Stabkraft AC als Vielfache von F und a gesucht. Zudem soll geklärt werden, ob es sich bei AC um einen Zug- oder Druckstab handelt. Empfohlen wird im Hinweis, zunächst das Gesamtsystem mit der EMGS-Methode zu betrachten, danach den Träger AB.

Wir betrachten zunächst das Gesamtsystem, frieren es gedanklich als Ganzes ein und ziehen die Systemgrenze (SG) entsprechend um alle Bauteile. Das Gesamtsystem ist in D fest eingespannt, also dreiwertig und somit statisch bestimmt (gelagert).

Wir schneiden entsprechend der EMGS frei, ersetzen die Dreieckslast $q_0 = 3F/a$ durch die Ersatzkraft $3F$ und tragen das äußere Moment $M = Fa$ betragsmäßig ein. Die Gelenkkräfte in A, B und C sind hierbei innere Kräfte (iK). Sie heben sich paarweise auf und werden nicht berücksichtigt.

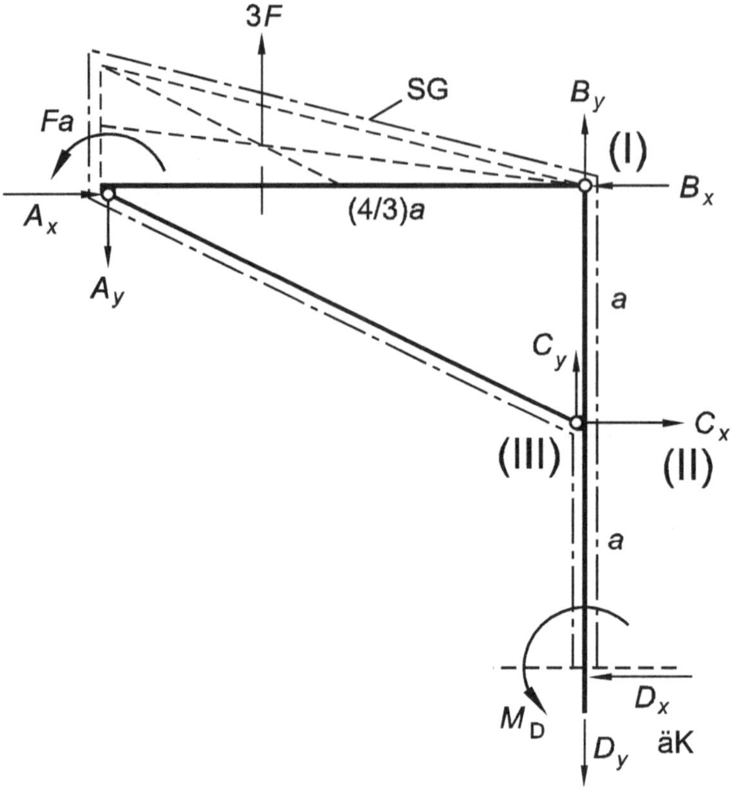

Bild 2.2 Freischneidbild Ba_51: EMGS

Nun können wir die drei Gleichgewichtsbedingungen für die drei **äußeren** Einspannreaktionen in D aufstellen:

$$\rightarrow : D_x = 0 \quad (1)$$

$$\uparrow : D_y = 3F \quad (2)$$

$$\overset{\frown}{\mathrm{D}} : M_\mathrm{D} = 3F \cdot (4/3) \cdot a - Fa = 3 \cdot Fa \quad (3)$$

Völlig falsch wäre es, bereits hier a) **innere** Kräfte in die GG-Bedingungen aufzunehmen und b) zudem gegen das Wechselwirkungsgesetz zu verstoßen.

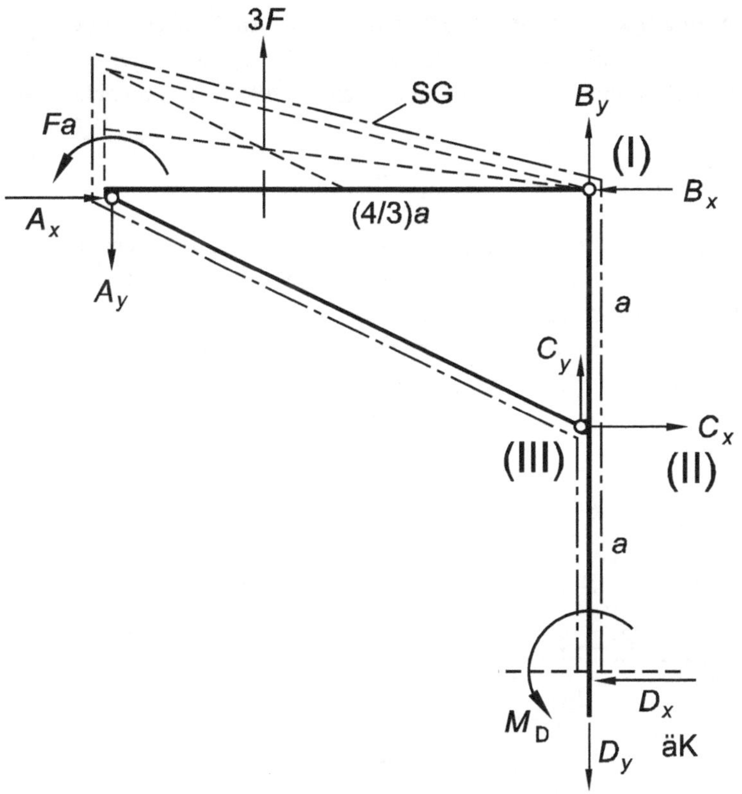

Bild 2.3 Häufige Fehler beim Abgrenzen und Freischneiden

Die gröbsten Fehler beim Abgrenzen und Freischneiden seien anhand des Beispiels erklärt. (I, II): in den Gelenken wurde nicht getrennt; (II): actio = actio, A_x und C_x des Gelenkstabs AC zeigen nach rechts; (III): für den Gelenkstab wurden zusätzlich zu A_x, A_y nochmals zwei neue Stabkraftkomponenten (Unbekannte) mit anderer Bezeichnung (C_x, C_y) eingeführt, damit wird das LGS unlösbar. Wir fahren mit der Lösung von **Ba_51** fort.

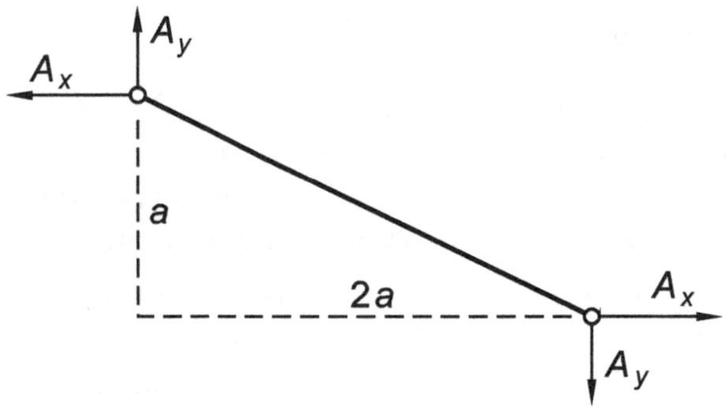

Bild 2.4
Analyse des Gelenksstabs AC

Aus der Einbaubemaßung (Kathetenverhältnis) können wir nun die Stabkraftkomponenten der Pendelstütze AC ermitteln (PSA). Wir legen die Komponentenbezeichnung mit A_x und A_y fest. Beide Komponenten ziehen an beiden Gelenken. Die Sternchengleichung lautet:

$$A_x/A_y = 2a/a = 2/1 \quad (\otimes)$$

Wir trennen im nächsten Schritt den Träger AB aus dem Gesamtsystem heraus, grenzen ihn ab und schneiden ihn frei. Bauteil BCD wird weggelassen, Stab AC durch die Stabkraftkomponenten A_x und A_y ersetzt. Aus den bisher inneren Gelenkkräften A_x, A_y, B_x und B_y werden nun durch Verlegen der Systemgrenze bilanzierbare äußere Kräfte für unsere Gleichgewichtsbedingungen. Äußere Ersatzkraft $3F$ und äußeres Moment Fa wirken nach wie vor auf den Träger AB und werden deshalb weiterhin eingezeichnet und berücksichtigt.

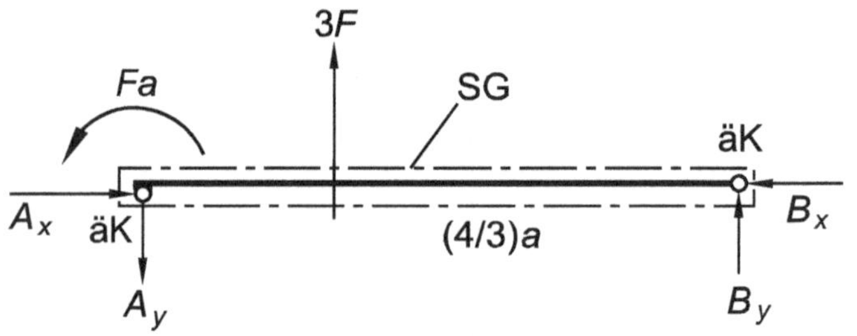

Bild 2.5 Freischneiden des Trägers AB

Für die Berechnung der vier Unbekannten A_x, A_y, B_x und B_y können wir drei Gleichgewichtsbedingungen formulieren und die Sternchengleichung (⊗) aus der PSA nutzen:

$$\rightarrow : \; A_x = B_x \quad (4)$$

$$\uparrow : \; A_y = B_y + 3F \quad (5)$$

$$\overset{\frown}{B} : \; 3F \cdot (4/3) \cdot a = A_y \cdot 2a + Fa \quad (6)$$

Nach dem Lösen der drei Gleichungen erhalten wir mit (⊗): $A_x = B_x = 3F$ und $A_y = B_y = (3/2) \cdot F$. Mit dem Satz des *Pythagoras* lässt sich die Stabkraft $A = 3{,}35 \cdot F$ berechnen. Wir haben A als Zugstab angenommen, die Stabkraftkomponenten A_x und A_y liefern positive Vorzeichen, also ist die Annahme eines Zugstabs damit bestätigt.

- Verlust des **Rechenziels**: insbesondere bei Schwerpunktaufgaben fällt gelegentlich auf, dass während des Lösens der Aufgabe das Rechenziel aus den Augen verloren geht (siehe **SP_44, SP_48**). Gesucht ist die Schwerpunktlage h als Funktion von r, dabei ist r gegeben. Zu Beginn wird die Summenformel für h aufgestellt, beim Lösen aber das Ziel aus den Augen verloren. Im Lösungsgang wird auf r umgestellt und zum Schluss nicht erkannt, dass r ja von Anfang an gegeben und h das Ziel war. **Abhilfe:** Nach dem Durchlesen der Aufgabe das Rechenziel groß an den Rand des Lösungsblattes schreiben, idealerweise in dessen Mitte oder am Ende des Blattes.

- **Weniger Gleichungen als Unbekannte** im LGS: Gelegentlich in TM1, recht häufig in TM2 erkennen die Studierenden nicht, dass Sie zum Lösen des LGS zu wenige Gleichgewichtsbedingungen aufgestellt und dadurch zur Verfügung haben. Die Kraftkomponenten von schräg eingebauten Pendelstützen, Seilen und Federn zählen als **eine** Unbekannte. Ist bei Reibaufgaben der Reibwert μ bzw. μ_0 gegeben, lässt sich nach *Coulomb* die Reibkraft aus der Normalkraft berechnen. Somit steht bei Gleitreibung die Reibgleichung $R = \mu \cdot N$ ebenfalls nur für eine Unbekannte. Bei Haftreibung ist dies nur an der Haftgrenze der Fall, hier gilt $R = \mu_0 \cdot N$. Unterhalb der Haftgrenze ist die *Coulomb*'sche Ungleichung zu respektieren, diese lautet $R \leq \mu_0 \cdot N$. In diesem Fall stehen R und N für zwei Unbekannte. **Abhilfe:** Nach dem Aufstellen der Gleichungen überprüft man deren Anzahl und die Zahl der Unbekannten. Nur bei Gleichheit ist das LGS lösbar (notwendiges Kriterium).
- Fehlende **Lösungsstrategie**: Bereits bei drei Gleichgewichtsbedingungen haben viele Studierende häufig Probleme, das LGS zu lösen. Das Problem nimmt mit der Anzahl an Gleichungen zu, bei 3D-Aufgaben sind es üblicherweise sechs, in TM2 bei mehrteiligen Systemen teilweise acht oder neun. **Abhilfe:** Schreiben Sie die Gleichgewichtsbedingungen untereinander und nummerieren Sie diese durch. Tragen Sie (mit einer anderen Farbe) hinter jede Gleichung die darin enthaltenden Unbekannten ein. Vorteilhaft ist dabei eine Spaltendarstellung, jede Unbekannte hat ihre eigene Spalte. Entwickeln Sie eine Lösungsstrategie (LöStra) und finden Sie den kürzesten und einfachsten Lösungsweg. Bevorzugen Sie zunächst die „einfachen" Lösungsmethoden wie das Gleichsetzungs- und das Einsetzverfahren.
- Verstoß gegen **elementare Rechenregeln** wie z. B. a) Punkt vor Strich, b) Differenzen und Summen kürzen nur die D ...! c) Gelegentlich führen zwei falsche Zwischenergebnisse erstaunlicherweise trotzdem zum richtigen Lösungswert. Das kann nicht sein.

3 Ebene Fachwerke

Hinweise zu den Fachwerkaufgaben

- Alle hier gezeigten Fachwerke sind „einfach", massefrei und eben (2D).
- Überprüfen Sie stets zu Beginn der Aufgabe die **statische Bestimmtheit** des Fachwerks mit der Formel $\Sigma w + \Sigma \mathrm{St} = 2 \cdot \Sigma \mathrm{Kn}$ und zusätzlich die statische Bestimmtheit für das erstarrte Gesamtsystem (EMGS). Dabei gilt $n = 1$ und $\Sigma w = 3 \cdot n$. Dadurch
    a. erhalten Sie Gewissheit über die äußeren Lagerwertigkeiten,
    b. können entscheiden, ob Sie die EMGS anwenden und
    c. sich derweil eine Lösungsstrategie überlegen.

  Manche Fachwerke sind erstarrt ($n = 1$) einfach überbestimmt, als Fachwerk betrachtet aber bestimmt (**FW_02, FW_16, FW_18, FW_19**).
- Fachwerkstäbe sind Pendelstützen (Gelenkstäbe) und somit **einwertig, ideal starr und massefrei**. Sie nehmen nur Kräfte in Längsrichtung und nur in den Gelenken auf, niemals dazwischen. Die Wirklinie liegt auf der Verbindungsgeraden Gelenk-Gelenk.

  Bei Fachwerkstäben ist kein Kraftangriff zwischen den Gelenken erlaubt. Knoten sind zweiwertige feste Gelenke. Sie sind stets reibungs- und spielfrei und nehmen kein Moment auf.
- Fachwerkkonstruktionen sind nur **in den Knoten stabil**. Der Stab an sich ist empfindlich gegen *Euler*'sches Knicken (elastisch/plastische Verbiegung bei Druckbelastung). Bemaßt sind stets die Knotenabstände. Sie dienen später zur Ermittlung der Stabkraftkomponenten schräg eingebauter Stäbe (Pendelstützenanalyse = PSA).
- Üblicherweise werden zu Beginn jeder Aufgabe die äußeren Lagerkraftkomponenten berechnet. Scheuen Sie sich nicht, die **Erstarrungsmethode Gesamtsystem (EMGS)** auch bei Fachwerken zu nutzen. Wenden Sie diese auch bei äußerlich sta-

tisch über-bestimmten Systemen an (siehe **FW_16, FW_18**). Alle Lagerkraftkomponenten und Stabkräfte werden üblicherweise als Vielfache der Last F berechnet.

- Gesamtlagerkräfte, also z. B. eine resultierende Lagerkraft A aus A_x und A_y, werden nur selten gesucht und daher üblicherweise nicht berechnet. Für die Stabkraftberechnung reichen die Lagerkraftkomponenten A_x und A_y vollkommen aus.
- **Koordinatensystem:** Da grob geschätzt 50 % aller Fachwerkstäbe horizontal bzw. vertikal ausgerichtet sind, wird bevorzugt das x-y-Koordinatensystem in Normallage verwendet.
- Stehen Fachwerkstäbe schräg zu den Achsen, wird die Gesamtstabkraft aus den Stabkraftkomponenten mit dem Satz des *Pythagoras* berechnet.
- Anzahl aufstellbarer Gleichgewichtsbedingungen: pro **Knotenschnitt** (Rundumschnitt) können Sie zwei Kraftgleichgewichtsbedingungen aufstellen. Schneiden Sie einen **Dreistabknoten** frei, muss dafür **eine** Stabkraft (bzw. deren Stabkraftkomponenten) bekannt sein. Bei **Vierstabknoten** sind es **zwei** Stabkräfte (bzw. deren Komponenten). **Merke:** Nach der Berechnung werden aus Stabkräften Last.

  Zerlegen Sie zu Beginn eines Knotenschnitts schräge Stabkräfte in Kraftkomponenten entsprechend der bemaßten Einbaulage (Knotenbemaßung). Knotenschnitte wendet man bei „kleinen" Fachwerken mit maximal 10 bis 20 Stäben an oder wenn man am Rand des Fachwerks bzw. an den äußeren Lagern arbeitet. Beginnen Sie stets mit den Zweistabknoten und gehen Sie dann über die Dreistab- zu den Vierstabknoten. Bei einem Knoten handelt es sich statisch betrachtet um einen lokalen zentralen Punkt, d. h., alle Stabwirklinien und äußeren Kräfte schneiden sich in diesem Knoten. Daher macht bei einem solch zentralen Punkt ein Momentengleichgewicht keinerlei Sinn. Keine der o. g. Kräfte hat einen Hebelarm. Somit stehen nur die beiden Kraftgleichgewichtsbedingungen zur Verfügung:

  $$\sum F_{ix} = 0 \quad (1)$$

  $$\sum F_{iy} = 0 \quad (2)$$

- Für Schnitte im Inneren des Fachwerkes und bei „größeren" Fachwerken nutzen wir den *Ritter*-Schnitt. Beachten Sie seine **beiden Ausschlusskriterien**:
  a. Verlaufen die drei geschnittenen Stäbe **parallel**,
     - entfällt eine der beiden Kraftgleichgewichtsbedingungen und es gibt
     - keinen Schnittpunkt von zwei Stabwirklinien für die Momentengleichung.
  b. Schneiden sich alle drei geschnittenen Stäbe in einem **Ursprungsknoten**, entfällt der Momentenbezugspunkt, d. h., das Momentengleichgewicht liefert Null.

- Bei der Schnittführung dürfen Sie gerne „kreativ", d.h. gelegentlich auch frech sein. Trauen Sie sich ruhig etwas zu. Pro *Ritter*-Schnitt werden zwei Kraft- und eine Momentengleichgewichtsbedingung aufgestellt. **Empfehlung:** Nehmen Sie die drei unbekannten (also gesuchten) Stabkräfte immer auf **Zug** an. So wird Ihre Schnittskizze übersichtlicher, die Pfeilspitzen zeigen weg vom Schnittverlauf und häufen sich dort nicht.

  Merke: Betrachtet man die Anzahl der GG-Bedingungen, dann entspricht wegen der zusätzlichen Momentengleichung ein *Ritter*-Schnitt 1,5 Knotenschnitten. Dabei schneiden wir immer durch drei unbekannte Stäbe. Gewöhnen Sie sich diese „virtuelle" Schnittmethode an. In der Balkenstatik beherrschen Sie sie dann bereits und haben keinerlei Scheu vor virtuellen Balkenschnitten. **Kurzum:** Die Fachwerkstatik ist von den mathematischen und mechanischen Grundtechniken her der didaktische Zugang zur Balkenstatik und damit zur Festigkeitslehre.

- Wahl des **Momentenbezugspunkts** beim *Ritter*-Schnitt: Ein kluger **Momentenbezugspunkt K** liegt **immer** im Schnitt zweier unbekannter (geschnittener) Stabwirklinien. Dadurch bleibt in der Momentengleichung nur eine unbekannte Stabkraft übrig, man kann diese also sofort berechnen. Falls die drei geschnittenen Stäbe **drei** unterschiedliche Richtungen haben, wie z.B. h = horizontal, v = vertikal und s = schräg, existieren **drei** Kombinationen, bei denen sich zwei Stabwirklinien schneiden, also $h \cap v$, $h \cap s$ und $v \cap s$. Das Symbol $\cap$ aus der Mengenlehre bedeutet: schneiden sich.

  Verlaufen **zwei** der drei Stabwirklinien parallel, gibt es nur **zwei** Kombinationen für einen gemeinsamen Schnittpunkt K. Bsp.: h_1 = horizontal, s = schräg, h_2 = horizontal. Es schneiden sich: $h_1 \cap s$ und $h_2 \cap s$. Bei **drei parallelen** Stäben gibt es gar **keinen** Schnittpunkt, das ist das 1. Ausschlusskriterium für den *Ritter*-Schnitt (s. o.):

Tabelle 3.1 Im *Ritter*-Schnitt sind die Kombinationen für K abhängig von der Anzahl paralleler Stäbe

Anzahl parallele Stäbe im Ritterschnitt	Anzahl Kombinationen für K
0	3
2	2
3	0

Ergänzt werden soll, dass sich der kluge Punkt K auf beiden Seiten des Schnittverlaufs (RS) befinden kann, also auch auf der nicht gezeichneten Seite.

Im folgenden *Ritter*-Schnitt 1, 4, 7 verlaufen die Stäbe S_1 und S_7 parallel. Also gibt es nur zwei Kandidaten für den Punkt K: K_1 ($S_4 \cap S_7$) und K_2 ($S_1 \cap S_4$).

Drehen wir um K_1, fallen S_4 und S_7 weg, um K_2 dementsprechend S_1 und S_4.

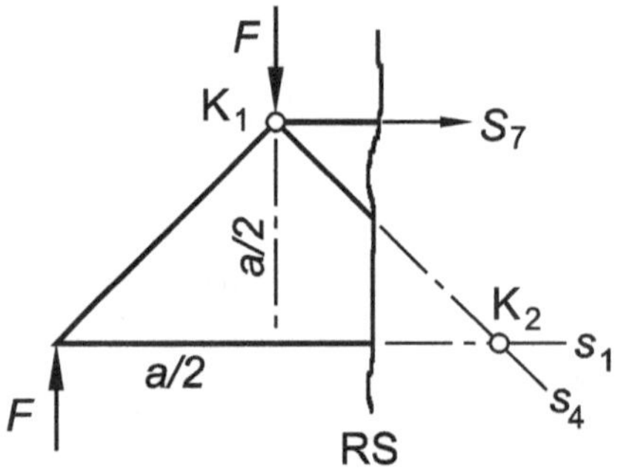

Bild 3.1
Ritter-Schnitt 1, 4, 7: Bei zwei parallelen geschnittenen Stäben (S_1 und S_7) gibt es zwei Kandidaten für den Punkt K

- Ob es sich bei einem geschnittenen Stab um einen Zug-, oder Druckstab handelt, erkennen Sie am Vorzeichen der Stabkraftkomponenten. Nach der Berechnung der Gesamtstabkraft schräger Stäbe können Sie dazu keine Aussage mehr treffen, da der Satz des *Pythagoras* aus zwei negativen Komponenten eine positive Gesamtkraft liefert. **Nicht vergessen:** Minus im Quadrat ergibt Plus! Das betragsmäßige Erkennen von Nullstäben ist hingegen trivial.
- Selbstverständlich kann man mit dem *Ritter*-Verfahren auch **vier** oder **fünf** Stäbe schneiden, es dürfen aber davon aber immer nur **drei** Stabkräfte unbekannt sein.
- Mit etwas Routine sind die drei **Nullstabkriterien** bei der Berechnung oder Überprüfung der Stabkräfte recht hilfreich. Zum Auffinden von Nullstäben dienen die drei nachfolgenden Regeln. Erfahrungsgemäß findet man mit ihnen vor allem Nullstäbe am Fachwerksrand:

  a. **Unbelasteter Zweistab-Knoten:** Zwei Stäbe mit unterschiedlichen Richtungen sind am unbelasteten Knoten Nullstäbe.

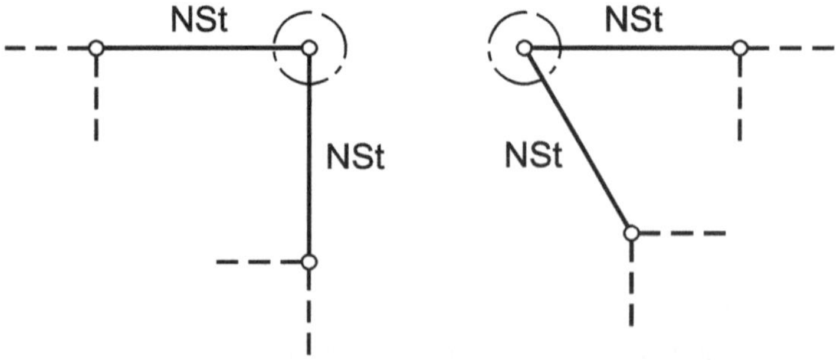

Bild 3.2 Unbelasteter Zweistab-Knoten

  b. **Belasteter Zweistab-Knoten:** Greift bei **zwei Stäben** die äußere Kraft *F* (Last) in Richtung eines (fluchtenden) Stabes an, so ist der andere Stab ein Nullstab.

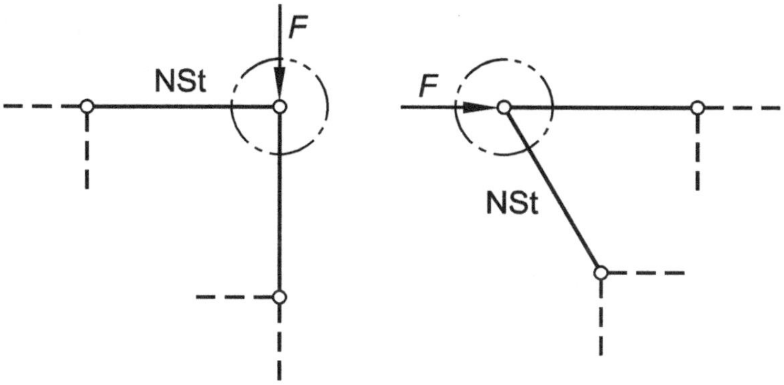

Bild 3.3 Belasteter Zweistab-Knoten

Merke: Fluchten Last *F* und ein Stab, dann nimmt dieser die gesamte Last auf, der andere wird zum Nullstab.

c. **Unbelasteter Dreistab-Knoten: Drei Stäbe** treffen sich in einem Knoten. Falls zwei Stäbe fluchten (auf einer Achse liegen), ist der dritte ein Nullstab. Dieser muss nicht zwingend senkrecht zur Flucht laufen.

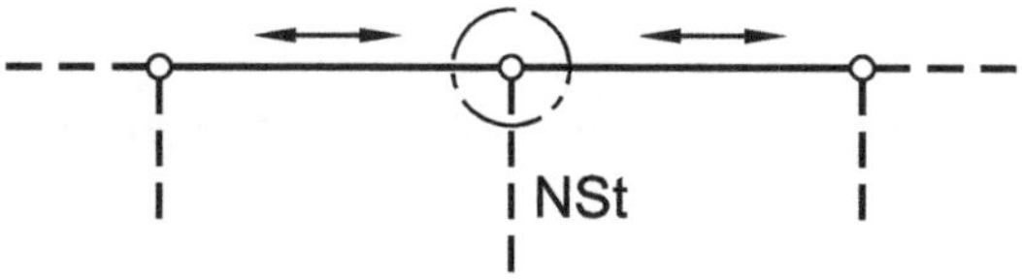

Bild 3.4 Unbelasteter Dreistab-Knoten

Merke: Fluchten zwei Stäbe, wird die Stabkraft im gemeinsamen Knoten vom einen Stab **komplett** auf den nächsten übertragen.

Das sichere Erkennen von Nullstäben mit den drei o. g. Kriterien benötigt einige Erfahrung. **Empfehlung:** zunächst die Stabkräfte mit den beiden o. g. Schnitttechniken berechnen. Findet man Nullstäbe, im Nachhinein prüfen und dadurch lernen, um welches Kriterium es sich dabei handelt.

- In den Kurzlösungen am Ende der nachfolgenden Aufgaben steht (D) für Druck- und (Z) für Zugstab.

Ein etwas forscher Student behauptete dereinst, im Internet würde „bewiesen", dass es in Fachwerken keine Viereckstrukturen geben könne. Was für eine willkommene Inspiration für zwei Übungsaufgaben (**FW_16, FW_18**) und deren Erweiterung (**FW_19, FW_22**).

Für den Einstieg eignen sich: FW_01 bis FW_09

Etwas sportlicher sind: FW_10, FW_13, FW_16, FW_18 bis FW_22, FW_27

FW_01

Das Fachwerk ist in A und B gelagert, besteht aus fünf massefreien Stäben und wird mit zwei Kräften F belastet. Bestimmen Sie die:

a) Lagerkraftkomponenten in A und B und alle Stabkräfte S_1 bis S_5.

b) Belastungsart (Zug, Druck, Null).

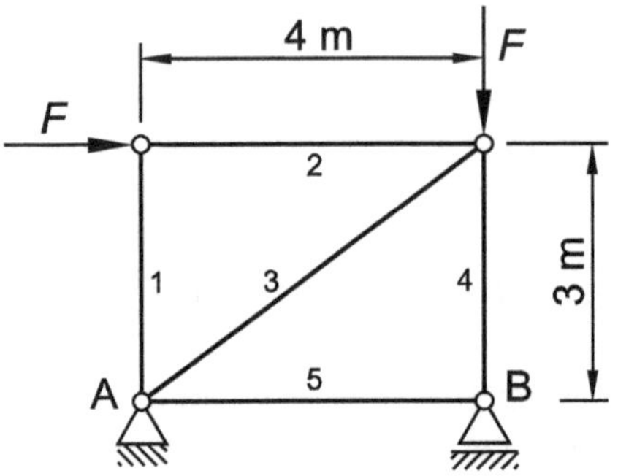

[$A_x = F$; $A_y = (3/4) \cdot F$; $B = (7/4) \cdot F$; $S_1 = 0$; $S_2 = F$ (D); $S_3 = (5/4) \cdot F$ (Z); $S_4 = (7/4) \cdot F$ (D); $S_5 = 0$]

FW_02

Das kleine Fachwerk besteht aus vier Stäben und ist in A und B gelagert. Es wirken drei Kräfte F. Gesucht sind:

a) die Lagerkraftkomponenten in A und B.

b) alle Stabkräfte S_1 bis S_4.

c) die Stabbelastung (Zug, Druck, Null).

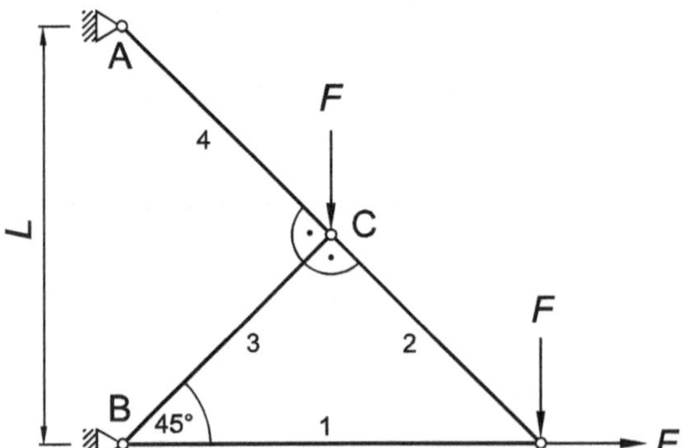

[AC = PS; $A_x = A_y = (3/2) \cdot F$; $B_x = B_y = (1/2) \cdot F$; $S_1 = 0$; $S_2 = 1{,}414 \cdot F$ (Z); $S_3 = 0{,}7071 \cdot F$ (D); $S_4 = 2{,}121 \cdot F$ (Z)]

FW_03

Das ebene Gestell aus fünf Stäben wird durch drei Kräfte F, $2F$ und F belastet. Gesucht sind:

a) die Lagerreaktionen in A und B.

b) alle fünf Stabkräfte als Vielfache von F.

c) die Stabbelastung (Zug, Druck, Null).

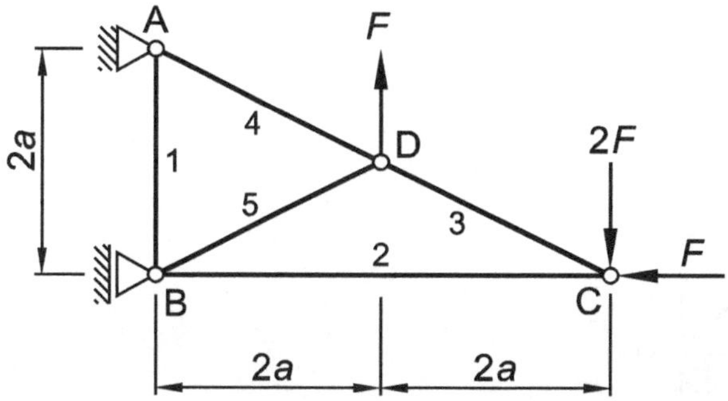

[$A_x = 3F$; $A_y = F$; $B = 4F$; $S_1 = F/2$ (D); $S_2 = 5F$ (D); $S_3 = 4{,}47 \cdot F$ (Z); $S_4 = 3{,}35 \cdot F$ (Z); $S_5 = 1{,}12 \cdot F$ (Z)]

FW_04

Das Fachwerk setzt sich aus sieben Stäben zusammen und wird mit drei Kräften F, F und $2F$ belastet. Es ist in A und B gelagert. Gesucht sind die:

a) Lagerkraftkomponenten in A und B.

b) Stabkräfte S_2, S_3 und S_4.

c) Stabbelastung (Zug, Druck, Null).

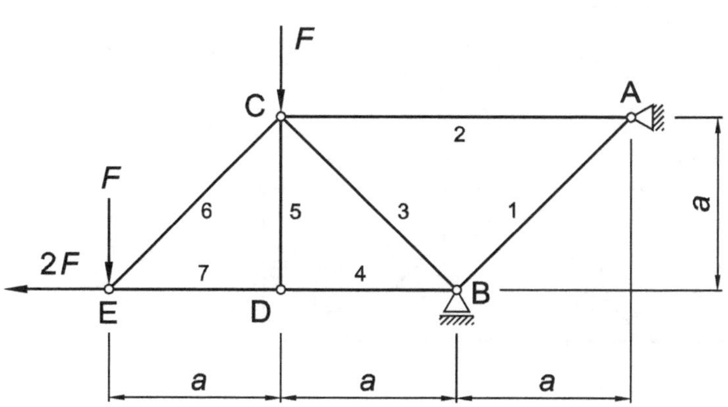

[$A_x = 2 \cdot F$; $A_y = F$; $B = 3F$; $S_2 = 3F$ (Z); $S_3 = 2{,}828 \cdot F$ (D); $S_4 = F$ (Z)]

FW_05

Das Fachwerk aus sieben Stäben ist in A und B gelagert und wird mit drei Kräften F belastet. Gesucht sind:

a) die Lagerkraftkomponenten in A und B.

b) alle Stabkräfte als Vielfache von F.

c) die Stabbelastung (Zug, Druck, Null).

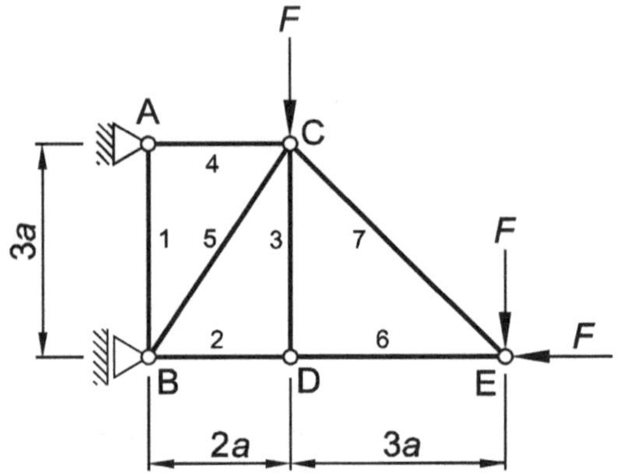

[$A_x = (7/3) \cdot F$; $A_y = 2F$; $B = (10/3) \cdot F$; $S_1 = 2F$ (Z); $S_2 = 2F$ (D); $S_3 = 0$; $S_4 = (7/3) \cdot F$ (Z); $S_5 = 2{,}404 \cdot F$ (D); $S_6 = 2F$ (D); $S_7 = 1{,}414 \cdot F$ (Z)]

FW_06

Das Fachwerk hat sieben Stäbe und ist in A und B gelagert. Es wird mit zwei Kräften F belastet. Alle inneren Winkel sind 45° bzw. 90°. Bestimmen Sie die:

a) Lagerreaktionen in A und B sowie die Stabkräfte S_1, S_2, S_5 und S_6 als Vielfache von F.

b) Belastungsart (Zug, Druck, Null).

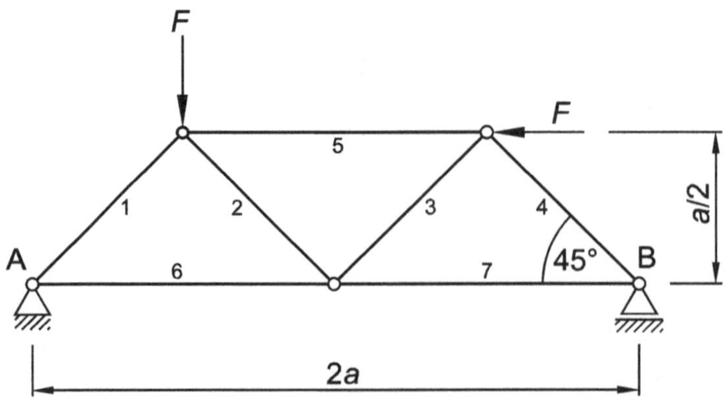

[$A_x = A_y = F$; $B = 0$; $S_1 = 1{,}414 \cdot F$ (D); $S_2 = 0$; $S_5 = F$ (D); $S_6 = 0$]

FW_07

Das Fachwerk setzt sich aus sieben Stäben zusammen. Es wird durch drei Kräfte F belastet. Ermitteln Sie die:

a) Lagerkraftkomponenten in A und B sowie alle Stabkräfte S_1 bis S_7 als Vielfache von F.

b) Stabbelastung (Zug, Druck, Null).

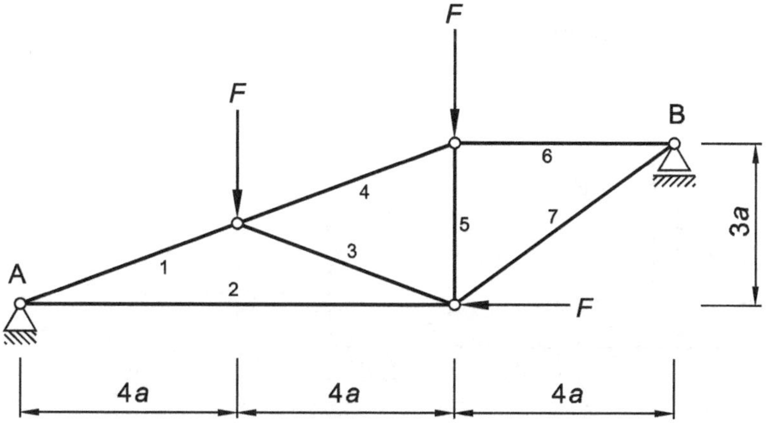

[$A_x = F$; $A_y = F$; $B = F$; $S_1 = 2{,}848 \cdot F$ (D); $S_2 = (5/3) \cdot F$ (Z); $S_3 = S_4 = 1{,}424 \cdot F$ (D); $S_5 = F/2$ (D); $S_6 = (4/3) \cdot F$ (D); $S_7 = (5/3) \cdot F$ (Z)]

FW_08

Das Kranmodell aus sieben Stäben ist in A und B gelagert. Am Ausleger hängt eine Last (Gewichtskraft G). Alle Maße in m. Bestimmen Sie die:

a) Lagerreaktionen in A und B sowie die Stabkräfte S_1 bis S_4 in Abhängigkeit von G.

b) Belastungsart (Zug, Druck, Null).

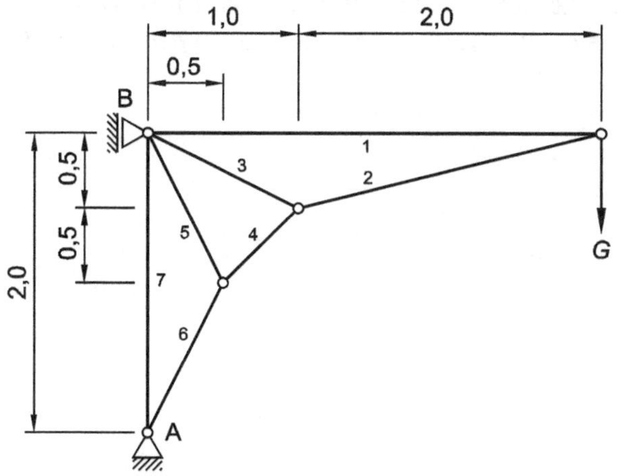

[$A_x = B = (3/2) \cdot G$; $A_y = G$; $S_1 = 4G$ (Z); $S_2 = 4{,}12 \cdot G$ (D); $S_3 = 2{,}24 \cdot G$ (D); $S_4 = 2{,}83 \cdot G \cdot$ (D)]

FW_09

Die Dachkonstruktion besteht aus neun Stäben. Sie wird durch vier Kräfte F belastet. Bestimmen Sie die:

a) statische Bestimmtheit, begründen Sie diese rechnerisch.

b) Lagerkraftkomponenten in A und B sowie die Stabkräfte S_1, S_3, S_4 und S_7, S_2 und S_6 als Vielfache von F.

c) Stabbelastung (Zug, Druck, Null).

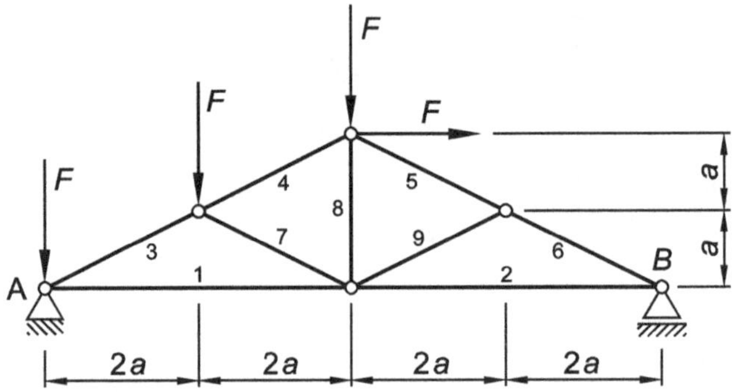

[$A_x = F$; $A_y = 2F$; $B = F$; $S_1 = 3F$ (Z); $S_2 = 2F$ (Z); $S_3 = 2{,}236 \cdot F$ (D); $S_4 = 1{,}118 \cdot F$ (Z); $S_6 = 2{,}236 \cdot F$ (D); $S_7 = 1{,}118 \cdot F$ (D)]

FW_10

Das Fachwerk hat neun Stäbe, ist in A und B gelagert und wird durch zwei Kräfte F und $2F$ belastet. Alle Stäbe sind **gleich lang**. Gesucht sind die:

a) Stabkräfte S_2, S_5 und S_8.

b) Stabbelastung (Zug, Druck, Null).

Lösungshinweis: gleichseitige Dreiecke, auf Nullstäbe achten. Mit einem *Ritter*-Schnitt S_2, S_5, S_8 (rechte Seite) ersparen Sie sich die EMGS und das Berechnen der Lagerkraftkomponenten in A und B.

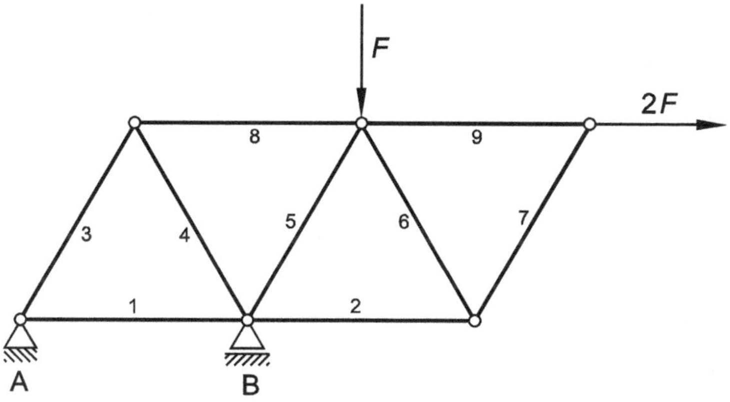

[$A_x = 2F$; $A_y = 2{,}232 \cdot F$; $B = 3{,}232 \cdot F$; $S_2 = 0$; $S_5 = 1{,}155 \cdot F$ (D); $S_8 = 2{,}577 \cdot F$ (Z)]

FW_11

Das Brückenmodell aus 13 Stäben ist in A und B gelagert und wird mit zwei Kräften $2F$ und F belastet.

a) Erkennen Sie Nullstäbe? Nennen Sie das jeweilige Nullstabkriterium.

Bestimmen Sie die:

b) Lagerkraftkomponenten in A und B sowie die Stabkräfte S_8, S_9 und S_{10}.

c) Stabbelastung (Zug, Druck, Null).

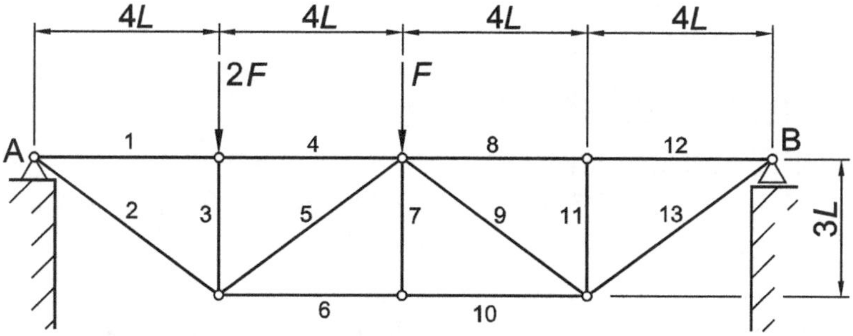

[$A_x = 0$; $A_y = 2F$; $B = F$; $S_8 = (4/3) \cdot F$ (D); $S_9 = 1{,}667 \cdot F$ (D); $S_{10} = (8/3) \cdot F$ (Z)]

FW_12

Das Fachwerk besteht aus dreizehn Stäben. Es wird durch drei Kräfte F belastet.

a) Erkennen Sie Nullstäbe ohne Berechnung? Nennen Sie das jeweilige Nullstabkriterium.

Bestimmen Sie die:

b) Lagerkraftkomponenten in A und B sowie die Stabkräfte S_4, S_5, S_6 sowie S_{10}, S_{11} und S_{12} als Vielfache von F.

c) Stabbelastung (Zug, Druck, Null).

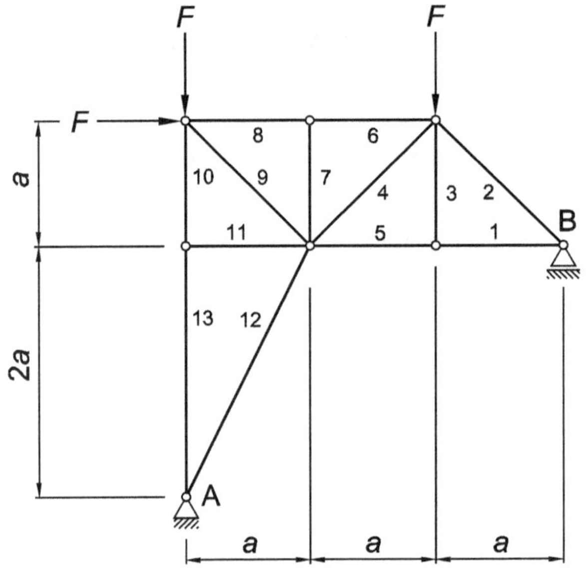

[$S_3 = 0$; $S_7 = 0$; $S_{11} = 0$; dreimal unbelasteter Knoten; $A_x = F$; $A_y = (1/3) \cdot F$; $B = (5/3) \cdot F$; $S_4 = 0{,}943 \cdot F$ (Z); $S_5 = (5/3) \cdot F$ (Z); $S_6 = (7/3) \cdot F$ (D); $S_{10} = (7/3) \cdot F$ (D); $S_{11} = 0$; $S_{12} = 2{,}24 \cdot F$ (Z)]

FW_13

Das Fachwerk aus neun Stäben wird durch vier Kräfte F, F, $2F$ und $4F$ belastet. Es ist in A und B gelagert. Gesucht sind die:

a) Lagerkraftkomponenten in A und B.

b) Stabkräfte S_2, S_3, S_4 und S_5.

c) Stabbelastung (Zug, Druck, Null).

d) Nun wird das Lager B durch ein Punktlager mit Reibung gleicher Ausrichtung ersetzt. Wie groß muss der Mindest-Haftreibwert $\mu_{0\,\min}$ für das dargestellte Gleichgewicht sein?

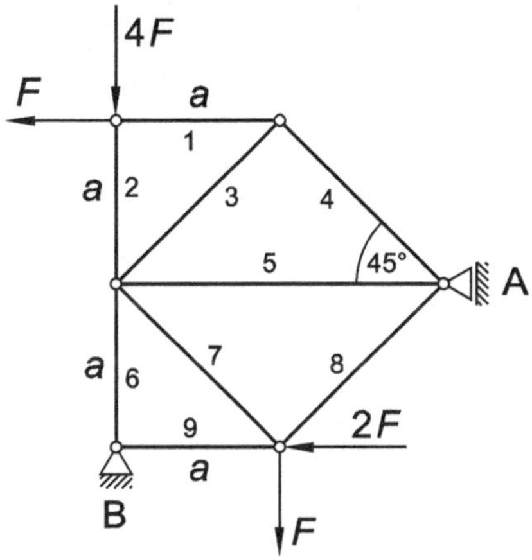

[$A = F$; $B_x = 2F$; $B_y = 5F$; $S_2 = 4F$ (D); $S_3 = 0{,}7071 \cdot F$ (D); $S_4 = 0{,}7071 \cdot F$ (Z); $S_5 = 0$; $\mu_{0\,\min} = R/N = B_x/B_y = 2/5 = 0{,}4$]

FW_14

Das Kranmodell ist in A und B gelagert. Es hat sieben Stäbe, die drei rechtwinklige Dreiecke bilden. Es wird durch zwei Kräfte F bzw. $2F$ belastet. Berechnen Sie die:

a) Lagerkraftkomponenten in A und B.

b) Stabkräfte S_1, S_3, S_4, S_6 und S_7.

c) Stabbelastung (Zug, Druck, Null).

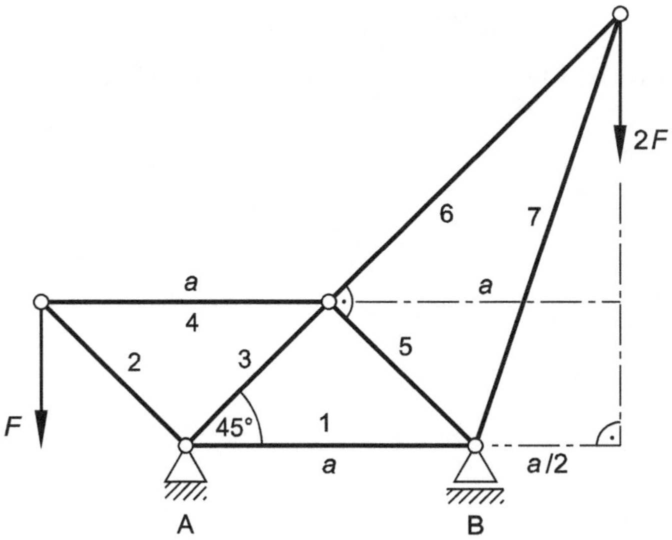

[$A_x = 0$; $A_y = F/2$; $B = (5/2) \cdot F$; $S_1 = (3/2) \cdot F$ (D); $S_3 = 0{,}7071 \cdot F$ (Z); $S_4 = F$ (Z); $S_6 = 1{,}414 \cdot F$ (Z); $S_7 = 3{,}162 \cdot F$ (D)]

FW_15

Das Fachwerk besteht aus neun Stäben und ist in A und B gelagert. Es wird mit drei Kräften F, F und $2F$ belastet. Gesucht sind die:

a) Lagerkraftkomponenten in A und B.

b) Stabkräfte S_1 bis S_9.

c) Stabbelastung (Zug, Druck, Null).

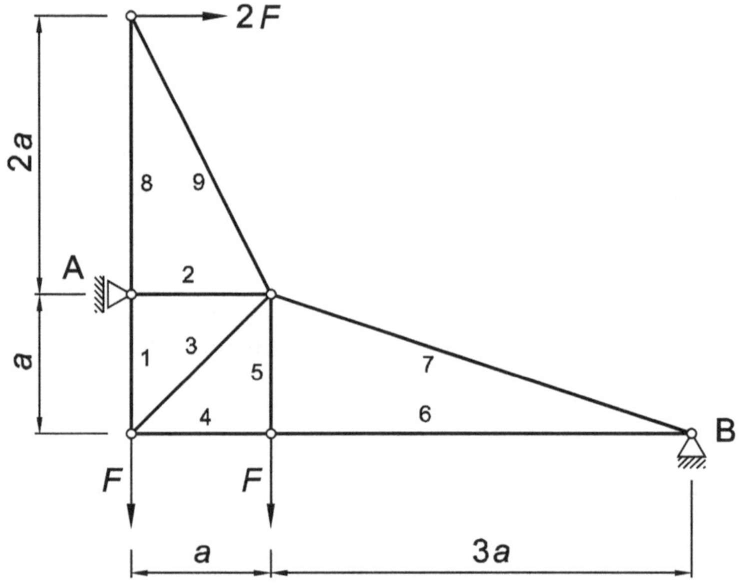

[$A = F$; $B_x = 3F$; $B_y = 2F$; $S_1 = 4F$ (Z); $S_2 = F$ (D); $S_3 = 4{,}243 \cdot F$ (D); $S_4 = 3F$ (Z); $S_5 = F$ (Z); $S_6 = 3F$ (Z); $S_7 = 6{,}325 \cdot F$ (D); $S_8 = 4F$ (Z); $S_9 = 4{,}472 \cdot F$ (D)]

FW_16

Das Fachwerk mit Viereckstruktur ist in A und B gelagert und wird mit drei Kräften F, $2F$ und $3F$ belastet. Die Winkel zwischen den neun Stäben betragen 45° bzw. 90°. Bestimmen Sie die:

a) Lagerkraftkomponenten in A und B.

b) Stabkräfte S_4, S_5, S_7 sowie S_6 und S_1.

c) Stabbelastung (Zug, Druck, Null).

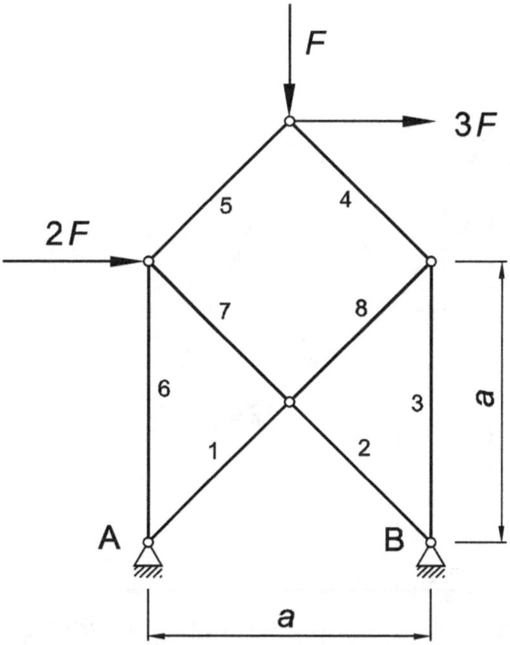

[$A_x = 2F$; $A_y = 6F$; $B_x = 3F$; $B_y = 7F$; $S_1 = 2{,}82 \cdot F$ (Z); $S_4 = 2{,}82 \cdot F$ (D); $S_5 = 1{,}414 \cdot F$ (Z); $S_6 = 4F$ (Z); $S_7 = 4{,}24 \cdot F$ (D)]

FW_17

Das Fachwerk aus 11 Stäben ist in A und B gelagert. Es wird durch zwei Kräfte $4F$ und $6F$ belastet. Bestimmen Sie die:

a) Lagerkraftkomponenten in A und B.

b) Stabkräfte S_3, S_6, S_{10} sowie S_1 und S_7.

c) Stabbelastung (Zug, Druck, Null).

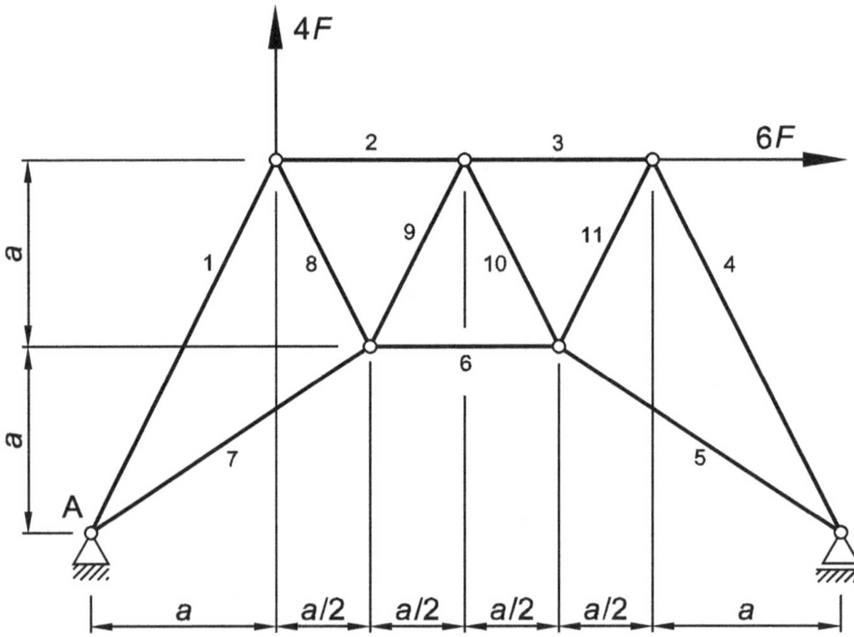

[$A_x = A_y = 6F$; $B = 2F$; $S_1 = 3{,}354 \cdot F$ (Z); $S_3 = 3F$ (Z); $S_6 = 4F$ (Z); $S_7 = 5{,}41 \cdot F$ (Z); $S_{10} = 2{,}24 \cdot F$ (D)]

FW_18

Ein Fachwerk mit Viereckstruktur aus 12 Stäben ist in A, B, C und D gelagert. Es wird mit den Kräften F und $4F$ belastet.

a) Stellen Sie trotz einfacher äußerer Überbestimmtheit die drei EMGS-Gleichungen auf.

b) Erkennen Sie Nullstäbe? Nennen Sie die zutreffenden Nullstabkriterien.

c) Machen Sie für S_{11} und S_{12} zwei Knotenschnitte um C und D.

d) Ermitteln Sie die Stabkräfte S_8, S_9, S_5 und S_{10}. Handelt es sich um Zug-, Druck-, oder Nullstäbe?

e) Berechnen Sie nun die Lagerkraftkomponenten in A, B, C und D.

f) Welche der Lager werden auf Zug belastet?

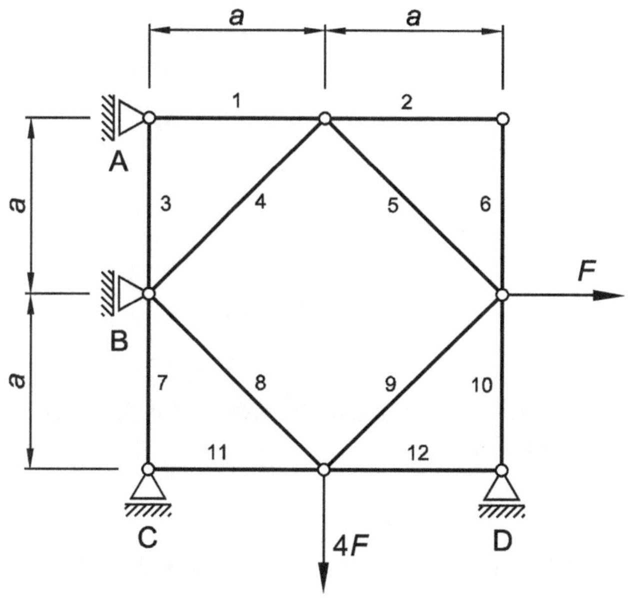

[$S_2 = S_6 = 0$ (unbelastete Ecke); $S_3 = S_{11} = S_{12} = 0$ (belastete Ecke); $S_8 = S_9 = 2{,}828 \cdot F$ (Z) $S_5 = 1{,}414 \cdot F$ (D); $S_{10} = D = 3F$ (D); $A = 2F$ (D); $B = 3F$ (Z); $C = F$ (D)]

FW_19

Ein Fachwerk mit Fünfeckstruktur ist in A, B, C und D gelagert. Es wird mit den Kräften F und $4F$ belastet. Lager D stützt sich an eine Schräge mit Steigung 1 : 2. Alle Lager sind reibungsfrei.

a) Stellen Sie trotz zweifacher äußerer Überbestimmtheit die drei EMGS-Gleichungen auf.

b) Ermitteln Sie alle Stabkräfte S_1 bis S_5. Handelt es sich um Zug-, Druck-, oder Nullstäbe?

c) Berechnen Sie nun die Lagerkraftkomponenten in A, B, C und D.

d) Welche der Lager werden auf Zug belastet?

e) Setzen Sie zur Probe Ihre Ergebnisse in die drei EMGS-Gleichungen ein.

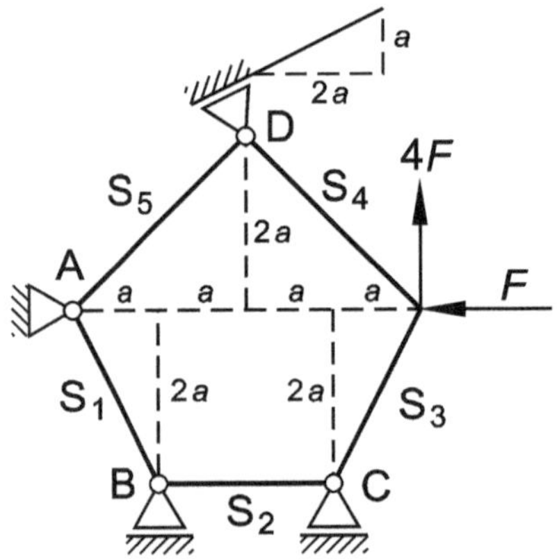

[S_1 = 2,24 · F (Z); S_2 = F (Z); S_3 = 2,24 · F (Z); S_4 = 2,83 · F (D); S_5 = 0,94 · F (D); A_x = (1/3) · F; A_y = (8/3) · F; B = 2F (Z); C = 2F (Z); D_x = (4/3) · F (D); D_y = (8/3) · F (D)]

FW_20

Das Fachwerk aus fünf Stäben ist in A und B gelagert. Es wird durch zwei Kräfte F und $2F$ belastet. Bestimmen Sie die:

a) Lagerkraftkomponenten in A und B.

b) Stabkräfte S_1 bis S_5.

c) Stabbelastung (Zug, Druck, Null).

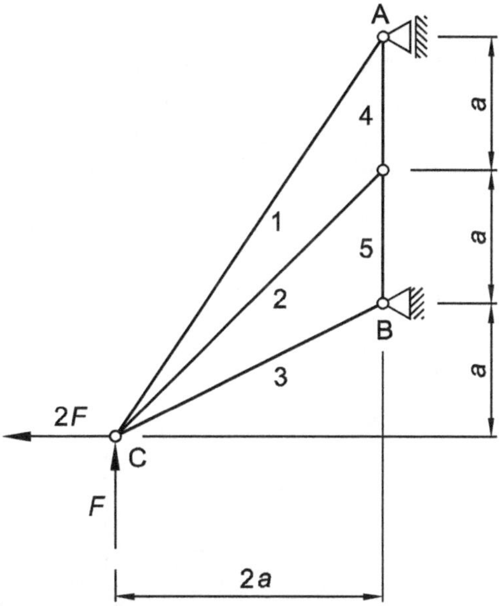

[$A = 2F$; $B_x = 4F$; $B_y = F$; $S_1 = 3{,}605 \cdot F$ (D); $S_2 = 0$; $S_3 = 4{,}47 \cdot F$ (Z); $S_4 = 3F$ (Z); $S_5 = 3F$ (Z)]

FW_21

Das Fachwerk aus fünf Stäben wird durch vier Kräfte F, F, $2F$ und $2F$ belastet. Es ist in A und B gelagert. Ermitteln Sie die:

a) Lagerkraftkomponenten in A und B.

b) Stabkräfte S_1 bis S_5.

c) Stabbelastung (Zug, Druck, Null).

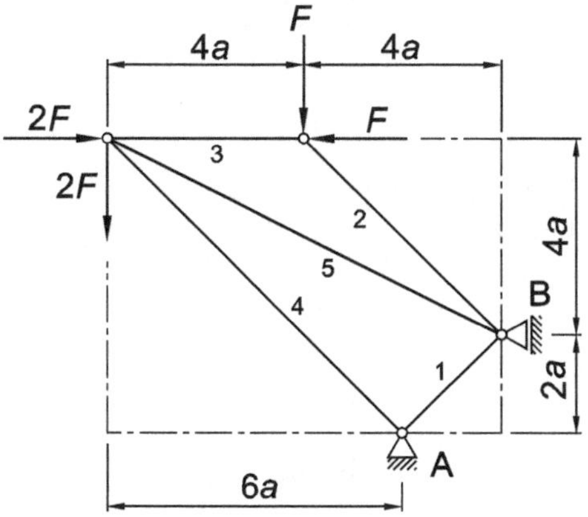

[$A_x = 5F$; $A_y = 3F$; $B = 4F$; $S_1 = 1{,}414 \cdot F$ (Z); $S_2 = 1{,}414 \cdot F$ (D); $S_3 = 2 \cdot F$ (D); $S_4 = 5{,}66 \cdot F$ (D); $S_5 = 4{,}47 \cdot F$ (Z)]

FW_22

Baurat *Rosts* Fachwerk mit Fünfeckstruktur ist in A und B gelagert. Es setzt sich aus 11 Stäben zusammen, wobei alle außer S_2 zur Mittellinie symmetrisch sind. Es wird mit zwei Kräften F und $4F$ belastet. Bestimmen Sie die Lagerkraftkomponenten in A und B sowie alle Stabkräfte S_1 bis S_{11}. Handelt es sich um Zug-, Druck-, oder Nullstäbe?

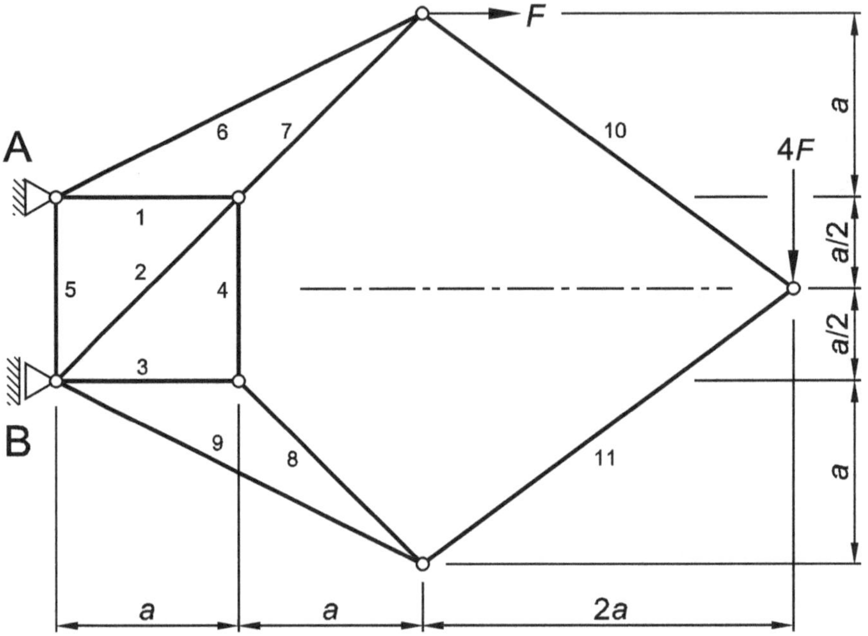

[$A_x = 4F$; $A_y = 18F$; $B = 17F$; $S_1 = S_3 = S_4 = 6{,}67 \cdot \mathrm{F}$ (Z); $S_2 = 20{,}27 \cdot F$ (D); $S_5 = 9{,}67 \cdot F$ (Z); $S_6 = 12{,}67 \cdot F$ (Z); $S_7 = 10{,}84 \cdot F$ (D); $S_8 = 9{,}43 \cdot F$ (Z); $S_9 = 10{,}43 \cdot F$ (D); $S_{10} = 3{,}33 \cdot F$ (Z); $S_{11} = 3{,}33 \cdot F$ (D)]

FW_23

Das Portal setzt sich aus 11 Stäben zusammen und ist in A und B gelagert. Es wird mit drei Kräften $4F$, $4F$ und $6F$ belastet. Ermitteln Sie die:

a) Lagerkraftkomponenten in A und B.

b) Stabkräfte S_2, S_6, S_{10} sowie S_7 und S_8.

c) Stabbelastung (Zug, Druck, Null).

d) Erkennen Sie Nullstäbe? Nennen Sie das zutreffende Nullstabkriterium.

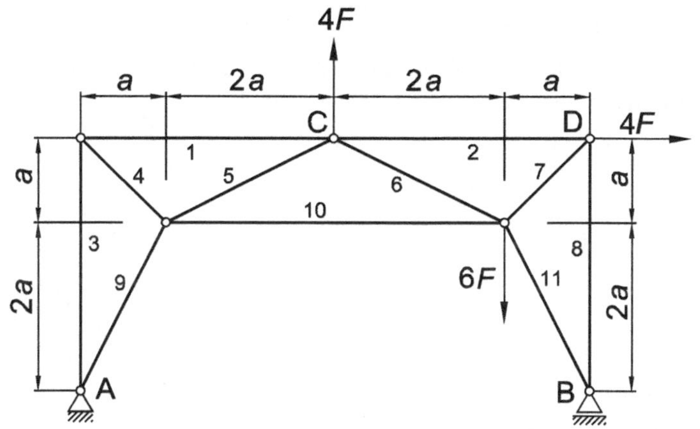

[$A_x = 4F$; $A_y = 3F$; $B = 5F$; $S_2 = F$ (D); $S_6 = 2{,}236 \cdot F$ (Z); $S_7 = 7{,}071 \cdot F$ (Z); $S_8 = 5F$ (D); $S_{10} = 3F$ (Z); $S_{11} = 0$; belastete Ecke]

FW_24

Der Bogen aus 15 Stäben ist in A und B gelagert. Er wird durch drei Kräfte F und $2F$ belastet. Berechnen Sie die:

a) Lagerkraftkomponenten in A und B.

b) Stabkräfte S_1 und S_2 sowie S_6, S_{10} und S_{14}.

c) Stabbelastung (Zug, Druck, Null).

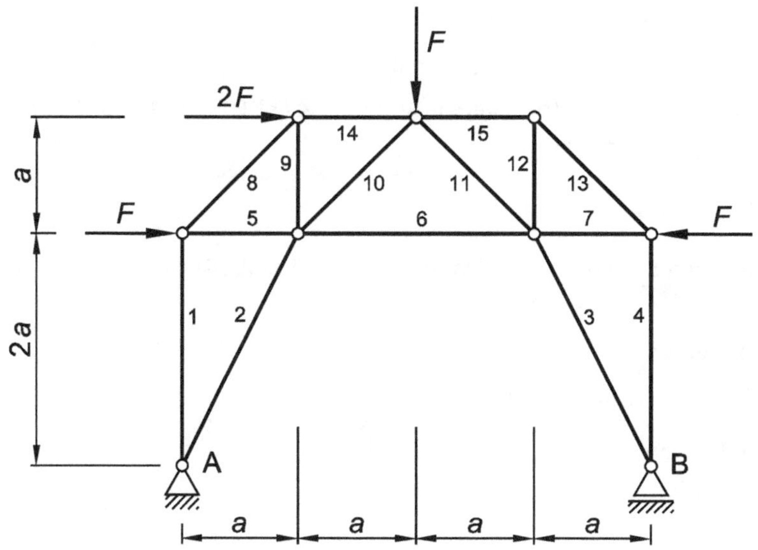

[$A_x = 2F$; $A_y = F$; $B = 2F$; $S_1 = 3F$ (D); $S_2 = 4{,}47 \cdot F$ (Z); $S_6 = 3F$ (Z); $S_{10} = 1{,}414 \cdot F$ (Z); $S_{14} = 5F$ (D)]

FW_25

Das Fachwerk aus sieben Stäben ist in A und B gelagert. Es wird durch drei Kräfte $F/2$, $3F$ und $3F$ belastet. Berechnen Sie die:

a) Lagerkraftkomponenten in A und B.

b) Stabkräfte S_1 bis S_7.

c) Stabbelastung (Zug, Druck, Null).

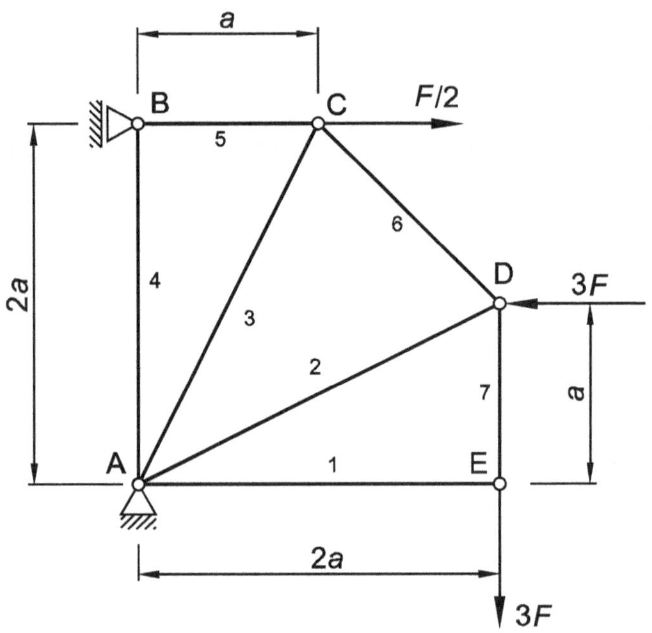

[$A_x = 4{,}5 \cdot F$; $A_y = 3F$; $B = 2F$; $S_1 = S_4 = 0$ (belastete Ecke); $S_2 = 4{,}47 \cdot F$ (D); $S_3 = 1{,}118 \cdot F$ (D); $S_5 = 2F$ (Z); $S_6 = 1{,}414 \cdot F$ (Z); $S_7 = 3F$ (Z)]

FW_26

Das Fachwerk ist in A und B gelagert. Es wird durch die Kräfte $2F$, $4F$ und $5F$ belastet. Gesucht sind die:

a) Lagerkraftkomponenten.

b) Stabkräfte S_2, S_6 und S_9 sowie S_7 und S_8.

c) Stabbelastung (Zug, Druck, Null).

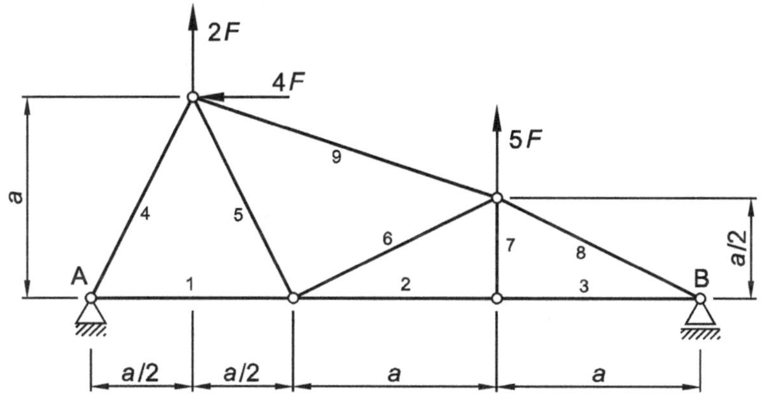

[$A_x = 4F$; $A_y = 2F$; $B = 5F$; $S_1 = F$ (D); $S_2 = S_3 = 10F$ (D); $S_4 = 2{,}24 \cdot F$ (Z); $S_5 = 2{,}24 \cdot F$ (D); $S_6 = 4{,}47 \cdot F$ (Z); $S_7 = 0$; $S_8 = 11{,}18 \cdot F$ (Z); $S_9 = 6{,}32 \cdot F$ (Z)] (25 min)

FW_27

Zum Heben sperriger Lasten wird zwischen Kranhaken und Last das skizzierte massefreie Gestell eingehängt. Berechnen Sie für $\alpha = 15°$ die Stabkräfte S_1, S_2, S_3 und S_4 als Vielfache von F und deren Belastungsart (Zug, Druck, Null).

Lösungshinweis: Empfohlen wird ein Knotenschnitt um A sowie ein *Ritter*-Schnitt 1, 2, 3, 4.

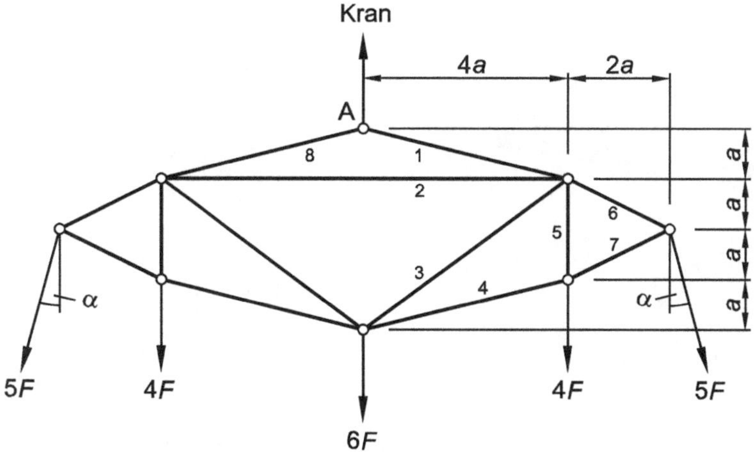

[$S_1 = 48{,}78 \cdot F$ (Z); $S_2 = 47{,}24 \cdot F$ (D); $S_3 = 6{,}74 \cdot F$ (Z); $S_4 = 4{,}31 \cdot F$ (D)]

4 Schwerpunkt

Die Schwerpunktaufgaben sind nach der Dimension der Gebilde sortiert, also vom Linienschwerpunkt (LSP) über den Flächenschwerpunkt (FSP) zum räumlichen Schwerpunkt (RSP). Alle dargestellten Bauteile und Gebilde sind homogen und ideal starr. Alle flächigen und räumlichen Körper haben gleiche Dichte und Dicke. Zu jeder Aufgabenstellung werden – falls erforderlich und nicht selbsterklärend – Lösungshinweise gegeben. Rechnen Sie zu Beginn stets langsam und mit Bedacht und vor allem – dem Ingenieurberuf geziemend – möglichst fehlerfrei. Seit *Tacitus* (1. Jh. nach Christus) gilt: (nur sic!) **Übung macht den Meister**.

Hinweise zu den Schwerpunktaufgaben

- Rechnen Sie die Schwerpunktkoordinaten stets im vorgegebenen **Koordinatensystem**. Ist keines gegeben, überlegen Sie zu Beginn
  a. wohin Sie den Ursprung legen und
  b. wie Sie die Achsen ausrichten.
- Nutzen Sie falls möglich Symmetrie! Bei Kippaufgaben ist wegen $x_S = 0$ der Kipppunkt K in 90 % aller Fälle der ideale Ort für den Koordinatenursprung.
- Eine saubere und maßstäbliche Skizze ist in jedem Falle hilfreich. Sie können vor Erstellen des Lösungstableaus die Einzelschwerpunkte darin einzeichnen.
- Richten Sie die Achsen so aus, dass die Mehrzahl der Einzelgebilde (Einzelteile) positive Koordinaten haben und sich die Einzelschwerpunkte von den Achsen aus bemaßen lassen (Koordinatenbemaßung). Orientieren Sie sich dabei an den bekannten Schwerpunktlagen einfacher Linien- und Flächenelemente (siehe Lehrbuch Kapitel 8, Blatt 6). Wenn Sie zum Schluss Ihren berechneten Gesamtschwerpunkt in die o. g. Skizze einzeichnen, hilft das bei der Plausibilitätsprüfung sehr.

- Empfohlen wird die Verwendung eines Lösungstableaus. Beim Befüllen des Tableaus ist es vorteilhaft, die drei bzw. fünf Spalten hintereinander (spaltenweise von links nach rechts) abzuarbeiten, also in der Reihenfolge x_i, y_i, L_i (bzw. A_i) und erst zum Schluss die beiden Produktspalten zu befüllen ($\sum x_i L_i$ und $\sum y_i L_i$ bzw. $\sum x_i A_i$ und $\sum y_i A_i$). Leider kommt es recht häufig vor, dass Studierende beim zeilenweisen Befüllen nach kurzer Zeit die Spalten vertauschen und damit die Lösung verderben.

Am Beispiel eines einfachen Rechteckwinkels ($3a \times 3a$) soll der empfohlene Ablauf gezeigt werden. In einer maßstäblichen Skizze werden die beiden Einzellinien durchnummeriert, das Plus steht für „Material vorhanden". Man zeichnet die beiden Einzelschwerpunkte SP_1 und SP_2 ein und bemaßt deren Lage mithilfe der Koordinatenbemaßung von den Achsen aus.

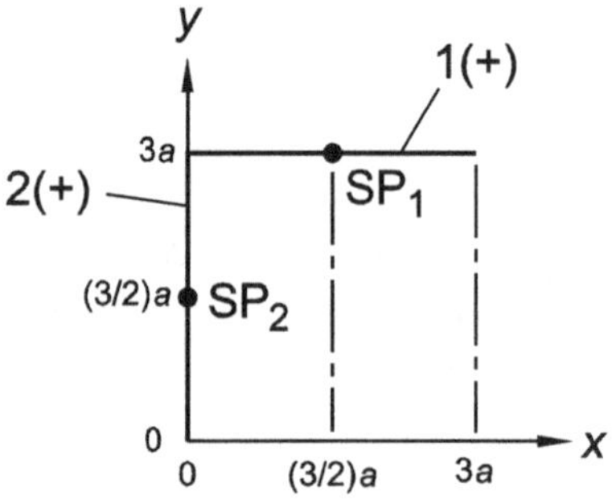

Bild 4.1
Vorbereiten des Drahtwinkels für Tableau und Summenformeln

Nun wird das Tableau erstellt. Wir beginnen links mit einer Symbol- und der i-Spalte und füllen das Tableau danach von links nach rechts spaltenweise auf:

Tabelle 4.1 Tableau für Produkte und Summen

Symbol	i	x_i	y_i	L_i	$x_i \cdot L_i$	$y_i \cdot L_i$
–	1	$(3/2) \cdot a$	$3a$	$3a$	$(9/2) \cdot a^2$	$9a^2$
I	2	0	$(3/2) \cdot a$	$3a$	0	$(9/2) \cdot a^2$
	Σ	–	–	$6a$	$(9/2) \cdot a^2$	$(27/2) \cdot a^2$

Mit den Ergebnissen der Summenspalte lässt sich nun die Lage des Linienschwerpunkts berechnen, hier $x_S = (3/4) \cdot a$ und $y_S = (9/4) \cdot a$ genau auf der Winkelhalbierenden zwischen SP_1 und SP_2.

- Gehen Sie beim gedanklichen Zerlegen von Linienzügen oder Flächengebilden stets von unbearbeiteten (idealen) Gesamtstrukturen aus. Oft ersparen Sie sich durch

Wegnehmen einzelner oder mehrerer Strukturen eine oder mehrere Zeilen im Lösungstableau und damit Rechenaufwand. **Merke:** Das Wegnehmen vom (idealen, unbearbeiteten) Ganzen ist oftmals einfacher als das Zusammensetzen (Synthese) aus mehreren Einzelteilen.

Interpretiert man Bohrungen oder Lücken im Gebilde als Bearbeitung des Ganzen, kann man mit dem **negativen** Vorzeichen (Materialwegnahme, Vorzeichen Minus) erheblichen Rechenaufwand sparen.

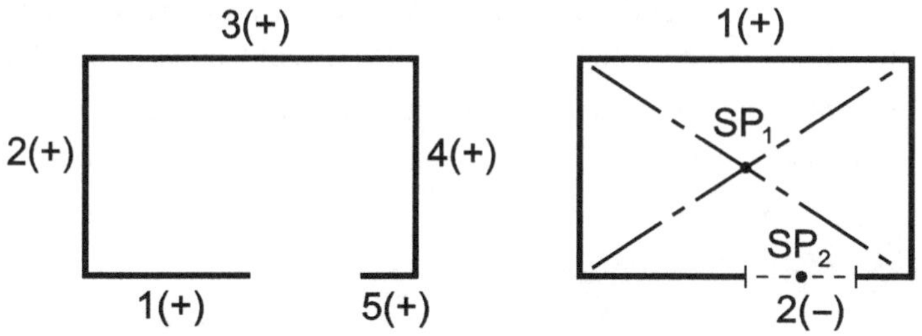

Bild 4.2 Die Verwendung des negativen Vorzeichens spart Rechenaufwand

Setzt man den Rahmen links aus fünf Einzellinien zusammen, erhält man im Tableau fünf Zeilen $i = 1$ bis 5. Geht man beim rechten Rahmen vom unbearbeiteten Ganzen aus (1+) und zieht davon die Lücke (Bearbeitung) (2–) ab, hat man nur noch zwei Zeilen $i = 1, 2$.

- Wenn Sie nach dem Berechnen des Schwerpunkts die Plausibilität seiner Lage beurteilen wollen, sind folgende Regeln hilfreich:
  a. Der Schwerpunkt strebt zum Schweren hin und flieht vom Leichten weg. **Oder:** Der Schwerpunkt findet sich stets bei Materialanhäufungen und weicht von Materialwegnahmen (Bearbeitungen).

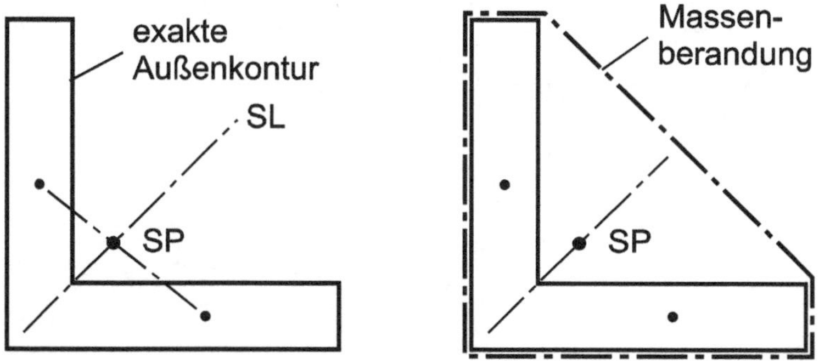

Bild 4.3 Plausibilitätsprüfung nach der Schwerpunktsberechnung

b. Bei zwei Einzellinien oder -flächen liegt der Gesamtschwerpunkt stets auf der Verbindungsgeraden der beiden Einzelschwerpunkte. Auf dieser Verbindungsgeraden verhalten sich die Abstände zu den Einzelschwerpunkten umgekehrt proportional zu den Einzelmassen (Linienlängen, Flächen- bzw. Rauminhalten).

c. **Merke:** Der Schwerpunkt liegt immer innerhalb der Massenberandung (MBR), also der engsten Umhüllenden aller beteiligten Einzelmassen.

   Dabei entspricht die Massenberandung nicht der exakten geometrischen Außenkontur (Umrandung) des Gebildes (links). Vielmehr denkt man sich ein Gummiband, das dicht anliegend das Gebilde umspannt (Bild 4.3 rechts). Bei der dargestellten symmetrischen Winkelfläche liegt der Gesamtschwerpunkt (SP):

   - auf der Verbindungsgeraden der beiden Einzelschwerpunkte,
   - auf der Symmetrielinie (SL),
   - nahe bei den beiden Einzelmassen und
   - innerhalb der Massenberandung (MBR).

4.1 Linienschwerpunkt

Für den Einstieg eignen sich: SP_01 bis SP_08

Etwas sportlicher sind: SP_09, SP_10

SP_01

Wo liegt der Schwerpunkt (x_S, y_S) des homogenen Winkelträgers ABC? Fertigen Sie eine maßstäbliche Skizze an, verbinden Sie die beiden Einzelschwerpunkte mit einer Geraden und prüfen Sie, ob der Gesamtschwerpunkt darauf liegt.

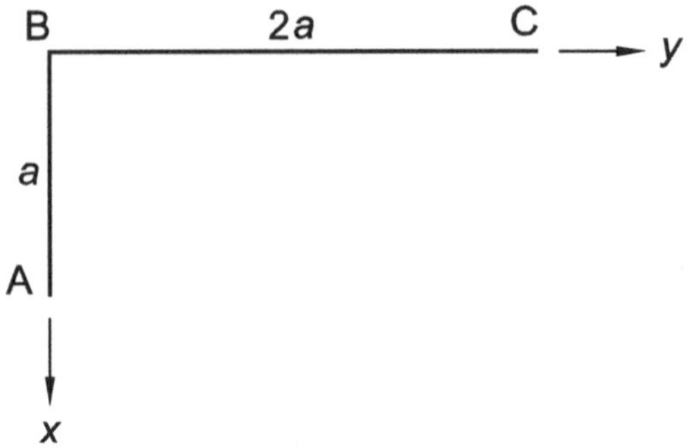

[$x_S = a/6$; $y_S = (2/3) \cdot a$]

SP_02

Das Gebilde ist zur y-Achse symmetrisch. Ermitteln Sie die Schwerpunktkoordinate y_S im eingezeichneten Koordinatensystem:

a) des Linienzugs.

b) der Fläche.

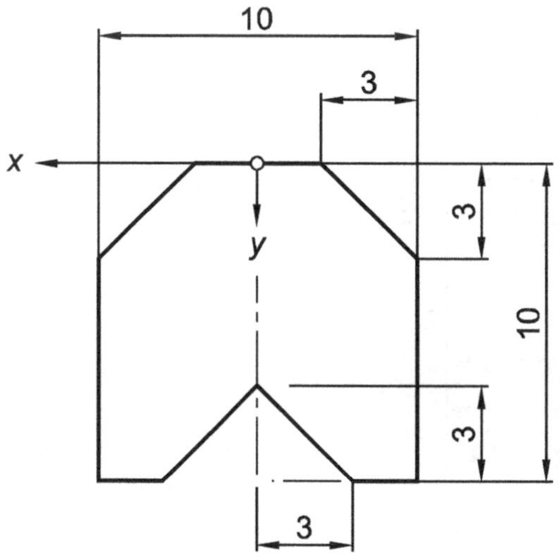

[LSP: $y_S = 5{,}54$; FSP: $y_S = 5{,}00$]

SP_03

Der dargestellte Konstruktionsrahmen setzt sich aus vier dünnen, homogenen Stäben zusammen. Bestimmen Sie die Schwerpunktkoordinaten x_S und y_S im eingezeichneten Koordinatensystem als Vielfache von a.

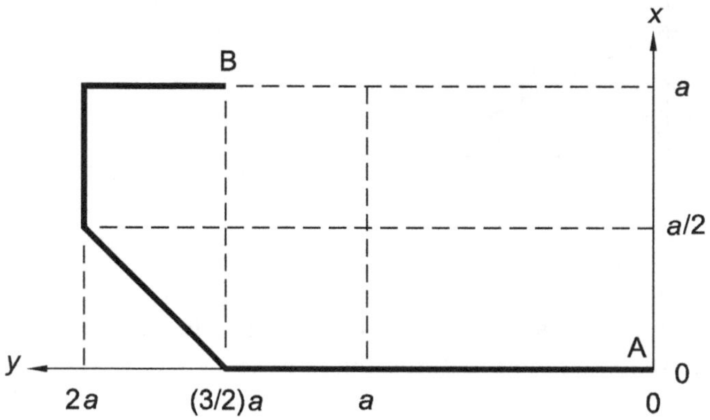

[$x_S = 0{,}328 \cdot a$; $y_S = 1{,}321 \cdot a$]

SP_04

Das dargestellte Gebilde hat konstante Dicke. Berechnen Sie im eingezeichneten Koordinatensystem:

a) den Linienschwerpunkt der Umrandung.

b) den Flächenschwerpunkt.

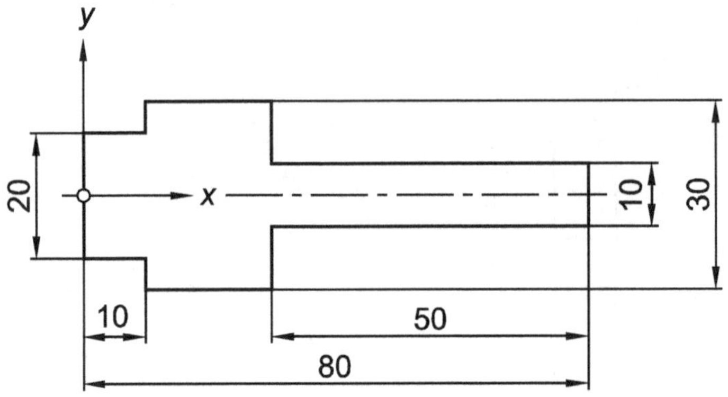

[$y_S = 0$ (Symmetrie); LSP: $x_S = 35{,}91$; FSP: $x_S = 31{,}15$]

SP_05

Der dargestellte Linienzug setzt sich aus einem Halbkreis (Radius R) und zwei Geraden zusammen. Bestimmen Sie die Koordinate y_S seines Schwerpunktes in Abhängigkeit von R.

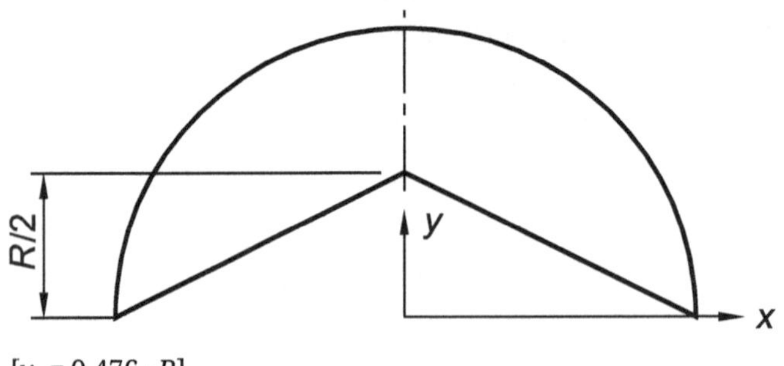

[$y_S = 0{,}476 \cdot R$]

SP_06

Das Drahtmodell (Masse m) setzt sich aus einem Halbkreisbogen (Radius r) plus einem horizontalen und einem vertikalen Geradenstück zusammen.

a) Berechnen Sie die Schwerpunktkoordinaten x_S und y_S.

b) Das System wird nun sich selbst überlassen. Unter welchem Winkel α zur Horizontalen richtet sich die Strecke AB aus?

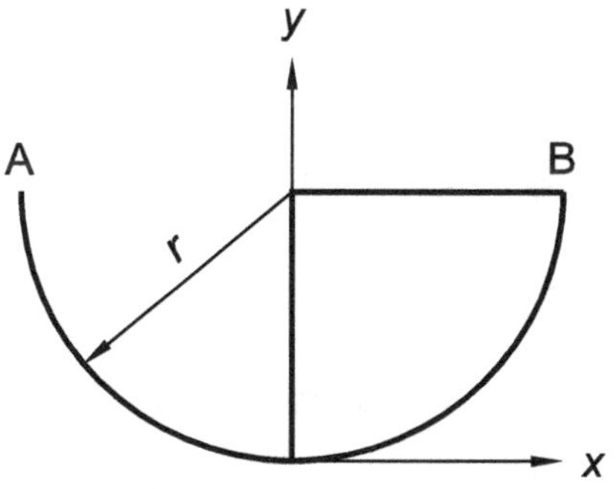

[$x_S = 0{,}0973 \cdot r$; $y_S = 0{,}514 \cdot r$; $\alpha = 11{,}31°$]

SP_07

Das aus Erde und Mond bestehende Zweikörpersystem kreist um einen gemeinsamen Schwerpunkt, dem „Baryzentrum".

Gegeben sind:

Erdmasse $m_E = 5{,}972 \cdot 10^{24}$ kg

Mondmasse $m_M = 7{,}346 \cdot 10^{22}$ kg

mittlerer Abstand Erde-Mond $L = 384\,400$ km

Erdradius $r_E = 6371$ km

Wie groß ist:

a) der Abstand x_S des Baryzentrums vom Erdmittelpunkt in km? **Lösungshinweis:** Erde und Mond sind Punktmassen.

b) sein Abstand von der Erdoberfläche?

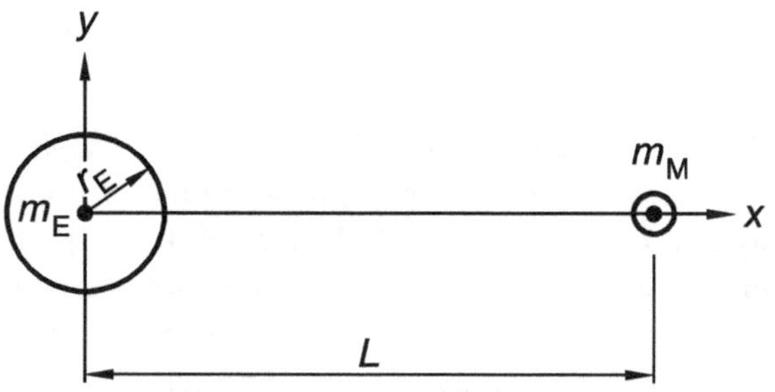

[$x_s = 4671$ km; 1700 km unter der Erdoberfläche]

SP_08

Kommissar Thiel und Prof. Boerne analysieren eine Lösegeldforderung. Berechnen Sie für jeden Buchstaben die Lage (x_S, y_S) seines Linienschwerpunkts vom linken unteren Punkt (0,0) aus. Die Buchstaben setzen sich aus Geraden- und Kreisbogenstücken zusammen. Das Rastermaß sei a.

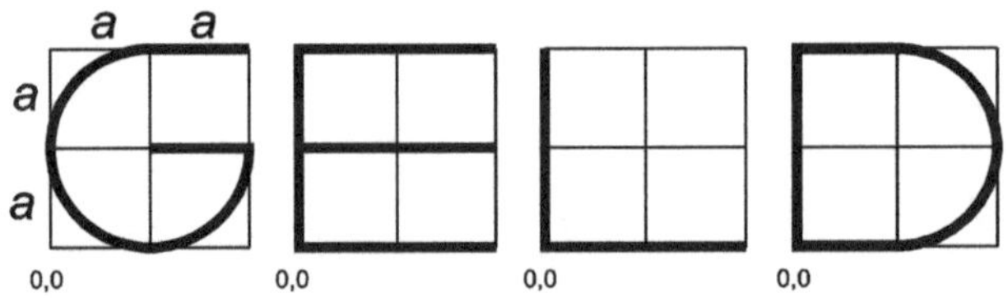

[**G**: $x_S = y_S = a$; **E**: $x_S = (3/4) \cdot a$; $y_S = a$; **L**: $x_S = y_S = a/2$; **D**: $x_S = (\pi+3) \cdot a/(\pi+4) = 0{,}86 \cdot a$; $y_S = a$]

SP_09

Ein Linienzug besteht aus zwei Halbkreisbögen und zwei Geraden. Berechnen Sie die Schwerpunktkoordinate y_S als Vielfache von a zunächst als Bruch und dann als Dezimalzahl.

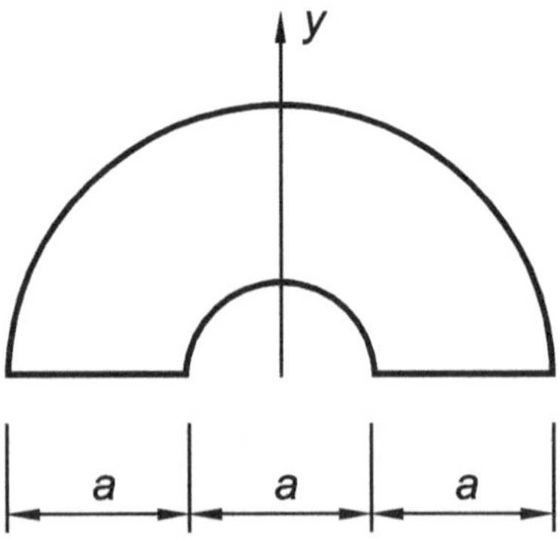

$$\left[y_S = \frac{5}{2 + 2\pi} \cdot a = 0{,}6036 \cdot a \right]$$

SP_10

Das dargestellte Liniengebilde steht auf einer horizontalen Unterlage und setzt sich aus einem Halbkreisbogen, einer vertikalen und einer horizontalen Geraden zusammen. Ab welcher Länge L kippt das Bauteil über den Punkt K nach rechts? Geben Sie L abhängig von r an. **Lösungshinweis:** Sorgfalt bei der Schwerpunktkoordinate der horizontalen Geraden. Das Lösen einer quadratischen Gleichung ist erforderlich. Legen Sie zur Übung den Koordinatenursprung ins Kreiszentrum und alternativ in K.

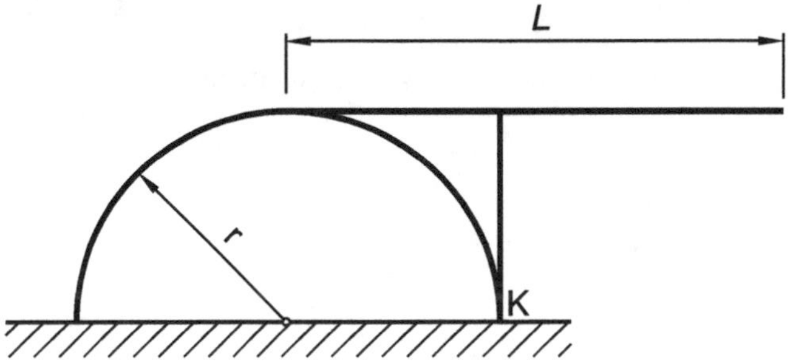

[$L_{1,2} = (1 \pm \sqrt{1+2\pi}) \cdot r$; $L_1 = 3{,}699 \cdot r$, nur die positive Lösung ist sinnvoll]

4.2 Flächenschwerpunkt

Für den Einstieg eignen sich: SP_11 bis SP_22

Etwas sportlicher sind: SP_24 bis SP_26, SP_28, SP_29, SP_31, SP_35 bis SP_41, SP_44, SP_50

SP_11

Das dargestellte Trapez hat konstante Dicke. Berechnen Sie im eingezeichneten Koordinatensystem:

a) den Linienschwerpunkt der Umrandung.

b) den Flächenschwerpunkt.

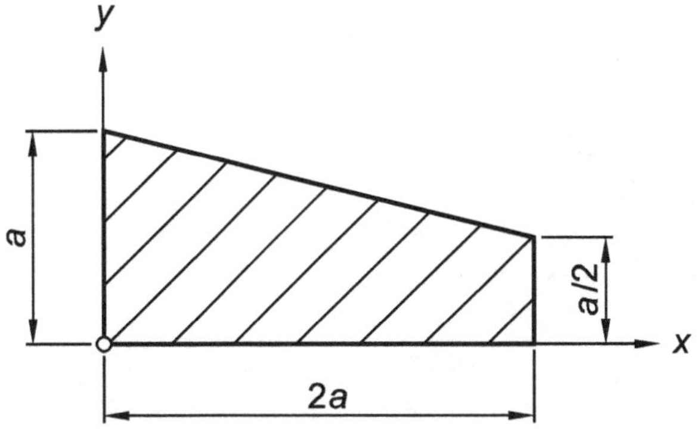

[LSP: $x_S = 0{,}91 \cdot a$; $y_S = 0{,}39 \cdot a$; FSP: $x_S = (8/9) \cdot a$; $y_S = (7/18) \cdot$ a]

SP_12

Berechnen Sie die Schwerpunktkoordinate x_S der Torwand als Vielfache von a.

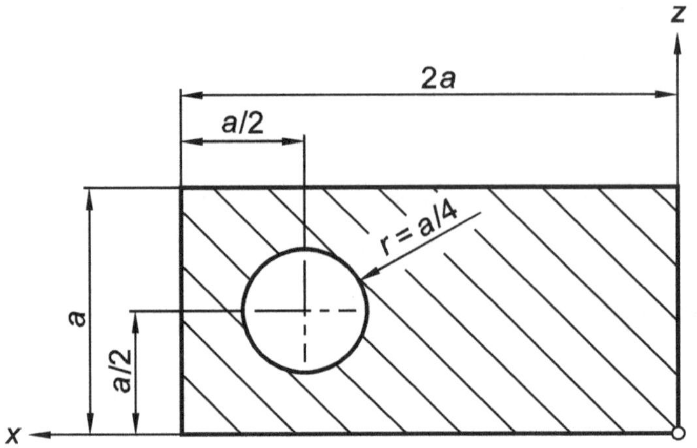

$$\left[x_S = \frac{64 - 3\pi}{64 - 2\pi} \cdot a = 0{,}946 \cdot a\right]$$

SP_13

Berechnen Sie die Schwerpunktkoordinaten des Stanzteils.

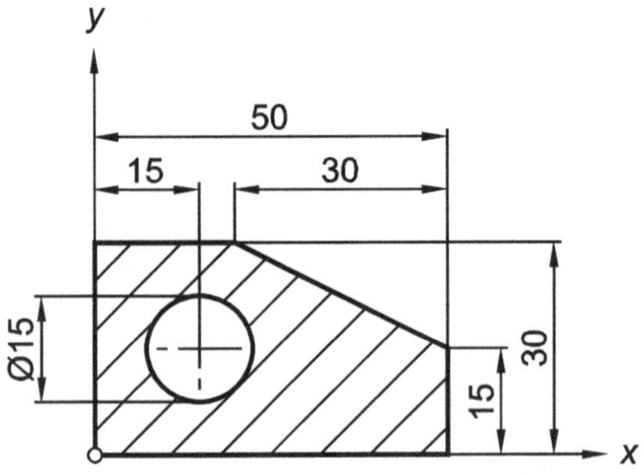

[x_S = 23,536; y_S = 12,951]

SP_14

Für die dargestellte Fläche sind die Schwerpunktkoordinaten x_S und y_S zu berechnen.

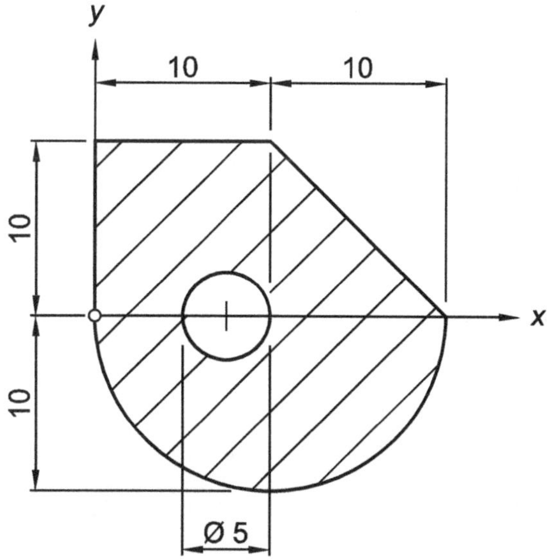

[$x_S = 9{,}011$; $y_S = 0$]

SP_15

Ermitteln Sie die Koordinaten x_S und y_S des Flächenschwerpunktes in Abhängigkeit von a.

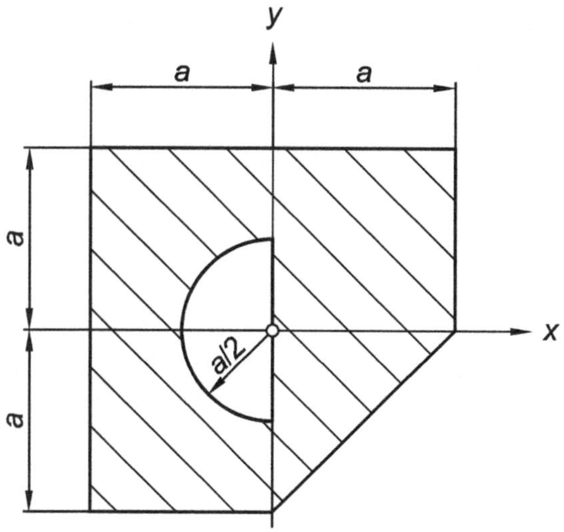

[$x_S = -0{,}0805 \cdot a$; $y_S = +\,0{,}1073 \cdot a$]

SP_16

Gesucht sind die Schwerpunktkoordinaten x_S und y_S des Flächengebildes in Abhängigkeit von a.

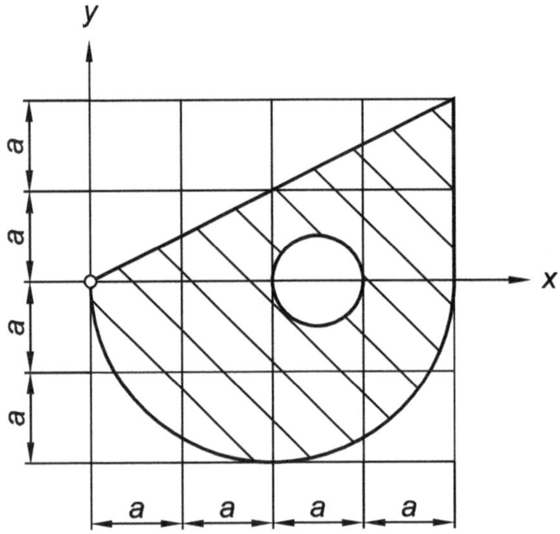

[$x_S = 2{,}239 \cdot a$; $y_S = -0{,}281 \cdot a$]

SP_17

Das gegebene Stanzteil (Masse m) setzt sich aus Rechteck- plus Halbkreisfläche zusammen. Wie lange muss die Seitenlänge L der Rechteckfläche mindestens gewählt werden, damit das Gebilde nicht über den Punkt K nach rechts kippt? **Lösungshinweis:** Legen Sie den Koordinatenursprung in K.

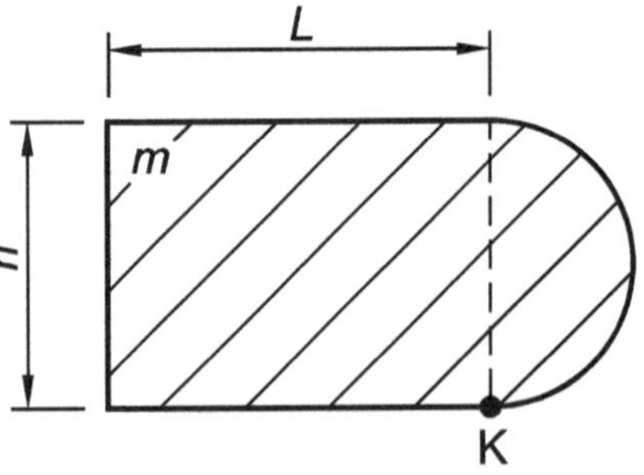

$\left[L_{\min} = \sqrt{1/6} \cdot h = 0{,}4083 \cdot h\right]$

SP_18

Das dargestellte Blechteil setzt sich aus Rechteck- plus Dreiecksfläche zusammen. Ermitteln Sie die Koordinate x_S des Gesamtschwerpunkts für $a = 0{,}6$ m.

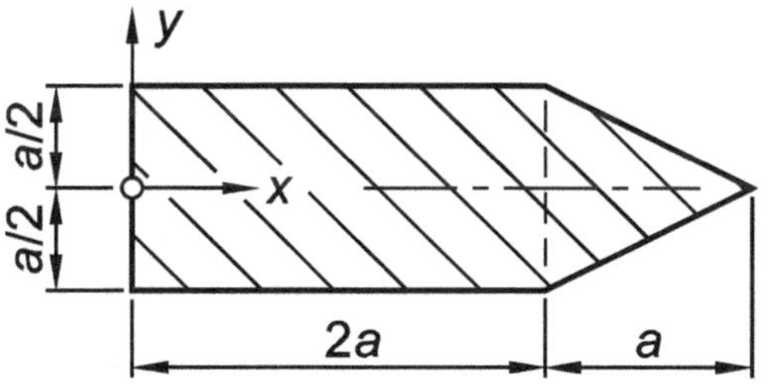

[$x_S = (19/15) \cdot a = 0{,}76$ m]

SP_19

Berechnen Sie die Schwerpunktkoordinate x_S des Stanzteils für $a = 0{,}6$ m.

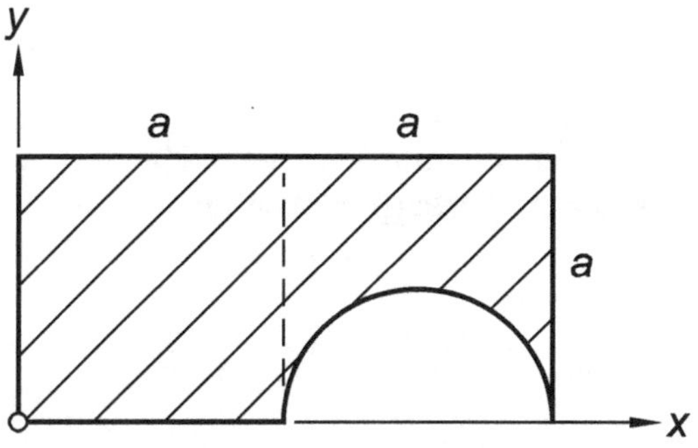

$$\left[x_S = \frac{32 - 3\pi}{32 - 2\pi} \cdot a = 0{,}5267 \text{ m}\right]$$

SP_20

Bestimmen Sie die Koordinaten x_S und y_S des Plattenschwerpunkts.

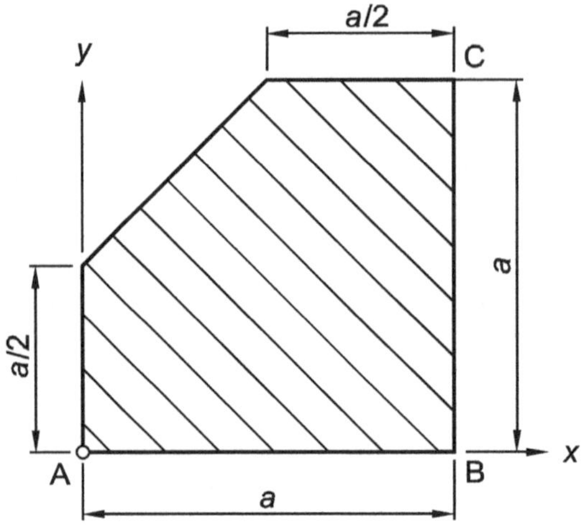

[$x_S = (23/42) \cdot a$; $y_S = (19/42) \cdot a$]

SP_21

Das dargestellte dünne Stanzteil setzt sich aus einem Quadrat ($d \times d$) minus einem Halbkreis (Durchmesser d) zusammen. Berechnen Sie die Schwerpunktkoordinate y_S in Abhängigkeit von d.

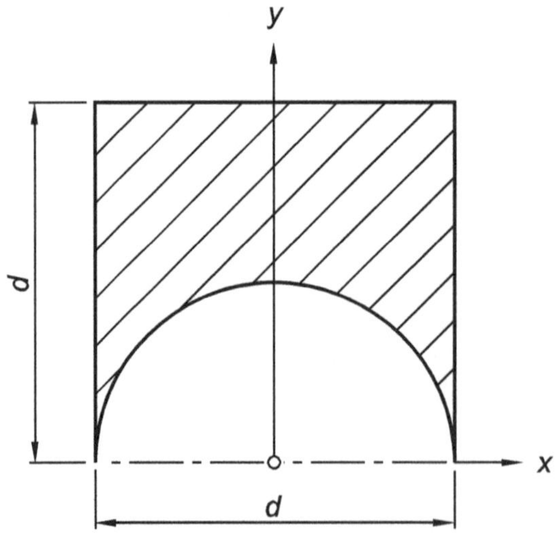

$$\left[y_S = \frac{10}{3 \cdot (8 - \pi)} \cdot d = 0{,}686 \cdot d \right]$$

SP_22

Das schraffierte Blechteil (Masse *m*) ist an einem dünnen masselosen Faden befestigt. Es setzt sich aus einer Kreisfläche (Radius *R*) minus einer Halbkreisfläche (Durchmesser *R*) zusammen. Das Bauteil wird sich selber überlassen. Unter welchem Winkel α zur Horizontalen richtet sich die Strecke AB aus?

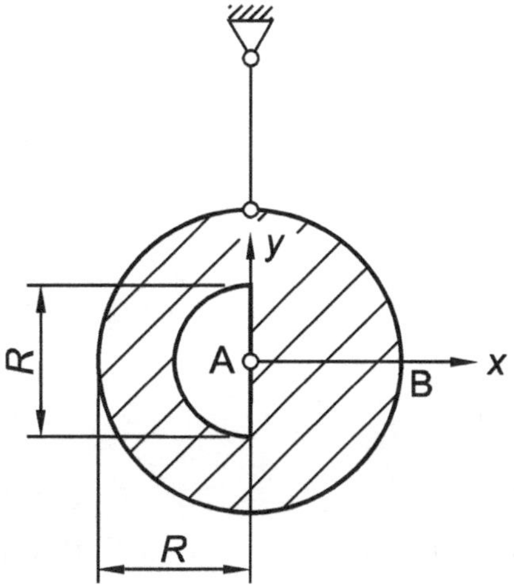

[$x_S = 2/(21\pi) \cdot R = 0{,}0303 \cdot R$; $\tan\alpha = 2/(21 \cdot \pi) = 0{,}030\,315$; $\alpha = 1{,}74°$]

SP_23

Die dargestellte homogene Platte setzt sich aus einem Halbkreis (Radius *r*) plus einem gleichschenkligen Dreieck (Höhe *h*) zusammen. Bestimmen sie das Verhältnis *h*/*r* so, dass der Flächenschwerpunkt in M liegt.

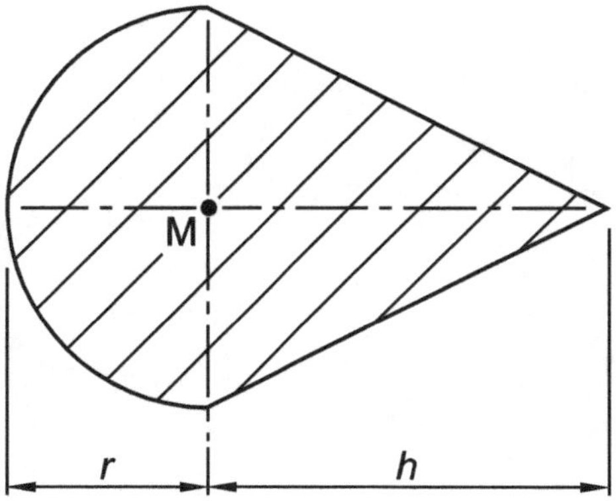

$\left[h/r = \sqrt{2} = 1{,}414\right]$

SP_24

Das homogene Flächengebilde setzt sich aus Viertelkreis (Radius r) minus Rechteck ($a \times r/2$) zusammen. Wie lange darf die Kantenlänge a maximal werden, ohne dass das Gebilde über den Punkt K nach rechts kippt?

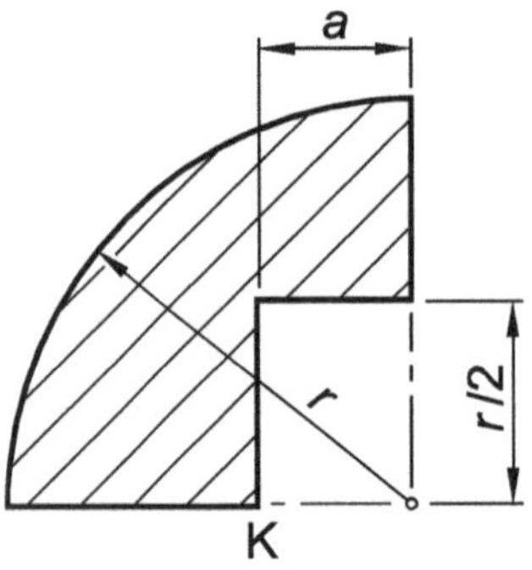

[$a_{max} = 0{,}506 \cdot r$]

SP_25

Das Stanzteil setzt sich aus Dreiecks- minus Viertelkreisfläche (Radius r) zusammen. Gesucht sind die Schwerpunktkoordinaten x_S und y_S als Vielfache von r.

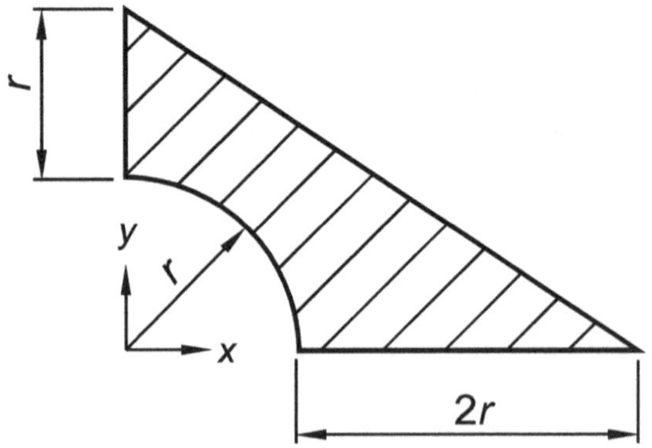

[$x_S = 1{,}204 \cdot r$; $y_S = 0{,}753 \cdot r$]

SP_26

Der dargestellte Blechzuschnitt (Masse m) setzt sich aus Halbkreisfläche minus Bohrung zusammen. Er kann auf der horizontalen Unterlage reibungsfrei abrollen.

a) Berechnen Sie die Schwerpunktkoordinaten x_S und y_S.

b) Unter welchem Winkel α richtet sich die Kante AB aus, wenn man das Bauteil sich selbst überlässt?

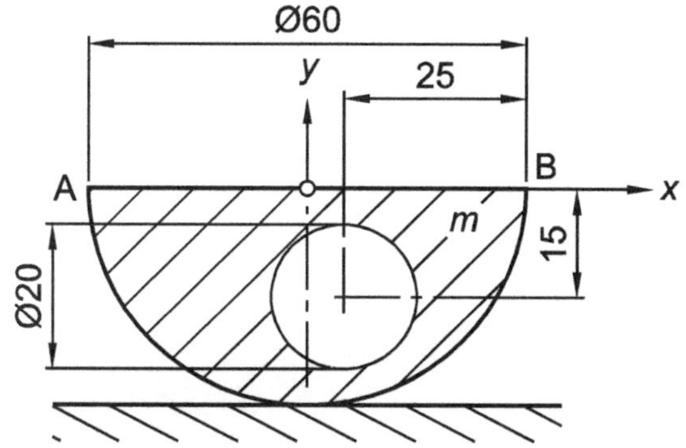

[$x_S = -1{,}4286$; $y_S = -12{,}0845$; $\alpha = \arctan(x_S/y_S) = 6{,}74°$]

SP_27

Das dargestellte Stanzteil (Masse m) setzt sich aus einem Rechteck plus einem Halbkreis (Radius r) minus einer Bohrung (Durchmesser d) zusammen.

c) Ab welchem Bohrungsdurchmesser d kippt das Stanzteil über den Punkt K nach links?

d) Wie groß ist an der Kippgrenze dann der Flächeninhalt A in Abhängigkeit von r?

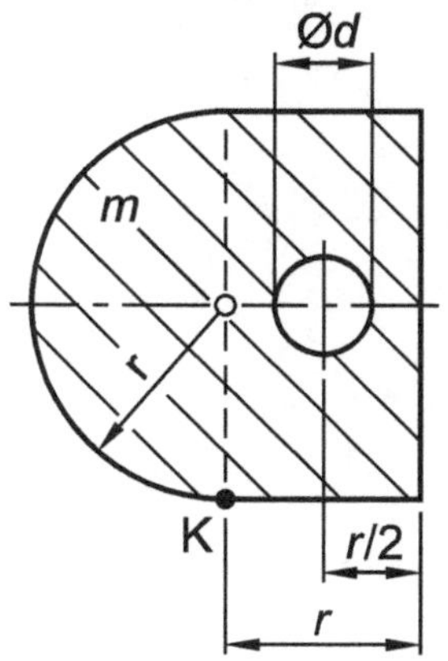

[$d = \sqrt{8/3\pi} \cdot r = 0{,}921 \cdot r$; $\sum A_i = \frac{8+3\pi}{6} \cdot r^2 = 2{,}904 \cdot r^2$]

SP_28

Das schraffierte dünne Stanzteil (Masse m) setzt sich aus zwei Halbkreisen zusammen und ist in A reibungsfrei gelenkig gelagert. Das Bauteil wird sich selbst überlassen. Unter welchem Winkel α zur Vertikalen richtet sich die Kante AB aus? **Lösungshinweis:** $\tan\alpha = y_S / x_S$

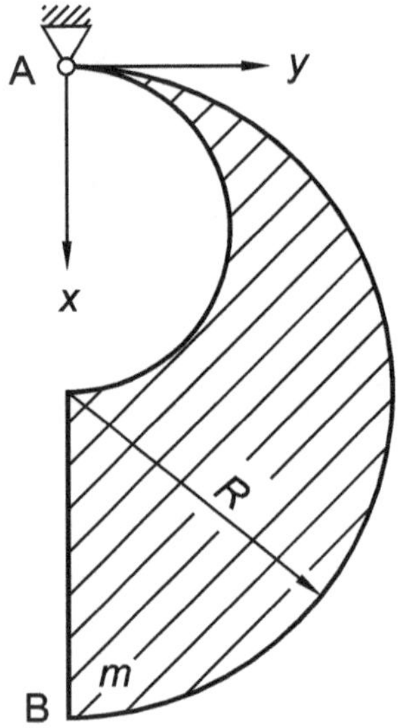

[$x_S = 1{,}166 \cdot R$; $y_S = 0{,}4952 \cdot R$; $\tan\alpha = 0{,}4244$; $\alpha = 22{,}3°$]

SP_29

Das dargestellte Stanzteil setzt sich aus einer Rechteckfläche (b×30) minus einer Halbkreisfläche (Radius 20) zusammen. Wie groß muss b gewählt werden, damit sich der Flächenschwerpunkt SP exakt auf dem Radius über dem Kreiszentrum befindet?

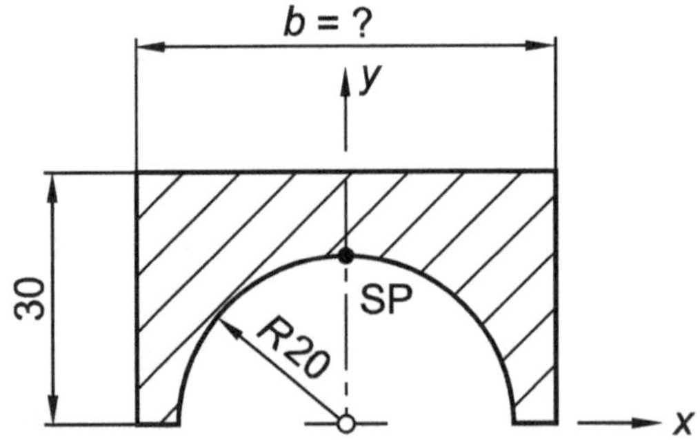

[$b = 48{,}22$]

SP_30

Das Firmenlogo eines Privatsenders bildet sich aus der Fläche eines Viertelkreisrings (Radien R und r) plus einem Rechteck ($R \times H$). Gesucht sind die Schwerpunktkoordinaten x_S und y_S. Gegeben sind: $R = 3$, $r = 2$, $H = 1$.

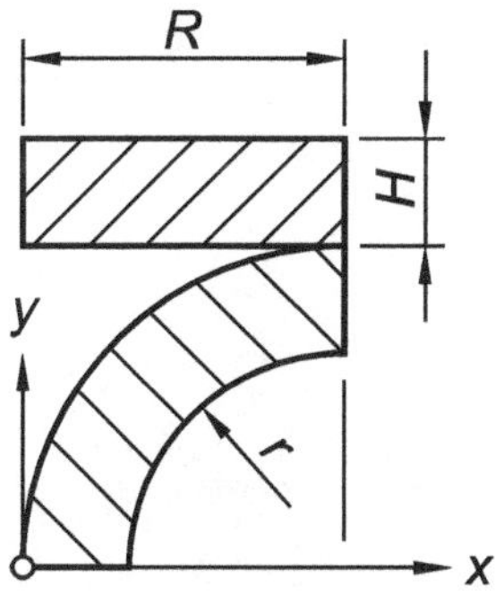

[$x_S = 1{,}4361$; $y_S = 2{,}4301$]

SP_31

Die dargestellte dünne Quadratplatte ($a \times a$) hat eine Bohrung (Radius r) und eine quadratische Aussparung ($r \times r$). Wie groß muss r gewählt werden, damit der Gesamtschwerpunkt SP exakt in der Plattenmitte liegt? Geben Sie r allgemein in Abhängigkeit von a und als Zahlenwert an. **Lösungshinweis:** Die Bohrung berührt beide Mittellinien, Koordinatenursprung wird links unten empfohlen.

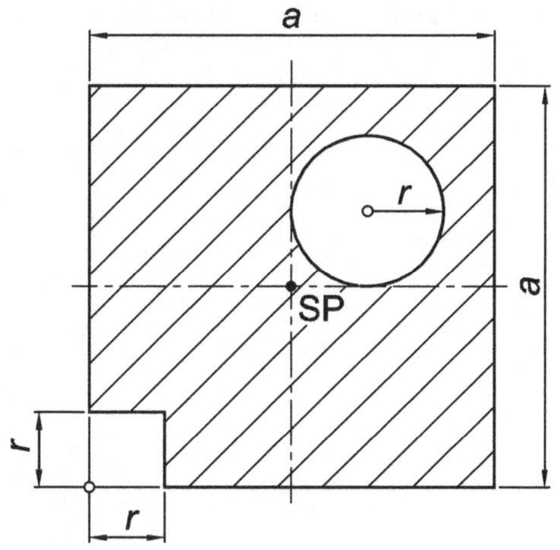

$$\left[r = \frac{1}{2\pi + 1} \cdot a = 0{,}1373 \cdot a \right]$$

SP_32

Die dargestellte dünne Quadratplatte (Masse *m*, *a*×*a*) hat eine halbkreisförmige Aussparung (Radius *r*) sowie eine dreiecksförmige (*a*/2×*a*/2). Ab welchem Radius *r* kippt das Bauteil über den Punkt K nach rechts? Geben Sie *r* abhängig von *a* an. **Hinweis:** saubere und maßstäbliche Skizze.

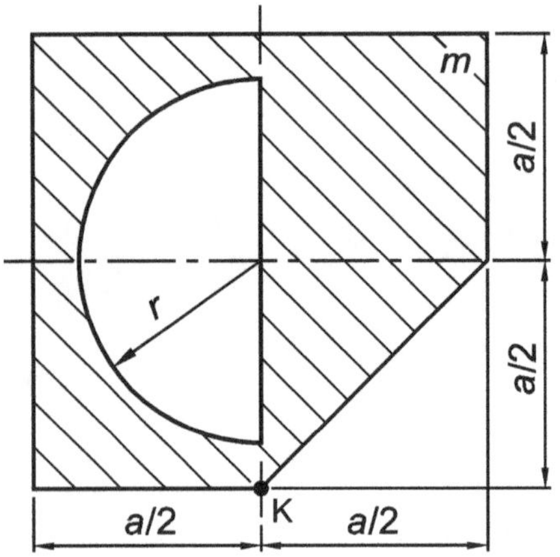

$\left[r = \sqrt[3]{1/16} \cdot a = 0{,}397 \cdot a\right]$

SP_33

Bei der dargestellten dünnen Kreisscheibe (Masse *m*, Radius *R*) fehlt eine Viertelkreisfläche und sie hat eine Bohrung mit Durchmesser *d*. Ab welchem Durchmesser *d* kippt das Bauteil über den Punkt K nach rechts? Geben Sie *d* abhängig von *R* an. **Vorsicht:** $d \neq 2 \cdot R$

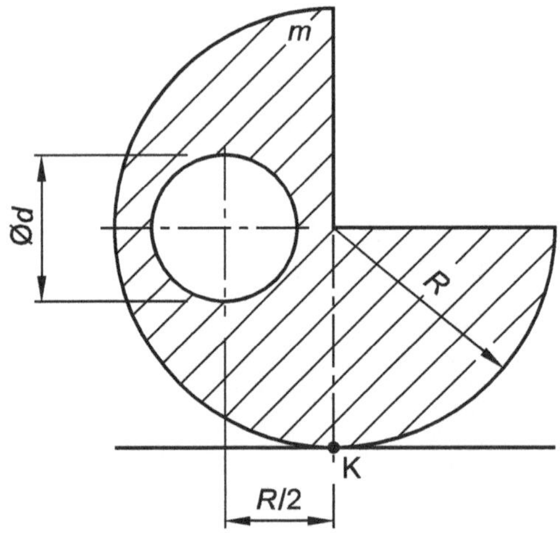

$\left[d = \sqrt{8/(3\pi)} \cdot R = 0{,}9213 \cdot R\right]$

SP_34

Das dünne Bauteil setzt sich aus einer Dreiecks- plus einer Halbkreisfläche (Radius r) zusammen. Wie groß muss r abhängig von L gewählt werden, damit der Gesamtschwerpunkt exakt im Halbkreiszentrum A liegt? Geben Sie r allgemein in Abhängigkeit von L und als Zahlenwert an.

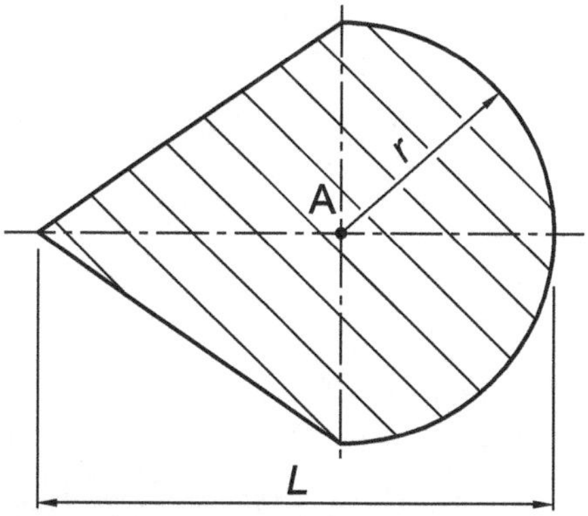

$\left[r = \left(\sqrt{2} - 1\right) \cdot L = 0{,}414 \cdot L\right]$

SP_35

Das dünne Flächenelement (Masse m) setzt sich aus Halbkreis (Radius r) plus Rechteck ($r \times a$) zusammen. Wie breit muss die Kantenlänge a mindestens gewählt werden, damit das Bauteil nicht über den Punkt K nach rechts kippt? Geben Sie a abhängig von r als Bruch und als Dezimalzahl an. **Lösungshinweis:** quadratische Gleichung.

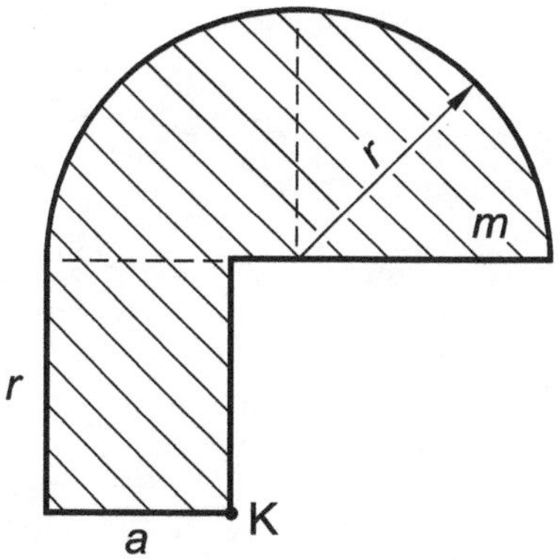

$[a_{1,2} = \frac{-\pi \pm \sqrt{\pi^2 + 4\pi}}{2} \cdot r;\ a_1 = 0{,}798 \cdot r]$

SP_36

Bei dem dargestellten dünnen Bauteil (Masse m) wurde aus einem Halbkreis (Radius r) ein Dreieck ($r \times r/2$) ausgeschnitten.

a) Gesucht sind die Schwerpunktskoordinaten x_S und y_S abhängig von r.

b) Das Bauteil wird sich selbst überlassen. Um welchen Winkel α zur Horizontalen neigt sich die Kante AB?

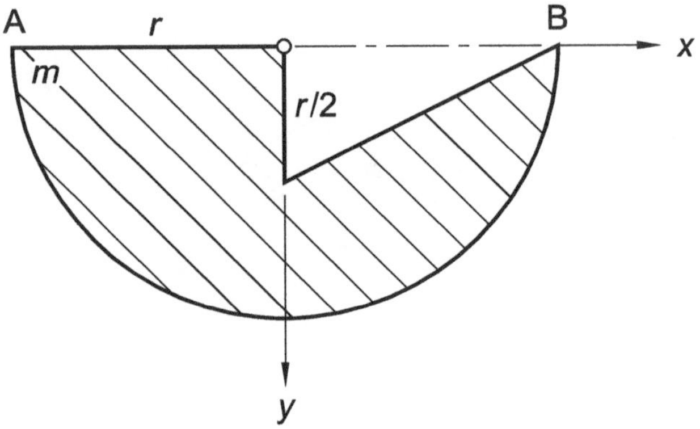

[$x_S = -0{,}0631 \cdot r$; $y_S = 0{,}4732 \cdot r$; $\alpha = 7{,}59°$]

SP_37

Das dünne Gebilde (Masse m) setzt sich aus Halbkreis (Radius r) plus Dreieck ($r/2 \times 2r$) zusammen. Auf der Linie AB befindet sich eine Bohrung Ød. Das Bauteil wird sich selbst überlassen. Wie groß muss d gewählt werden, damit sich die Linie AB exakt horizontal ausrichtet? Geben Sie d allgemein in Abhängigkeit von r und als Zahlenwert an.

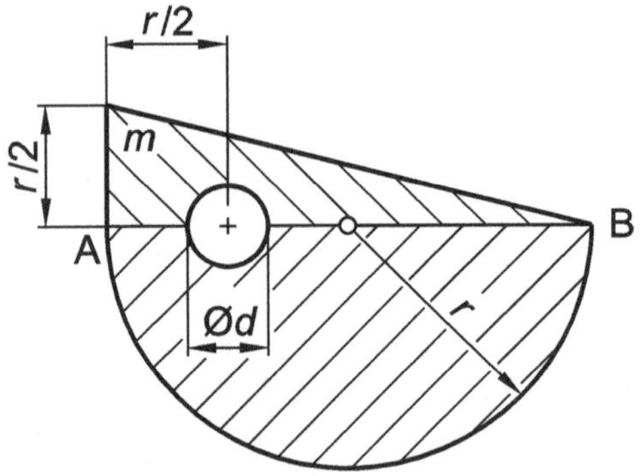

$$\left[d = \frac{2}{\sqrt{3\pi}} \cdot r = 0{,}652 \cdot r \right]$$

SP_38

Das dünne Flächengebilde setzt sich aus Halbkreis (Radius r) minus gleichschenkligem Dreieck ($r \times h$) zusammen. Bei welcher Höhe h liegt der Flächenschwerpunkt exakt in A? Geben Sie h abhängig von r an.

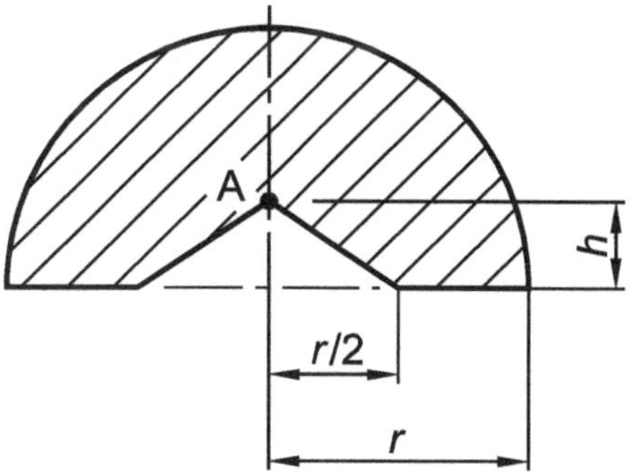

[$h_1 = 0{,}472 \cdot r$]

SP_39

Das Stanzteil setzt sich aus Halbkreisfläche minus Rechteck zusammen. Der Schwerpunkt SP soll auf der Oberkante des Rechtecks liegen. Welche Höhe h (in Abhängigkeit von r) muss das Rechteck haben? **Lösungshinweis:** Die quadratische Gleichung führt zu zwei positiven Lösungen, welche ist plausibel?

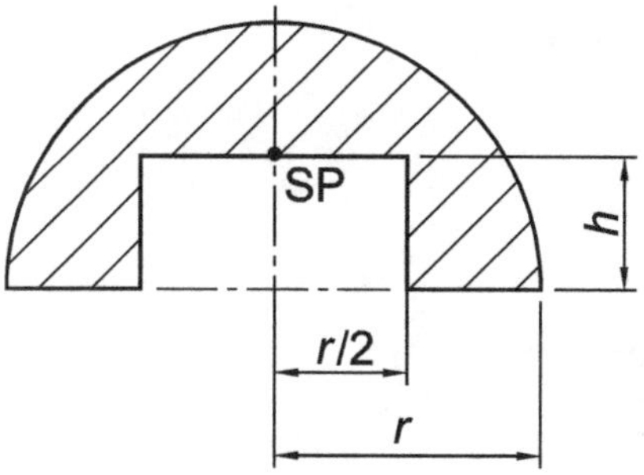

[$h_{1,2} = \frac{1}{2} \cdot \left(\pi \pm \sqrt{\frac{3\pi^2 - 16}{3}}\right) \cdot r$; $h_1 = 0{,}506 \cdot r$]

SP_40

Zwei Blechzuschnitte gleicher Dicke und Dichte sind passgenau aufeinander geklebt. Das Grundblech (kariert) ist ein Halbkreis (Radius R). Das Deckblech (schraffiert) setzt sich aus Viertelkreis minus Dreieck zusammen. Bestimmen Sie die Schwerpunktkoordinaten x_S und y_S als Vielfache von R.

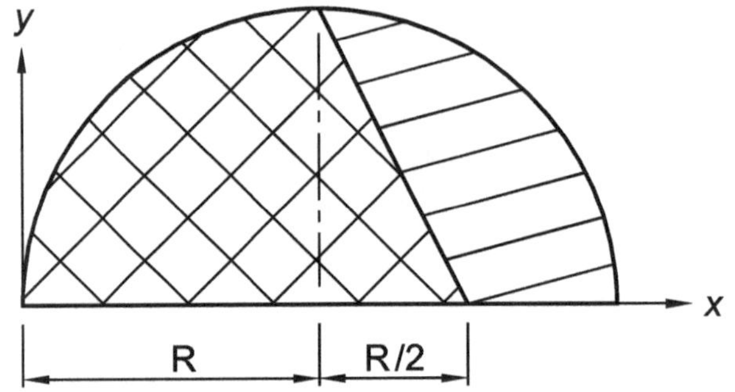

[$x_S = 1{,}139 \cdot R$; $y_S = 0{,}435 \cdot R$]

SP_41

Das dargestellte Gebilde setzt sich aus Blechzuschnitten gleicher Dicke und Dichte zusammen, die passgenau übereinander geklebt sind. Das Grundblech (untenliegend, grob schraffiert) besteht aus einem Halbkreis (Radius R) minus Bohrung. Die Geometrie des obenliegenden Deckblechs (kariert) ergibt sich aus der Differenz von Viertelkreis- minus Dreiecksfläche. Gesucht sind die Schwerpunktkoordinaten x_S und y_S des gemeinsamen Flächenschwerpunkts in Abhängigkeit von R.

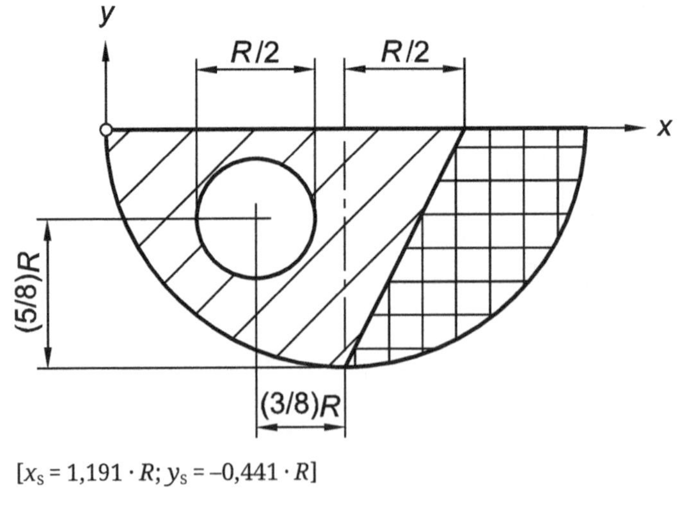

[$x_S = 1{,}191 \cdot R$; $y_S = -0{,}441 \cdot R$]

SP_42

Für die dargestellte schraffierte Fläche sind die Schwerpunktkoordinaten x_S und y_S als Funktion von R zu bestimmen. Geben Sie die Ergebnisse allgemein und als Zahlenwert an.

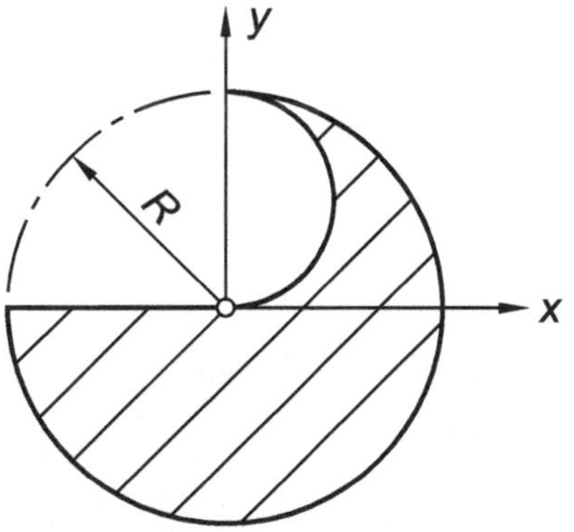

[$x_S = \frac{2}{5\pi} \cdot R = 0{,}127 \cdot R$; $y_S = -\frac{16+3\pi}{30\pi} \cdot R = -0{,}269 \cdot R$]

SP_43

Das dargestellte Stanzteil (Masse m) ist an einem dünnen Faden befestigt. Es setzt sich aus einem Dreieck minus Bohrung (Durchmesser d) zusammen. Wie groß muss der Durchmesser d gewählt werden, damit sich die Blechunterkante exakt horizontal ausrichtet? Geben Sie d in Abhängigkeit von L allgemein und als Zahlenwert an. **Lösungshinweis:** Legen Sie den Koordinatenursprung nach links unten und nutzen Sie die Koordinatenbemaßung ausgehend von den Achsen. Strahlensatz.

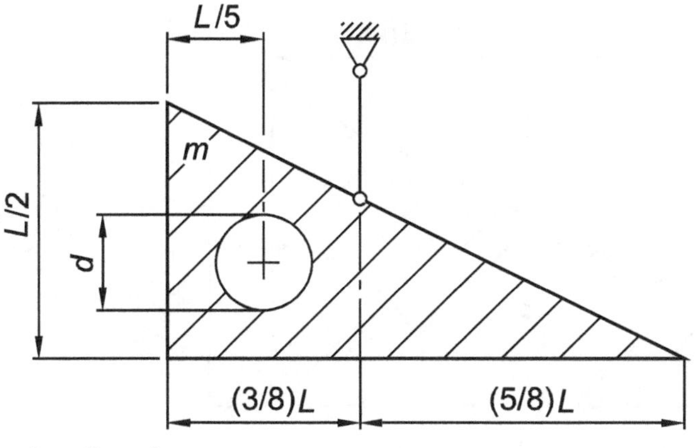

[$d^2 = \frac{5}{21 \cdot \pi} \cdot L^2$; $d = 0{,}275 \cdot L$]

SP_44

Dargestellt ist eine Halbkreisfläche (Radius *r*) mit einem Rechteckausschnitt ($r \times h$). Wie groß muss die Höhe *h* gewählt werden, damit der Flächenschwerpunkt SP exakt bei $r/2$ über dem Kreiszentrum liegt? Geben Sie *h* in Abhängigkeit von *r* an. **Lösungshinweis:** Zeigen Sie, dass beide Lösungen der quadratischen Gleichung plausibel sind.

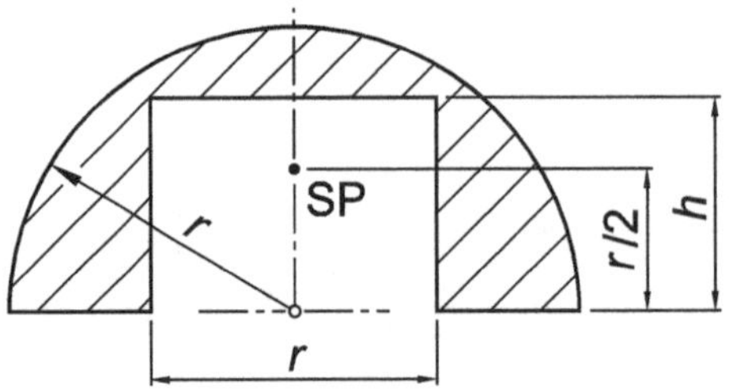

[$h_1 = 0{,}6119 \cdot r$; $h_2 = 0{,}388 \cdot r$; beide Lösungen sind plausibel]

SP_45

Gegeben ist eine Dreiecksfläche ($100 \times 2r$) minus einer Viertelkreisfläche (Radius *r*).

a) Wie groß muss der Radius *r* gewählt werden (Zahlenwert), damit der SP in horizontaler Richtung die vorgegebene Position einnimmt?

b) Gibt es eine zweite Lösung? Ist diese plausibel? Ein rechnerischer Nachweis ist erforderlich.

c) Berechnen Sie für die Lösung in Teilaufgabe a) die Schwerpunktkoordinate y_S. **Lösungshinweis:** quadratische Gleichung. Koordinatenursprung rechts unten, *x*-Achse nach links.

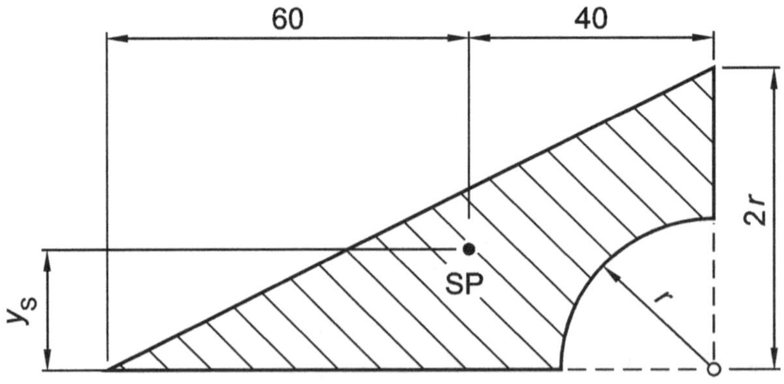

[$r_1 = 32{,}27$; $r_2 = 61{,}97$; $y_1 = 24{,}16$; $y_2 = 55{,}56$; beide Lösungen sind plausibel]

SP_46

Dargestellt ist eine Viertelkreisfläche (Radius r) plus großem Dreieck (Länge L) minus kleinem Dreieck (Länge $L/2$). Wie groß muss die Länge L abhängig von r gewählt werden, damit das Bauteil (Masse m) nicht über den Punkt K kippt? **Lösungshinweis:** Das Trapez setzt sich aus großem minus kleinem Dreieck zusammen.

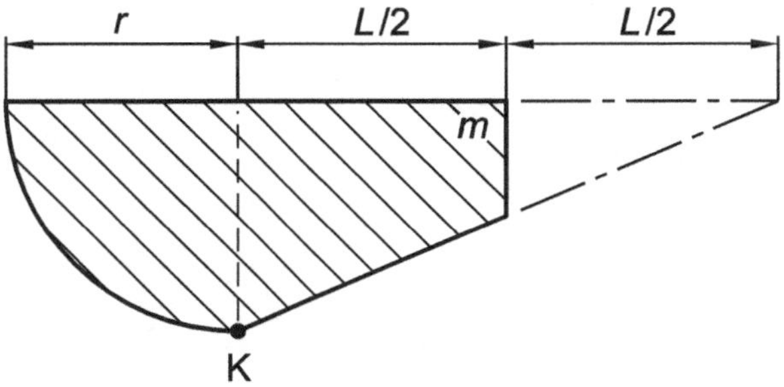

[$L = 2 \cdot r$]

SP_47

Das Flächengebilde (Masse m) setzt sich aus Dreieck ($3 \times 4r$) plus Rechteck ($3 \times r$) minus Viertelkreis (Radius r) zusammen.

a) Wie groß kann r maximal gewählt werden, damit das Bauteil nicht über den Punkt K nach links kippt?

b) Gibt es eine zweite Lösung? Falls ja, wie lautet deren Zahlenwert? **Lösungshinweis:** quadratische Gleichung. Koordinatenursprung links unten.

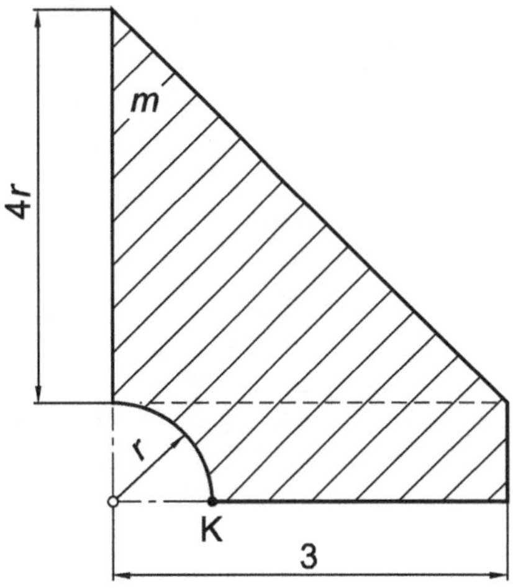

[$r_1 = 1{,}245$; $r_2 = 18{,}664 >> 3$ (!)]

SP_48

Das dünne Blechteil (Masse m) setzt sich aus einem Halbkreis (Radius r) plus Rechteck (Breite r) minus Dreieck (Höhe h) zusammen. Wie groß darf h maximal sein, damit das Bauteil nicht über K nach links kippt? **Lösungshinweis:** quadratische Gleichung. Koordinatenursprung rechts, x-Achse nach links.

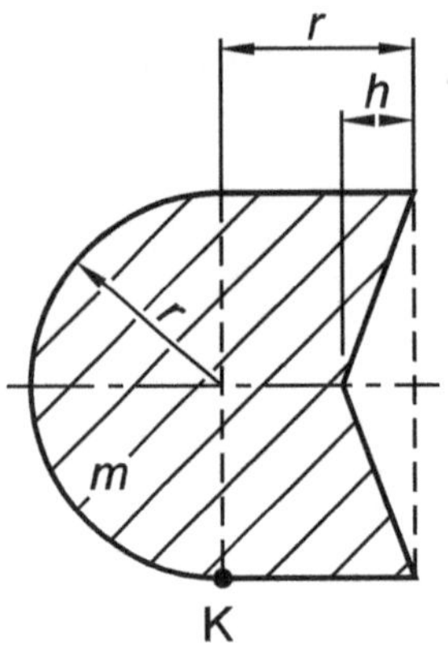

[$h \leq 0{,}382 \cdot r$]

SP_49

Gegeben sind eine Viertelkreisfläche (Radius r) minus einer Dreiecksfläche ($r/2 \times h$). Wie groß muss h in Abhängigkeit von r gewählt werden, damit das Bauteil (Masse m) gerade nicht über Punkt K nach rechts kippt. Geben Sie h allgemein in Abhängigkeit von r und als Zahlenwert an.

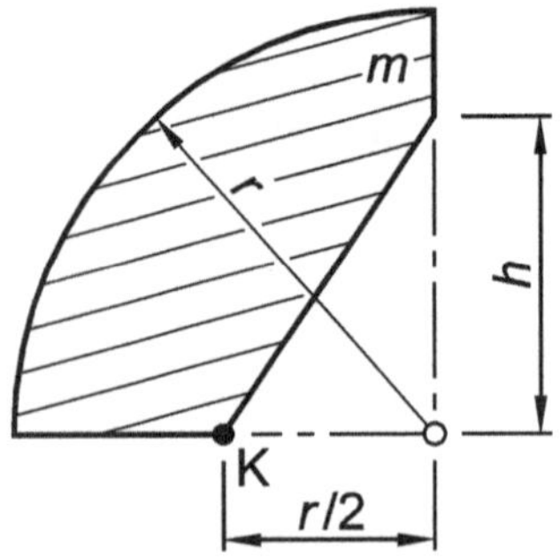

$$\left[h = \frac{3\pi - 8}{2} \cdot r = 0{,}712 \cdot r\right]$$

SP_50

Dargestellt ist ein Flächengebilde (Masse m), das sich aus Viertelkreis (Radius r) plus Quadrat minus Viertelkreis (Radius r) zusammensetzt.

a) Gesucht sind die Schwerpunktkoordinaten x_S und y_S.

b) Unter welchem Winkel α zur Horizontalen richtet sich die Kante AB aus, wenn man das Bauteil sich selbst überlässt?

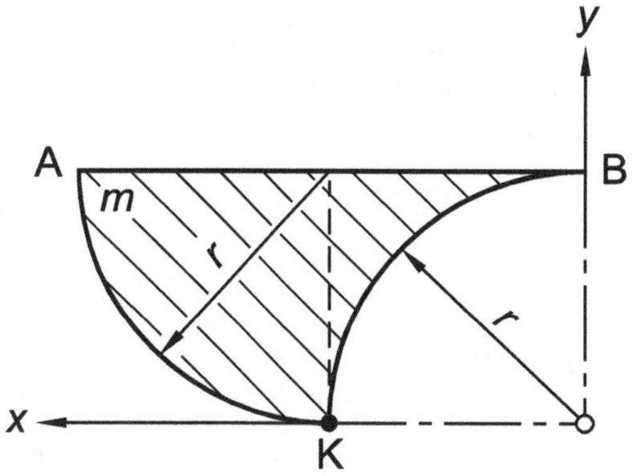

[$x_S = \frac{2+\pi}{4} \cdot r = 1{,}285 \cdot r$; $y_S = \frac{3\pi-2}{12} \cdot r = 0{,}6187 \cdot r$; $\tan\alpha = \frac{x_S-r}{r-y_S} = 0{,}7585$; $\alpha = 36{,}77°$]

4.3 Räumlicher Schwerpunkt

Für den Einstieg eignen sich: SP_51 bis SP_55
Etwas sportlicher ist: SP_56

SP_51

Dargestellt ist ein dünnwandiges L-Profil 80×30×45. Bestimmen Sie die drei Schwerpunktkoordinaten x_S, y_S und z_S im eingezeichneten Koordinatensystem.

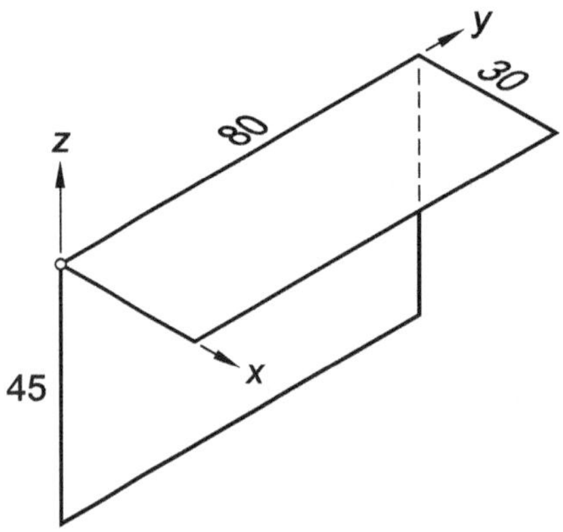

[$x_S = 6$; $y_S = 40$; $z_S = -13{,}5$]

SP_52

Dargestellt ist ein Stufenkörper. Bestimmen Sie alle drei Schwerpunktkoordinaten x_S, y_S und z_S bezüglich des Koordinatenursprungs in A als Vielfache von a.

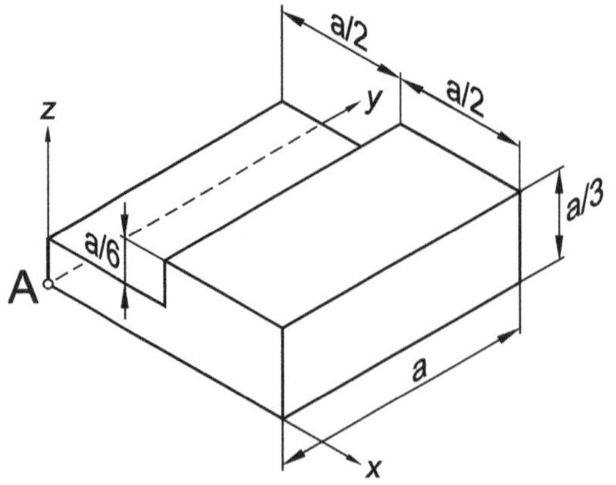

[$x_S = (7/12) \cdot a$; $y_S = (1/2) \cdot a$; $z_S = (5/36) \cdot a$]

SP_53

Eine dünne quadratische Platte ABCD ist fest und passgenau mit einer Dreiecksplatte ABD mit gleicher Dicke t und Dichte verbunden. Bestimmen Sie die Schwerpunktkoordinaten x_S, y_S und z_S vom Koordinatenursprung A aus.

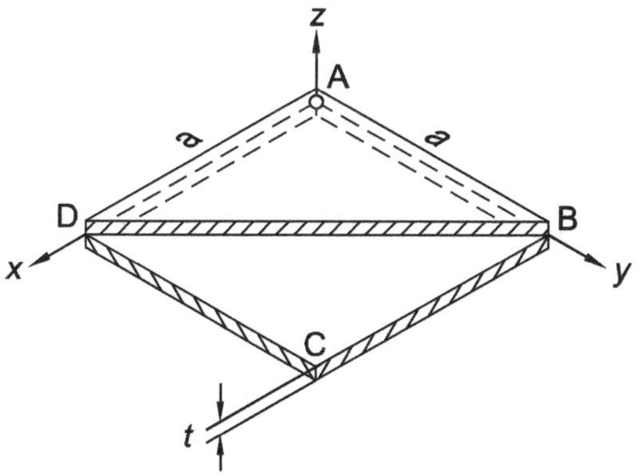

[$x_S = y_S = (4/9) \cdot a$; $z_S = -(1/6) \cdot t$]

SP_54

Der dargestellte dünne Blechwinkel setzt sich aus einer horizontalen Rechteckfläche ($2a \times a$) plus einem vertikalen Quadrat ($a \times a$) minus Bohrung (Durchmesser d) zusammen.

Es gilt $d = \sqrt{\frac{4}{3\pi}} \cdot a$.

Bestimmen Sie die y-Koordinate des Gesamtschwerpunkts im eingezeichneten Koordinatensystem als Vielfache von a. **Lösungshinweis:** Hilfreich ist eine Skizze in der y-z-Ebene.

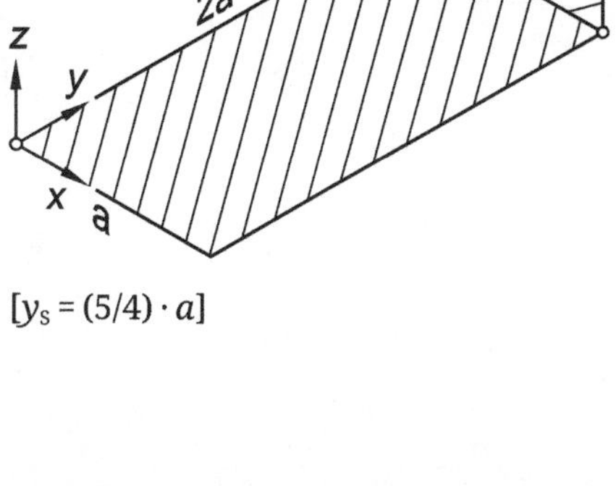

[$y_S = (5/4) \cdot a$]

SP_55

Der dargestellte dünne Blechwinkel setzt sich aus einer horizontalen Rechteckfläche ($4a \times 2a$) plus einem vertikalen Quadrat ($2a \times 2a$) minus Halbkreis (Radius r) zusammen. Wie groß muss der Radius r gewählt werden, damit $y_S = 1{,}5 \cdot a$ erfüllt ist? Geben Sie r allgemein in Abhängigkeit von a als Zahlenwert an.

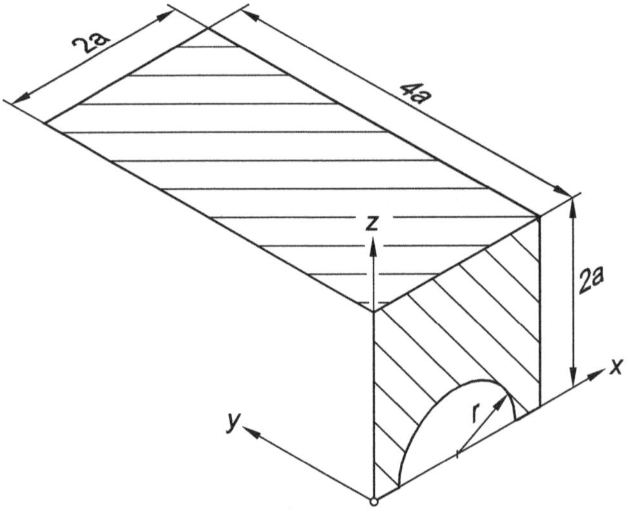

[$r^2 = \frac{8}{3\pi} \cdot a^2$; $r = 0{,}921 \cdot a$]

SP_56

Bei der dargestellten Konsole ist die schraffierte Querschnittsfläche in y-Richtung konstant. Sie setzt sich aus vier Quadraten ($a \times a$), einem Dreieck ($a \times a$) und einem Halbkreis (Durchmesser a) zusammen. Bestimmen Sie die drei Schwerpunktkoordinaten der Konsole von Punkt A aus.

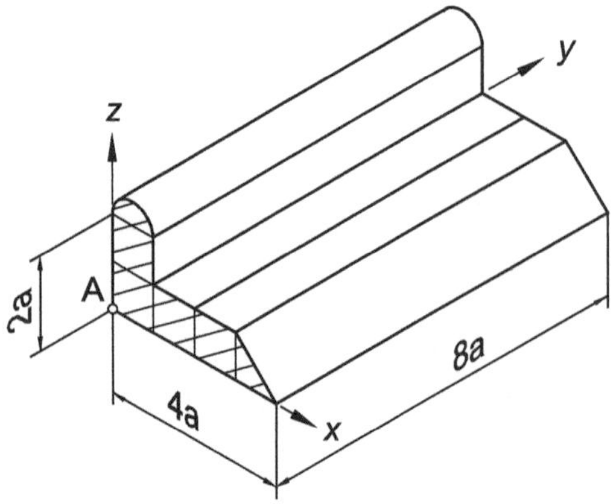

[$x_S = 1{,}403 \cdot a$; $y_S = 4 \cdot a$; $z_S = 0{,}825 \cdot a$]

5 Reibung

Da bei den ein- und mehrteiligen mechanischen Systemen (Kapitel 6) in einigen Teilaufgaben Kenntnisse der Reibung vorausgesetzt werden, behandeln wir die Reibung zuerst.

Hinweise zur ebenen Reibstatik

- Es gilt das *Coulomb*'sche Reibgesetz, welches für Haftreibung lautet: $R \leq \mu_0 \cdot N$ und für Gleitreibung: $R = \mu \cdot N$.
- Die Ungleichung bei Haftreibung wird **nur** am Haftgrenzwinkel ρ_0 zur Gleichung. In diesem Spezialfall gilt: $R = \mu_0 \cdot N$. Bei allen Winkeln β unterhalb des Haftgrenzwinkels gilt die Ungleichung.
- Die Reibwerte μ_0 (Haftreibwert) und μ (Gleitreibwert) liegen zahlenmäßig für technische Reibpaarungen üblicherweise zwischen 0 und 1,0. Dabei bedeutet $\mu_0 = 1{,}0$ lediglich, dass Normal- und Reibkraft gleich groß sind. In der Ingenieurspraxis sind auch Reibwerte > 1,0 bekannt wie z.B. zwischen zwei kautschukbeschichteten Oberflächen oder bei der Reibpaarung Weichaluminium auf Weichaluminium, wenn Fressen auftritt.
- Erfahrungsgemäß haben die Studierenden beim Freischneiden häufig Schwierigkeiten, in welche Richtung die Reibkraft R wirkt. Bei der **Gleitreibung** findet man die Wirkrichtung der Gleitreibkraft R beim Freischneiden sehr einfach: sie wirkt auf das Bauteil stets entgegengesetzt zu dessen Bewegungsrichtung (BR). Bei der **Haftreibung** nutzt man einen Trick. Man denkt sich beim Freischneiden Gleiten und prüft, in welche Richtung der Körper bei $\mu_0 = 0$ rutschen würde. Die Haftreibkraft zeigt stets entgegengesetzt zu dieser (gedachten) Bewegungstendenz (BT).

Im folgenden Beispiel nehmen wir einen Haftreibwert $\mu_0 = 0{,}5$ an. Der Haftgrenzwinkel beträgt dementsprechend $\rho_0 = \arctan \mu_0 = 26{,}57°$. In den Fällen (I) und (II) ruht der Körper auf der schiefen Ebene, die Bewegungstendenz (BT) zeigt nach unten, die auf den Körper wirkende Reibkraft R dementsprechend bergauf. Die Normalkraft N greift vereinfacht in der Mitte der Körperunterseite an und steht normal zur schiefen Ebene, also senkrecht zu Fläche, Linie, Bezug. Im Fall (I) entspricht der Neigungswinkel β dem Haftgrenzwinkel ρ_0. Die *Coulomb*'sche Ungleichung wird **nur in diesem** Grenzfall zur Gleichung $R = \mu_0 \cdot N$. Die Reibkraft R entspricht der Hangabtriebskraft: $R = \mu_0 \cdot mg \cdot \cos\rho_0 = mg \cdot \sin\rho_0$. Im Fall (II) ist der Neigungswinkel $\beta < \rho_0$. Die Reibkraft wird entsprechend des Winkels kleiner und beträgt $R < \mu_0 \cdot N = \mu_0 \cdot mg \cdot \cos\beta$. Für Winkel $\beta > \rho_0$ oberhalb des Haftgrenzwinkels setzt Gleitreibung ein. Der Körper rutscht, die Bewegungsrichtung (BR) zeigt bergab, die Reibkraft wirkt ebenfalls nach oben. Im Fall (III) wirkt statt des Haftreibwerts μ_0 der üblicherweise etwas kleinere Gleitreibwert μ. Es gilt: $R = \mu \cdot N = \mu \cdot mg \cdot \cos\beta$.

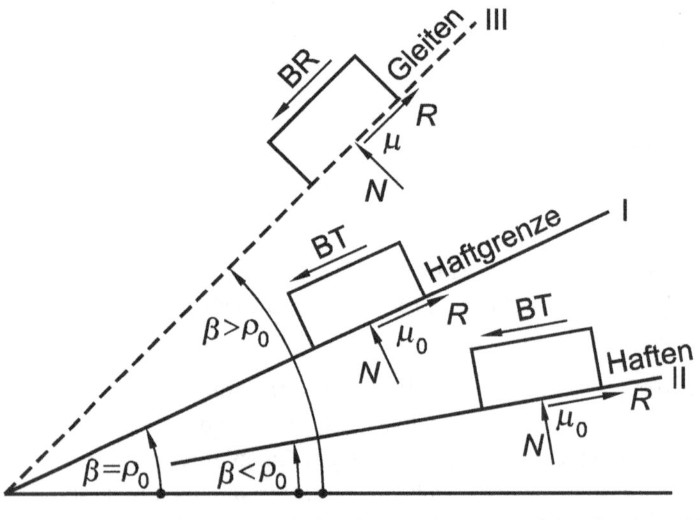

Bild 5.1 Der Haftgrenzwinkel ρ_0 bei Reibung an der schiefen Ebene

- Die Bestimmungsgleichung für die statische Bestimmtheit $\Sigma w = 3 \cdot n$ gilt nur für ein- und mehrteilige reibungsfreie Systeme. Bei Reibaufgaben lässt sich für jeden Reibpunkt eine zusätzliche Reibgleichung (nach *Coulomb*) aufstellen. Dementsprechend erhält man in der Statik bei einem Reibpunkt vier Gleichungen, bei zweien fünf. Beispiele dafür sind **Re_10, Re_12, Re_17 und Re_24**. Die Bestimmungsgleichung für reibungsbehaftete ein- und mehrteilige Systeme lautet demzufolge mit r Reibpunkten (und somit zusätzlichen Reibgleichungen): $\Sigma w = 3 \cdot n + r$. Für Aufgaben mit Seilreibung gilt diese Regel nicht.

- Wird bei Haftreibaufgaben nach Selbsthemmung oder Selbstsperrung gefragt, betrachtet man das berechnete Ergebnis, welches als Bruch vorliegen muss. Wird dessen Nenner zu Null, strebt das Ergebnis theoretisch gegen Unendlich.
- Findet bei einem reibungsbehafteten System bzw. Bauteil eine Bewegungsumkehr statt, erfahren alle reibungsbehafteten μ bzw. μ_0-Terme in der Lösung eine Vorzeichenumkehr (siehe Ergebnisse **Re_04, Re_05, Re_12, Re_22, Re_31 und Re_40**).
- Aufgaben mit Seilreibung (**Re_01, Re_13**) löst man mit der *Euler-Eytelwein*'schen Seilreibungsformel (siehe Bild 5.2).

F_1 und F_2 sind die beiden Seilkräfte, μ bzw. μ_0 der Reibwert zwischen Seil und Reibzylinder und α der Umschlingungswinkel (im Bogenmaß). Auf der linken Seite steht immer die größere Kraft (siehe Pfeil nach links), rechts die kleinere multipliziert mit der verstärkenden e-Funktion. Dieser e-Verstärker wird stets mit der kleineren der beiden Seilkräfte multipliziert. Die Bewegungsrichtung BR bzw. Bewegungstendenz BT zeigt also immer hin zur größeren Seilkraft auf der anderen Seite der Gleichung. Der Umschlingungswinkel α wird zwischen den beiden Tangentialpunkten T gemessen, an denen das Seil den Reibzylinder berührt bzw. verlässt.

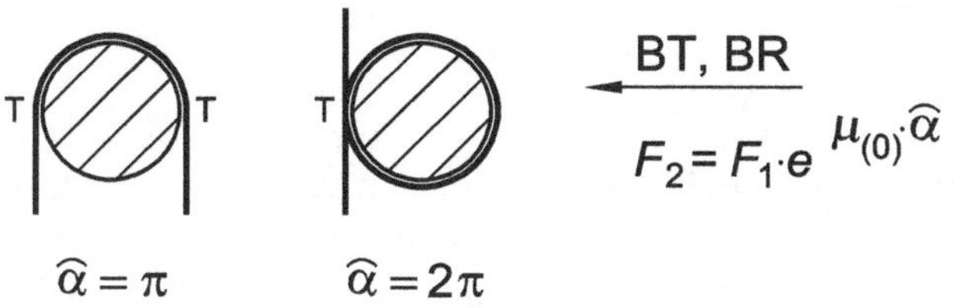

Bild 5.2 Der Umschlingungswinkel α bei Seilreibung (links: $\hat{\alpha} = \pi$, rechts: $\hat{\alpha} = 2\pi$)

Seilreibungsformel:

$$\overset{\text{BT, BR}}{\longleftarrow}$$
$$F_2 = F_1 \cdot e^{\mu_{(0)} \cdot \widehat{\alpha}}$$

Für den Einstieg eignen sich: Re_01 bis Re_15

Etwas sportlicher sind: Re_16, Re_17, Re_23, Re_25, Re_27, Re_30, Re_32, Re_40, Re_41, Re_42 (!), Re_43

Re_01

An einem Seil hängt im Abstand $L_2 = 2{,}8$ m ein Gewicht der Masse $M = 5$ kg. Es ist 3,5-mal um einen zylindrischen Balken geschlungen. Das frei hängende Ende hat die Länge L_1. Die längenbezogene Seilmasse beträgt $m_S = 0{,}16$ kg/m, der Haftreibkoeffizient zwischen Seil und Zylinder $\mu_0 = 0{,}1$. Wie lange muss L_1 mindestens sein, damit das Seil nicht nach rechts rutscht? Ab welcher Länge $L_1{}^*$ erfolgt die Bewegungsumkehr, d.h. das angehängte Gewicht bewegt sich nach oben?

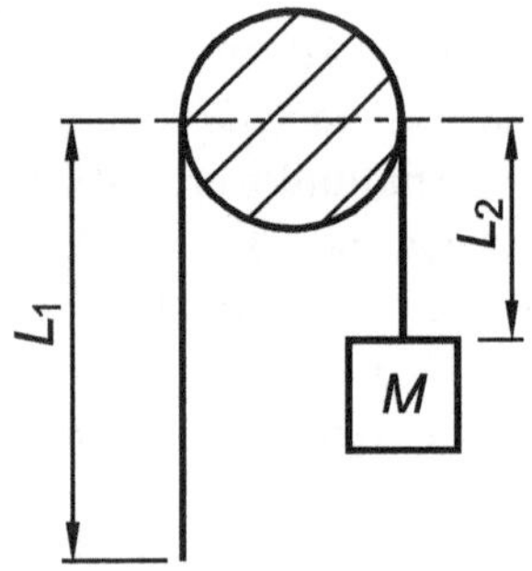

[$L_1 = 3{,}77$ m; $L_1{}^* = 307$ m]

Re_02

Ein Stab (Masse m, Länge L) ist schräg zwischen zwei vertikalen Wänden verkeilt. In Punkt A wirkt Haftreibung (Reibkoeffizient μ_{0A}). In B ist eine kleine, masselose, reibungsfreie Rolle angebracht. Der Stabschwerpunkt liegt in der Stabmitte. Wie groß muss der Haftreibkoeffizient μ_{0A} mindestens sein, damit die dargestellte Gleichgewichtslage gewährleistet ist?

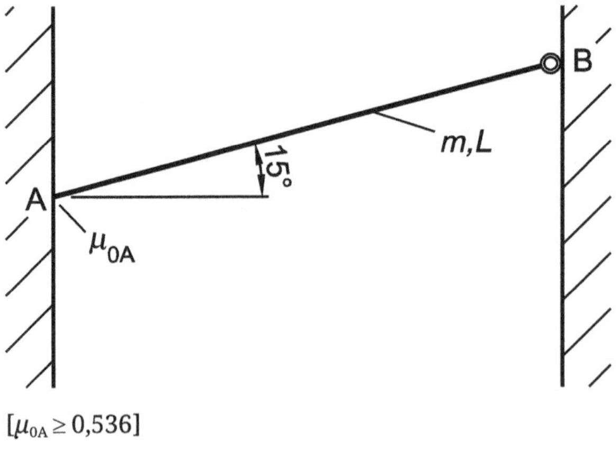

[$\mu_{0A} \geq 0{,}536$]

Re_03

Würfel und Rolle (beide mit Masse m) sind durch einen masselosen Gelenkstab miteinander verbunden. Der Würfel ruht auf rauer horizontaler Unterlage (Haftreibzahl μ_0), die Rolle stützt sich reibungsfrei an der glatten Wand ab. Wie groß ist:

a) die Stabkraft S abhängig von mg?

b) der Mindesthaftreibwert $\mu_{0\text{min}}$ für die dargestellte Ruhelage?

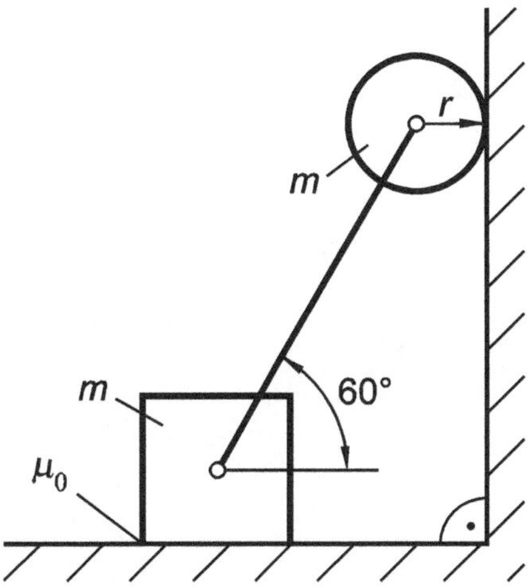

[$S = 1{,}155 \cdot mg$ (D); $\mu_{0\text{min}} = 0{,}289$]

Re_04

Zwei Körper mit den Gewichtskräften G_1 und G_2 sind mit Seilen über eine Stufenscheibe (Radien R, r) gekoppelt, welche reibungsfrei gelagert ist. Körper 1 ruht auf einer schiefen Ebene (Neigungswinkel α). Hier herrscht Haftreibung (Reibwert μ_0). In welchen Grenzen kann G_2 variiert werden, wenn das System in der dargestellten Ruhelage verbleiben soll?

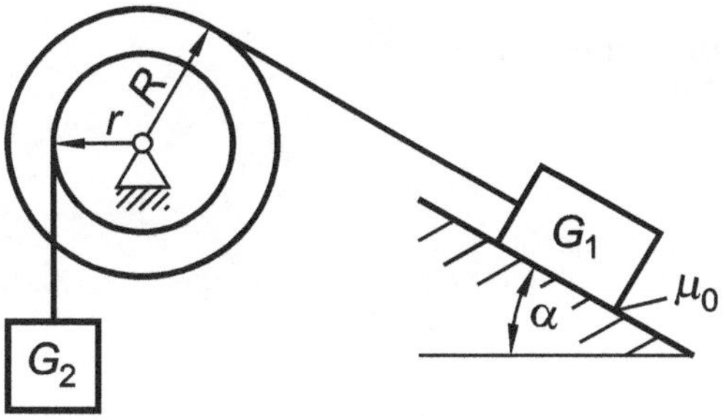

[$G_1 \cdot (\sin\alpha - \mu_0 \cdot \cos\alpha) \cdot R/r \leq G_2 \leq G_1 \cdot (\sin\alpha + \mu_0 \cdot \cos\alpha) \cdot R/r$]

Re_05

Auf einer schiefen Ebene (Neigungswinkel α) liegt ein Quader, an dem eine Rolle reibungsfrei drehbar gelagert ist. Quader und Rolle haben zusammen die Gewichtskraft G_1. Zwischen schiefer Ebene und Quader beträgt der Haftreibwert μ_0. Ein Seil wird über die Rolle umgelenkt, an ihm hängt eine Last (Gewichtskraft G_2). In welchen Grenzen kann nun G_2 variiert werden, damit das System in Ruhe bleibt? Lösen sie zunächst allgemein in Abhängigkeit von G_1, G_2, μ_0 und α und setzen Sie erst danach folgende Zahlenwerte ein: $\alpha = 30°$, $G_1 = 100$ N, $\mu_0 = 0{,}2$.

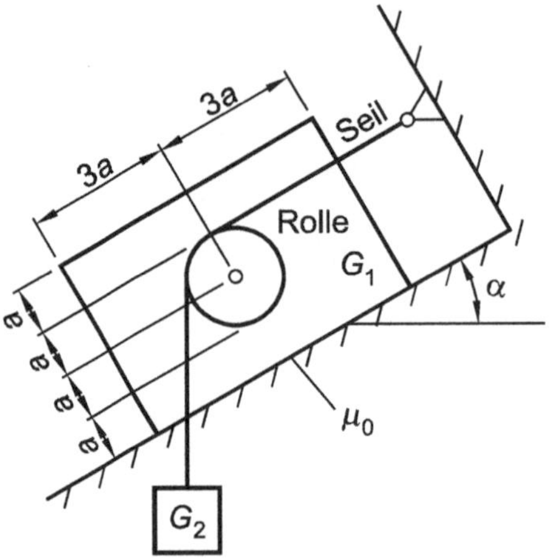

[$G_{2\,\min} = G_1 \cdot (\sin\alpha - \mu_0 \cdot \cos\alpha) / (1 - \sin\alpha + \mu_0 \cdot \cos\alpha)$; $G_{2\,\max} = G_1 \cdot (\sin\alpha + \mu_0 \cdot \cos\alpha) / (1 - \sin\alpha - \mu_0 \cdot \cos\alpha)$; $48{,}5\ \text{N} \le G_2 \le 206{,}0\ \text{N}$]

Re_06

Die L-förmige, lösbare Klemmsperre ist in C reibungsfrei gelenkig gelagert und hält über Reibung einen Zylinder (Gewichtskraft G). Der Haftreibwert in den Punkten A und B beträgt $\mu_0 = 0{,}5$. Für die Hebelarme gilt: $a = 3b = 3d/2$.

a) Wie groß muss die Kraft F (abhängig von G) mindestens sein, damit der Zylinder gerade nicht rutscht?

b) Wie groß sind dabei die Lagerkraftkomponenten in C?

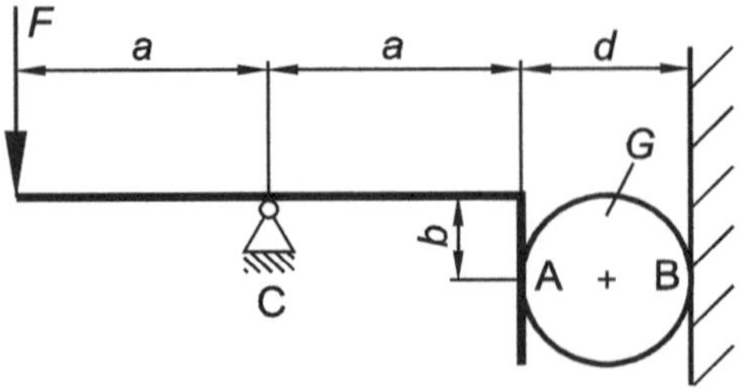

[$F = (5/6) \cdot G$; $C_x = G$; $C_y = (4/3) \cdot G$; $C = (5/3) \cdot G$]

Re_07

Die Stange BC (Masse m, Länge L) liegt in B auf einer horizontalen Unterlage (Haftreibwert μ_0) und ist in C gelenkig mit der masselosen Kurbel AC (Länge R) verbunden. Im Kurbellager A wirkt ein Moment M_A, die Bewegungstendenz in B zeigt nach rechts. Wie groß muss M_A in Abhängigkeit von R, m und μ_0 sein:

a) für den dargestellten Gleichgewichtszustand?

b) für den Sonderfall $\mu_0 = 0$?

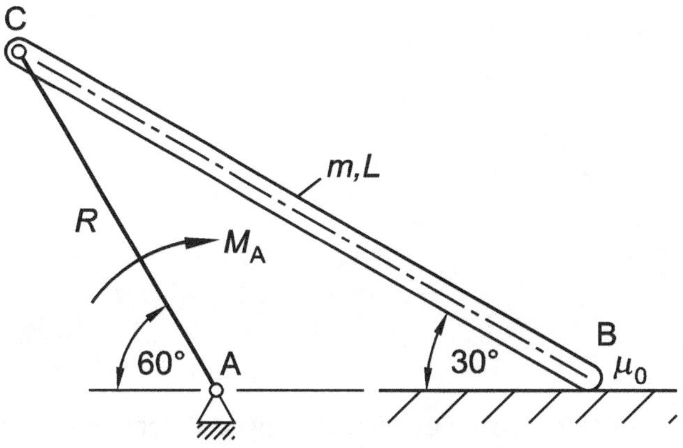

$[M_A = \frac{1}{4} mgR \cdot \left(\frac{\sqrt{3}+\mu_0}{\sqrt{3}-\mu_0}\right);\ M_A = \frac{1}{4} mgR]$

Re_08

Ein Klemmbügel wird durch die Kraft F belastet und stützt sich durch Haftreibung an einer vertikalen Stange ab. Wie groß muss der Haftreibwert μ_0 zwischen Bügel und Stange mindestens sein, damit der Bügel nicht abrutscht?

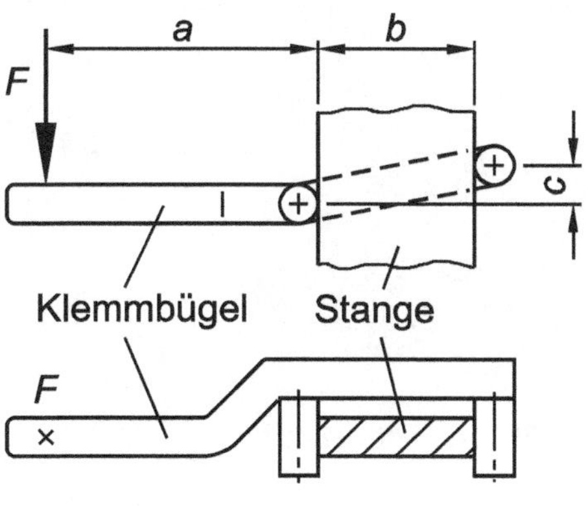

$[\mu_0 \geq c\,/\,(2a + b)]$

Re_09

Die horizontale Stange AB (Masse m_1, Länge L) ist in B mit einer Walze (Masse m_2, Radius r) gelenkig verbunden. Im Kontaktpunkt A beträgt der Haftreibwert μ_0, die Walze rollt in C reibungsfrei ab. Gegeben sind: $\alpha = 45°$, $\beta = 30°$, $m_1 = 1{,}2$ kg, $m_2 = 2 \cdot m_1$; $L = 0{,}6$ m, $r = L/4$. Welcher Haftreibwert μ_0 ist für die dargestellte Ruhelage in A mindestens erforderlich?

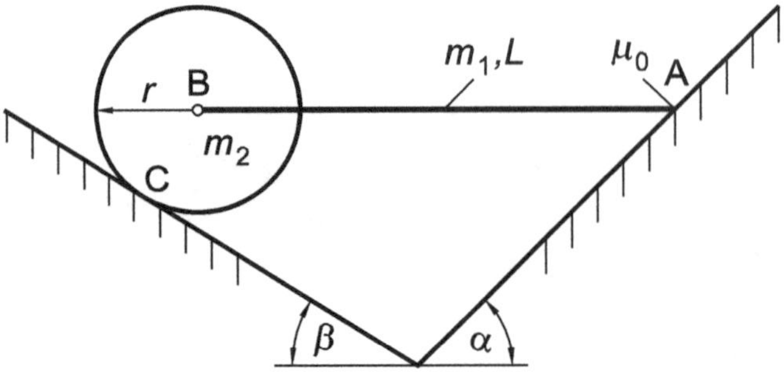

[$\mu_0 \geq 0{,}4854$]

Re_10

Ein Schlitten (Gewichtskraft $G = 10$ kN) wird mit gleichförmiger Geschwindigkeit v = const eine schiefe Ebene (Neigungswinkel $\alpha = 30°$) hinaufgezogen. Das Seil verläuft parallel zur schiefen Ebene. Der Schlitten ist in A mit einer reibungsfreien Rolle, in B auf einer Kufe gelagert. (Reibwert $\mu = 0{,}364$). Seil, Rolle und Kufe sind massefrei. Gesucht sind die Seilkraft S, die Aufstandskraft in A und die Gesamtkraft in B.

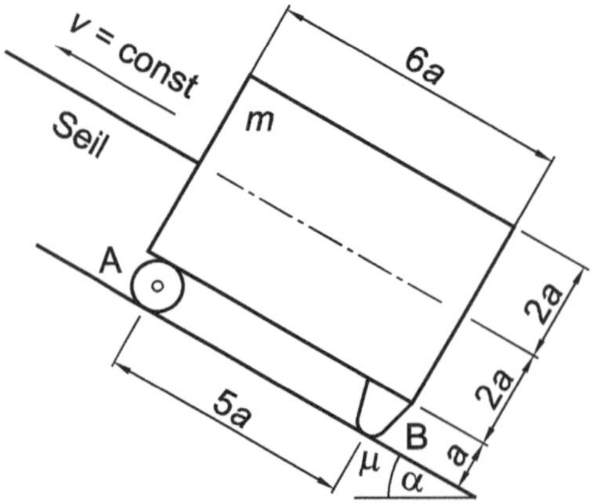

[$A = 5{,}106$ kN; $B_N = 3{,}554$ kN; $B_R = 1{,}294$ kN; $B = 3{,}782$ kN; $S = 6{,}294$ kN]

Re_11

Ein Zylinder (Masse m, Radius r) und ein Klotz (Masse m) sind in Ruhelage. Der Zylinder dreht um Lager A und drückt in Punkt B auf den Klotz. Lager A und Kontaktpunkt B sind reibungsfrei. Zwischen Klotz und schiefer Ebene (Neigungswinkel 20°) wirkt Haftreibung (Haftreibwert μ_0). Wie groß muss der erforderliche Haftreibwert μ_{0min} für die Ruhelage mindestens sein?

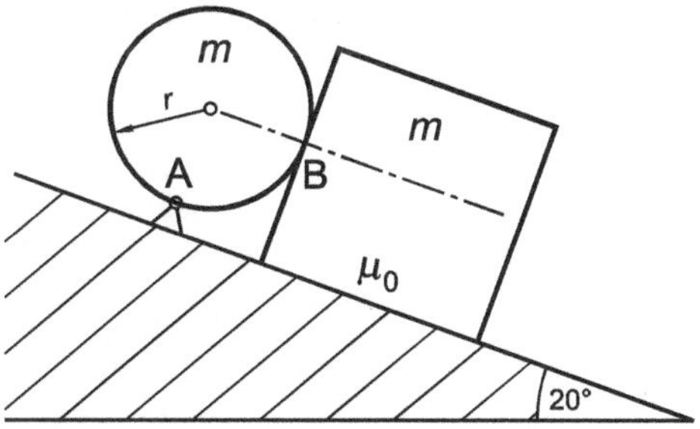

[$\mu_{0min} = 2 \cdot \tan\alpha = 0{,}728$]

Re_12

Ein Wagen (Masse m) parkt auf einer schiefen Ebene, indem eines der beiden Räder gebremst wird. Das ungebremste Rad rollt reibungsfrei. Welcher Haftreibwert zwischen blockiertem Rad und schiefer Ebene ist mindestens erforderlich beim Blockieren des:

a) oberen Hinterrads 1 (μ_{01})?

b) unteren Vorderrads 2 (μ_{02})?

Berechnen Sie μ_{01} und μ_{02} zunächst allgemein in Abhängigkeit von m, α, a und h.

a) Welches Rad wird zweckmäßiger gebremst?

b) Setzen Sie nun folgende Zahlenwerte ein: $m = 100$ kg, $\alpha = 10°$, $a = 1$ m, $h = 0{,}3$ m.

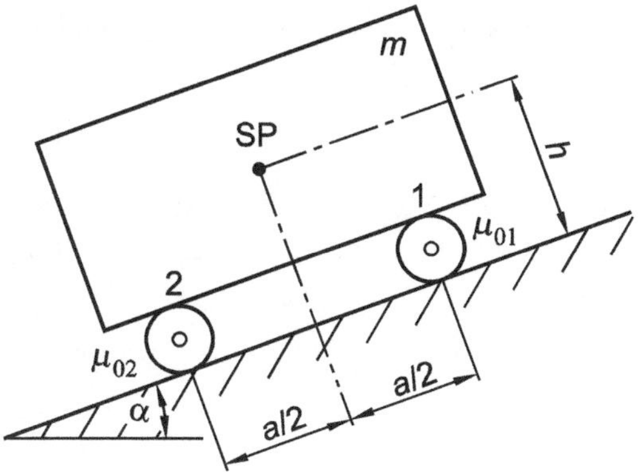

[$\mu_{01} = \sin\alpha / [0{,}5 \cdot \cos\alpha - (h/a) \cdot \sin\alpha] = 0{,}394$; $\mu_{02} = \sin\alpha / [0{,}5 \cdot \cos\alpha + (h/a) \cdot \sin\alpha] = 0{,}319$; die Vorderradbremse 2 ist besser, sie benötigt einen um 19 % geringeren Haftreibwert.]

Re_13

Mit einem einfachen Flaschenzug soll die Last $G = 500$ N angehoben werden. Die Rollen sind gleich und drehen reibungsfrei, Seil und Rollen sind massefrei und die Seilabschnitte betrachtet man annähernd als parallel. Wie groß muss die Zugkraft F sein, wenn

a) das Seil auf beiden Rollen schlupffrei abrollt?

b) die untere Rolle blockiert und der Seilreibkoeffizient für Gleiten dort $\mu = 0{,}15$ beträgt?

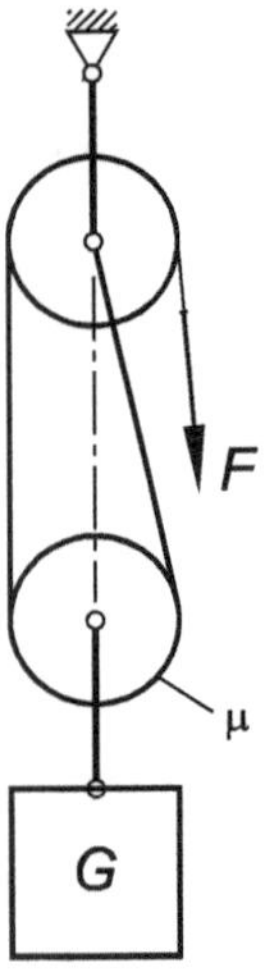

[250 N; 307,8 N]

Re_14

Bei einem Einkaufswagen (Masse m) können Vorder- und Hinterrad unabhängig voneinander blockieren. Der Haftreibkoeffizient zwischen Rädern und Boden sei μ_0. Wie groß muss die Horizontalkraft F sein, um den Wagen in Bewegung zu setzen, wenn

a) das Vorderrad A blockiert?

b) beide Räder A und B blockieren?

Lösen sie zunächst allgemein in Abhängigkeit von a, b, c, μ_0, m und g. Setzen sie erst danach die folgenden Zahlenwerte ein: $a = b = 1$ m; $c = 1{,}25$ m; $m = 50$ kg; $\mu_0 = 0{,}3$. Kontrollieren sie jeweils, ob Kippgefahr besteht.

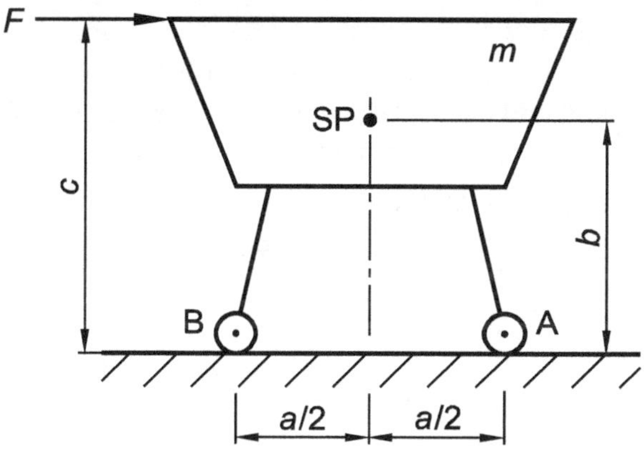

[F_a = 117,7 N; F_b = 147,2 N; beide Male keine Kippgefahr]

Re_15

Auf der schiefen Ebene (Neigungswinkel α) ruht eine Walze (Masse m, Radius r), um die ein Seil geschlungen ist. Am Aufstandspunkt wirkt der Haftreibwert μ_0. Das Seil ist massefrei und verläuft parallel zur schiefen Ebene. Gesucht sind der:

a) maximale Winkel α abhängig von μ_0.

b) Maximalwinkel α_{max} für μ_0 = 1,0.

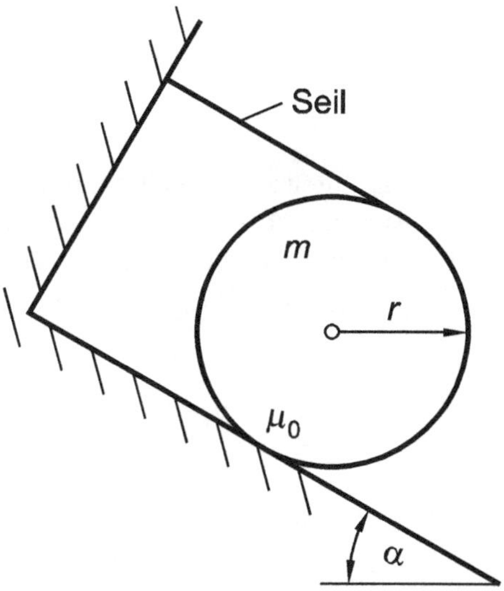

[$\tan\alpha = 2 \cdot \mu_0$; α_{max} = 63,44°]

Re_16

Eine Kreisscheibe (Masse m, Radius r) stützt sich in A an einer vertikalen Wand ab (Haftreibkoeffizient μ_0). Zwischen Wand und Punkt P ist ein dünnes massefreies Seil gespannt. P und Kontaktpunkt A haben den Abstand x und liegen auf einer Höhe.

a) Schneiden Sie die Scheibe für ein beliebiges Maß x frei.

b) Zwischen welchen Grenzen x_{min} bzw. x_{max} haftet die Scheibe? Geben Sie x als Funktion von r, μ_0 und h an.

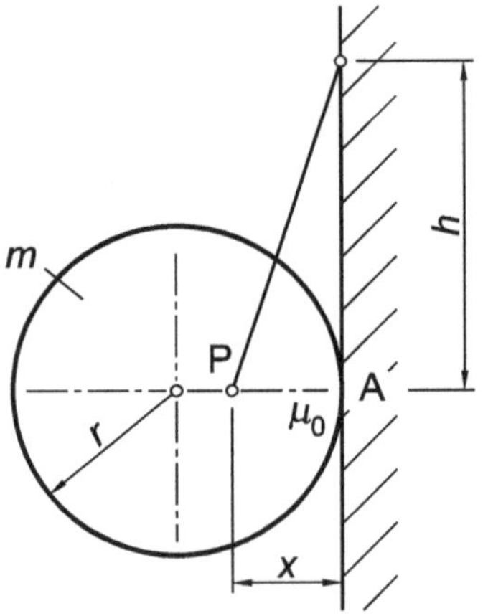

$$\left[\frac{r \cdot h}{h + \mu_0 r} \leq x \leq \frac{r \cdot h}{h - \mu_0 r}\right]$$

Re_17

Ein horizontaler Träger (Masse m) wird durch ein Seil gehalten und stützt sich in A an einer vertikalen Wand ab. Der Haftreibkoeffizient zwischen Träger und Wand beträgt μ_0. In welchem Bereich x darf der Seilanschluss liegen, ohne dass der Träger an der Wand rutscht?

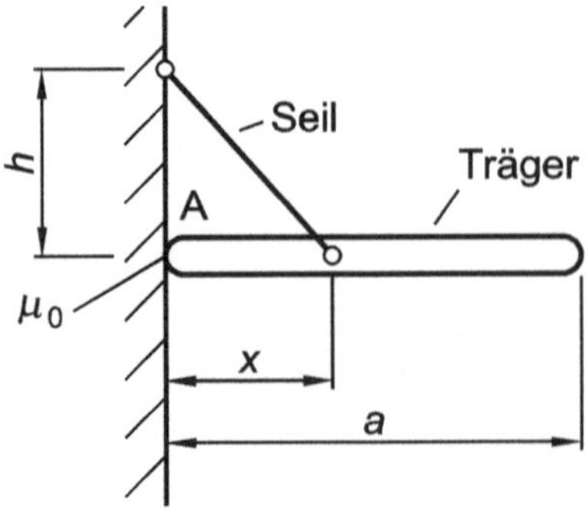

$[a / (2 + (a/h) \cdot \mu_0) \leq x \leq a / (2 - (a/h) \cdot \mu_0)]$

Re_18

Ein Klotz am Leiterfuß verhindert das Wegrutschen der Leiter. Die Gewichtskräfte von Klotz, Leiter und einer darauf befindlichen Person lauten G_K, $G_L = 200$ N und $G_P = 1000$ N. Wie groß muss G_K mindestens gewählt werden, damit eine Person die Leiter ganz hinaufsteigen kann, ohne dass die Leiter rutscht. Der Haftreibkoeffizient an allen drei Reibstellen sei $\mu_0 = 0{,}3$.

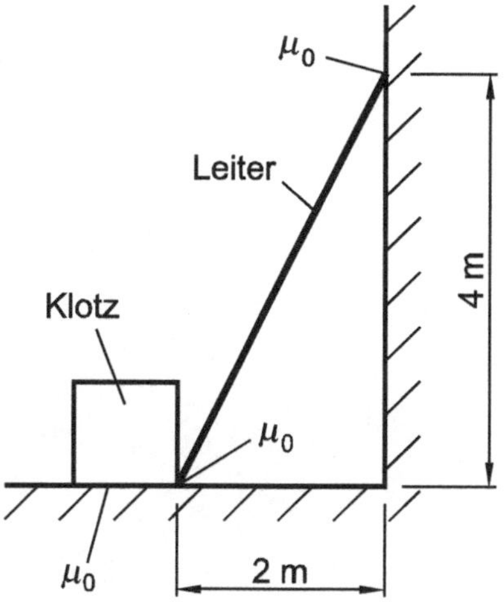

[$G_K \geq 537{,}7$ N]

Re_19

Auf horizontaler Ebene ruht eine Kreisscheibe (Masse m, Radius r). Der Haftreibkoeffizient in Punkt C beträgt μ_0. Die Scheibe ist in B gelenkig mit dem horizontalen Gelenkstab AB (Masse m, Länge $2r$) verbunden. Dieser wird im Abstand a mit einer Vertikalkraft F belastet. Bestimmen Sie den Maximalwert a_{max} als Funktion von μ_0, m, g, r und F, bei dem das System gerade noch in statischer Ruhelage ist, d.h., kein Gleiten in Punkt C auftritt.

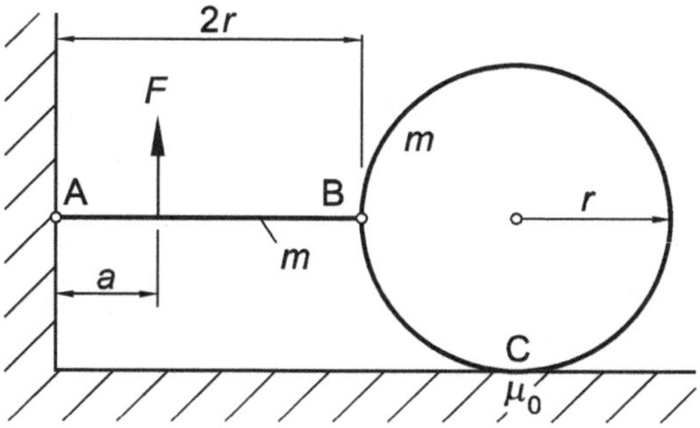

$$\left[a_{max} = \frac{(3\mu_0 + 1) \cdot mgr}{F(1 + \mu_0)}\right]$$

Re_20

Zwei Keile 1 und 2 (Gewichtskraft jeweils G) ruhen an einer vertikalen und an einer horizontalen Fläche. Zwischen den Flächen und den Keilen beträgt die Haftreibzahl μ_0. Die Keile berühren sich über reibungsfreie Rollen. Wie groß muss μ_0 für das dargestellte Gleichgewicht mindestens gewählt werden?

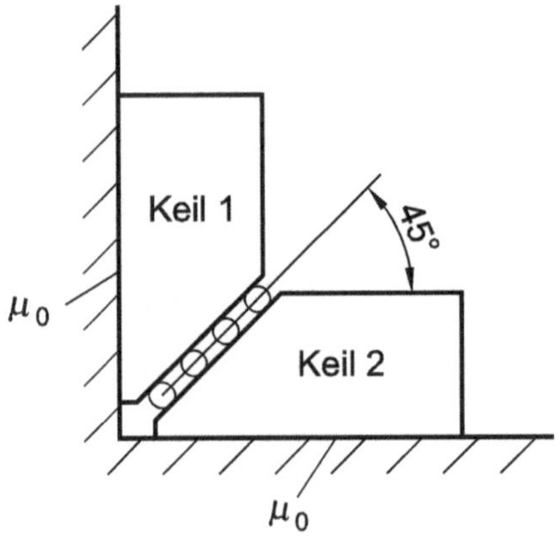

$\left[\mu_0 > \sqrt{2} - 1 = 0{,}414\right]$

Re_21

Eine Walze (Radius r, Gewichtskraft G_1) liegt auf einem Quader (Gewichtskraft G_2) und ist in A gelenkig gelagert. Die Strecke AM weicht um den Winkel α von der Vertikalen ab. Zwischen Walze und Quader sowie zwischen Quader und Unterlage wirkt Haftreibung (Haftreibwert μ_0). Am Quader zieht eine horizontale Kraft F.

a) Wie groß darf F maximal werden, damit kein Rutschen auftritt?

b) Ab welchem Grenzwert μ_0^* setzt Selbsthemmung ein? **Lösungshinweis:** Der Winkel α bleibt dabei unverändert.

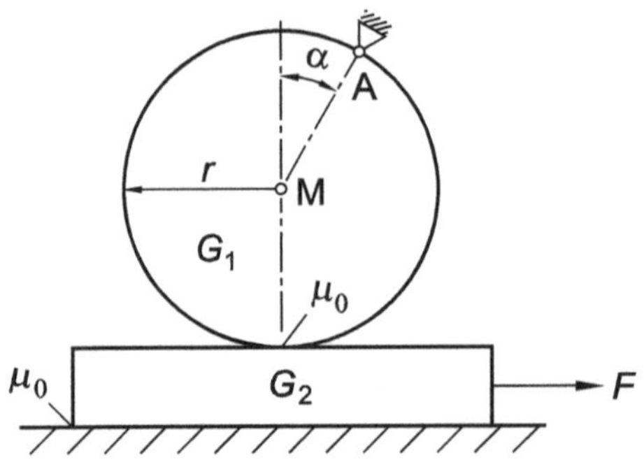

[$F \leq \mu_0\,[(2 \cdot G_1 \cdot \sin\alpha) / (\sin\alpha - (1 + \cos\alpha) \cdot \mu_0) + G_2]$; $\mu_0^* \geq \sin\alpha / (1 + \cos\alpha)$]

Re_22

Zwei Quader ($m_1 = 5$ kg, $m_2 = 35$ kg) liegen aufeinander. Sie sind über eine reibungsfreie Rolle A mit einem Seil verbunden. Seil und Rolle sind massefrei, Seil und Kraft F verlaufen parallel zur schiefen Ebene (Neigungswinkel 15°). Gegeben ist $\mu_0 = 0{,}1$.

a) Zwischen welchen Grenzen kann die Zugkraft F variiert werden, damit das System in Ruhelage bleibt?

b) Um welchen Betrag ist die Seilkraft S an der Umlenkrolle größer als die Zugkraft F? **Lösungshinweis:** Beachten Sie dabei für Quader m_2 die Bewegungstendenz (BT) nach oben und nach unten.

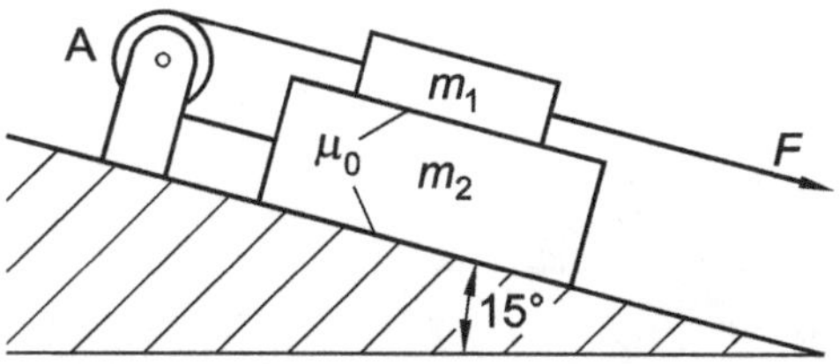

[$m_2 g \cdot (\sin\alpha + \mu_0 \cdot \cos\alpha) + m_1 g \cdot (3\mu_0 \cdot \cos\alpha - \sin\alpha) \geq F \geq m_2 g \cdot (\sin\alpha - \mu_0 \cdot \cos\alpha) - m_1 g \cdot (3\mu_0 \cdot \cos\alpha + \sin\alpha)$; $123{,}55\text{ N} \geq F \geq 28{,}79\text{ N}$; BT m_2 aufwärts: $S = F + m_1 g \cdot (\sin\alpha - \mu_0 \cdot \cos\alpha) = F + 7{,}96\text{ N}$; BT m_2 abwärts: $S = F + m_1 g \cdot (\sin\alpha + \mu_0 \cdot \cos\alpha) = F + 17{,}43\text{ N}$]

Re_23

Zwei gleiche Stäbe (Masse m, Länge L) sind in Gelenk A reibungsfrei miteinander verbunden. Die Höhe h sei gegenüber der Länge L vernachlässigbar klein. Die Scheiben stützen sich an Boden und Wand ab, wo jeweils Haftreibung vorliegt (Haftreibwert μ_0). Wie groß:

a) ist der Grenzwinkel α (als Funktion von μ_0), bei dem gerade noch keine Bewegung einsetzt?

b) muss μ_0 mindestens sein, damit das System für beliebige Winkel α ($0 < \alpha < 90°$) in Ruhe bleibt?

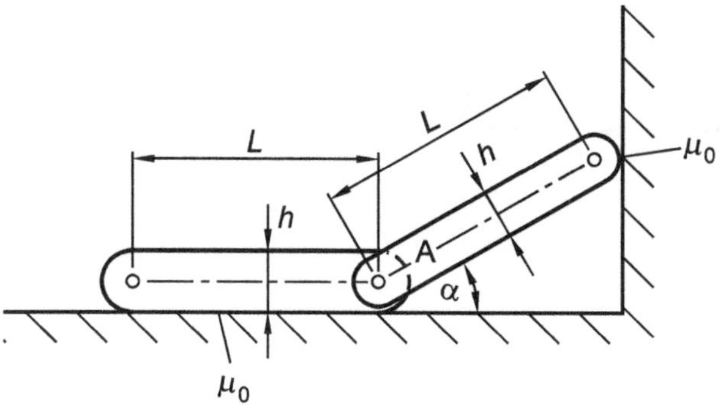

[$\tan\alpha = \frac{1-3\cdot\mu_0^2}{4\mu_0}$; $\mu_{0\,\min} = \sqrt{\frac{1}{3}} = 0{,}5774$]

Re_24

Eine Zylinderscheibe (Masse m, Radius r) wird auf der schiefen Ebene (Neigungswinkel α) durch ein Seil und Haftreibung ($\mu_0 = 0{,}5$) in A gehalten. Wie groß darf der Neigungswinkel α maximal werden, ohne dass die Scheibe in A rutscht.

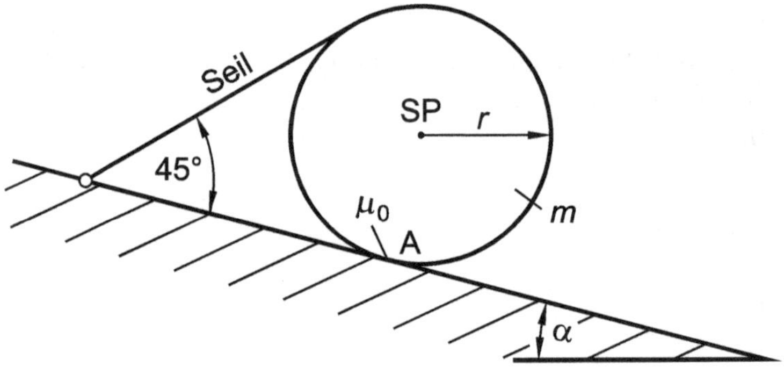

[$\tan\alpha = \frac{(2+\sqrt{2})\cdot\mu_0}{2-\sqrt{2}\cdot\mu_0} = 1{,}3204$; $\alpha = 52{,}86°$]

Re_25

Der Stab ABC (Gewichtskraft $G = 1000$ N) liegt an den Stellen A und B auf. In A herrscht Haftreibung ($\mu_{0A} = 0{,}4$), Kontaktpunkt B ist reibungsfrei ($\mu_{0B} = 0$). Zudem wirkt im Abstand e zum Stabende A die Kraft $F = 1000$ N. Gegeben: $a = 1{,}6$ m, $b = 0{,}8$ m, $L = 2{,}4$ m. Ab welchem Wert e_{max} beginnt der Stab zu rutschen?

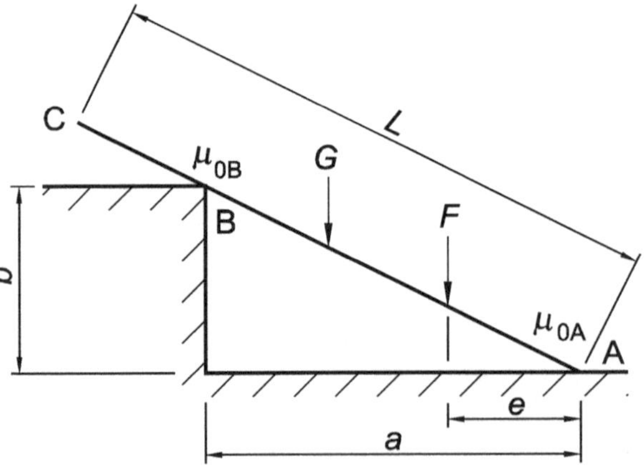

[$e_{max} = 0{,}7045$ m]

Re_26

In einem senkrechten Kamin soll ein Speck (Gewichtskraft $G = 500$ N) an zwei Streben (Gewichtskraft $F_S = 100$ N) befestigt werden. Sie sind mit einem reibungsfreien Gelenk verbunden und stützen sich über Reibung an den Kaminwänden ab. Wie groß muss der Haftreibwert μ_0 an beiden Wänden mindestens sein?

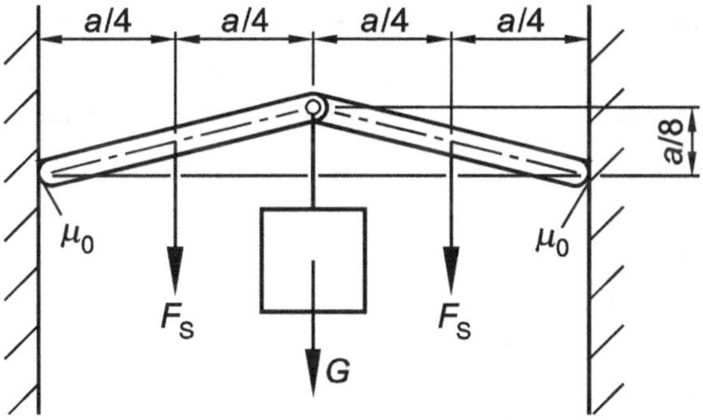

[$\mu_0 = (2 \cdot F_S + G) / 4 \cdot (F_S + G) = 0{,}292$]

Re_27

Eine Bockleiter besteht aus den Teilen AC (Länge $2a$, Gewicht $2G$) und BC (Länge a, Gewicht G), die in C reibungsfrei gelenkig miteinander verbunden sind. Der Winkel α und der Haftreibwert μ_0 in den Aufstandspunkten A und B ist beidseits gleich. Auf dem linken Teil steht auf halber Höhe eine Person mit Gewichtskraft $5G$.

a) Ermitteln Sie die für das Gleichgewicht erforderlichen Normal- und Haftreibkräfte in den Aufstandspunkten A und B sowie die Komponenten der Gelenkkraft C.

b) Welche Bedingungen für α ergeben sich an der Haftgrenze in A und B? In welchem Punkt ist die Rutschgefahr größer?

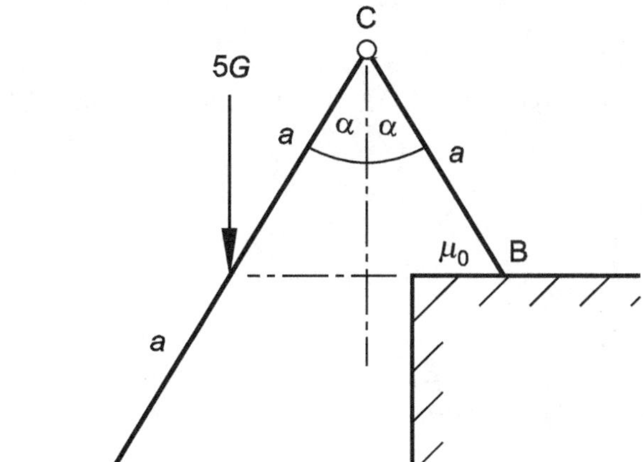

[$A_H = B_H = C_x = 2 \cdot G \cdot \tan\alpha$; $A_N = 5{,}5 \cdot G$; $B_N = 2{,}5 \cdot G$; $C_y = 1{,}5 \cdot G$ b) $\tan\alpha_A = 2{,}75 \cdot \mu_0$; $\tan\alpha_B = 1{,}25 \cdot \mu_0$; Leiter rutscht zuerst in B]

Re_28

Ein horizontaler Schieber (Länge $3a = 3$ m, Gewichtskraft 1000 N) ist in A und B spielfrei geführt. Zwischen Schieber und Führungen herrscht Reibung (Reibwert $\mu_0 = \mu = 0{,}2$). Zunächst ist der Schieber mittig ausgerichtet. Nun soll der Schieber langsam mit der Kraft F bis zum Anschlag A nach rechts geschoben werden. Geben Sie die Kraft F als Funktion des Verschiebewegs x an. Zeichnen Sie den Verlauf von F über x maßstäblich in einem Diagramm.

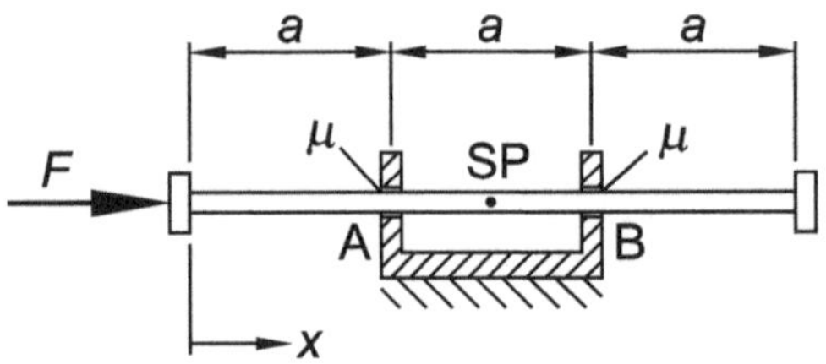

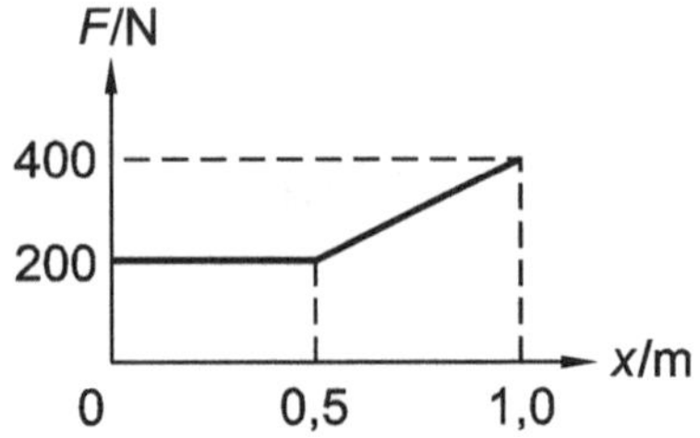

[Beim Verschieben wandert SP nach rechts. Für $0 \leq x \leq a/2$ liegt SP zwischen A und B: $F = \mu \cdot G = 200$ N = const. Für $a/2 \leq x \leq a$ liegt SP rechts von B: Hier gilt: $F = 2\mu \cdot G \cdot x/a = 400 \cdot x$ N/m. F steigt von 200 N ($x = 0{,}5$ m) linear auf 400 N ($x = 1$ m) an.]

Re_29

Quader A (Masse m_A) liegt auf Quader B (Masse m_B) und ist durch ein horizontales Seil in C an einer vertikalen Wand befestigt. Der Haftreibwert zwischen A und B beträgt μ_{01}, der zwischen B und Boden μ_{02}.

a) Welche Horizontalkraft F ist allgemein erforderlich, um Quader B nach rechts zu ziehen?

b) Wie groß ist dann die Seilkraft S im Seil AC?

c) Bestimmen Sie F und S für die Zahlenwerte: $m_A = 45$ kg, $m_B = 90$ kg, $\mu_{01} = 0{,}25$, $\mu_{02} = 0{,}3$.

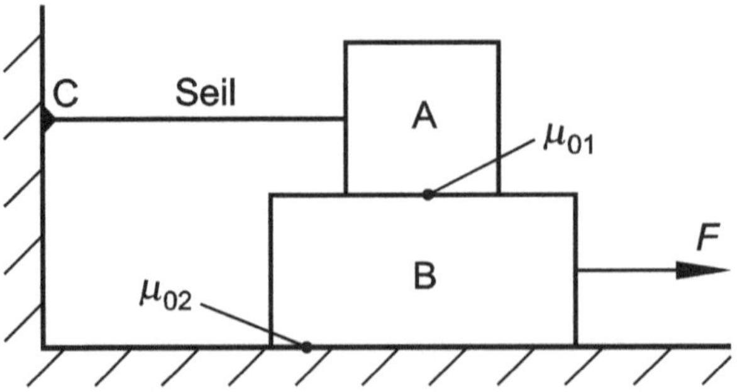

[$F = m_A \cdot g \cdot \mu_{01} + (m_A + m_B) \cdot g \cdot \mu_{02} = 507{,}67$ N; $S = m_A \cdot g \cdot \mu_{01} = 110{,}36$ N]

Re_30

Ein schlanker Träger (Gewichtskraft 1 kN, $h = 1$ m) steht rechtwinklig auf einer um $\alpha = 20°$ geneigten Ebene. Er wird durch ein Seil gehalten, das parallel zur Ebene gespannt ist. Zwischen Träger und Ebene beträgt der Haftreibwert $\mu_0 = 0{,}2$. In welchen Grenzen von a tritt kein Gleiten auf?

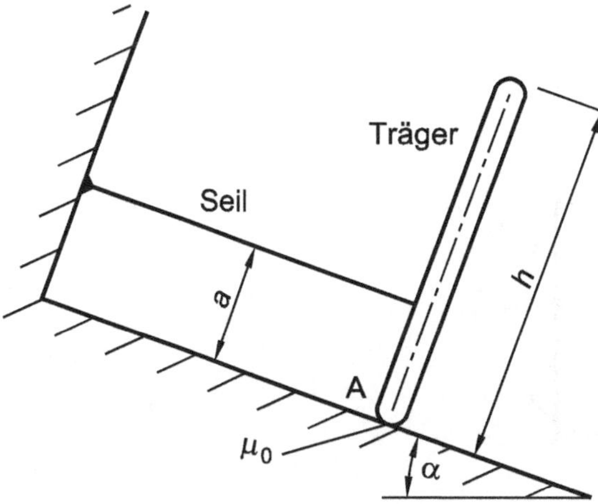

[$0{,}323\ \text{m} \leq a \leq 1{,}0\ \text{m}$]

Re_31

Ein Quader (Gewichtskraft G) wird auf einer schiefen Ebene mit masselosen Seilrollen durch die Seilkraft S im Gleichgewicht gehalten. Alle Rollen drehen reibungsfrei. Geben Sie den Bereich für S an, in dem sich der Quader in Ruhelage befindet. Gegeben: G, $\alpha = 30°$, $\mu_0 = \tan\alpha$. **Lösungshinweis:** Bei festen Rollen hängt die Last am Seil, bei losen Rollen an der Rolle.

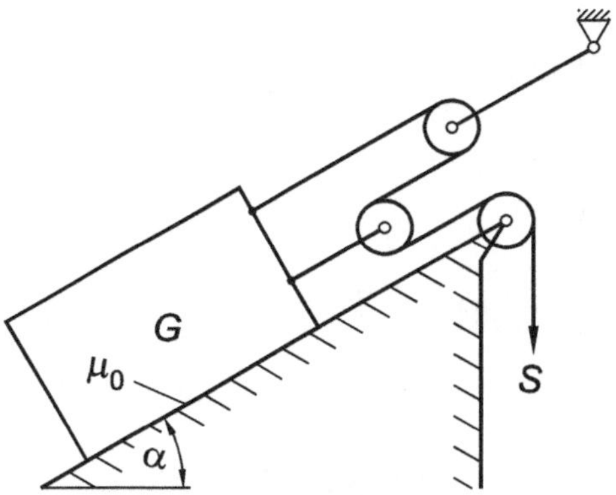

[$G \cdot (\sin\alpha - \mu_0 \cdot \cos\alpha)/3 \leq S \leq G \cdot (\sin\alpha + \mu_0 \cdot \cos\alpha)/3$; $0 \leq S \leq G/3$]

Re_32

Das horizontal ausgerichtete dünne Bauteil ($a = 0{,}6$ m) setzt sich aus Rechtecks- und Dreiecksfläche zusammen. Es hat die Gewichtskraft $G = 1000$ N, wird durch ein Seil gehalten und stützt sich an einer vertikalen, Wand ab. Die Schwerpunktlage wurde bereits berechnet, sie beträgt $x_S = (19/15) \cdot a = 0{,}76$ m. Welcher Haftreibwert μ_0 zwischen Spitze und Wand ist mindestens erforderlich, damit das Bauteil nicht rutscht?

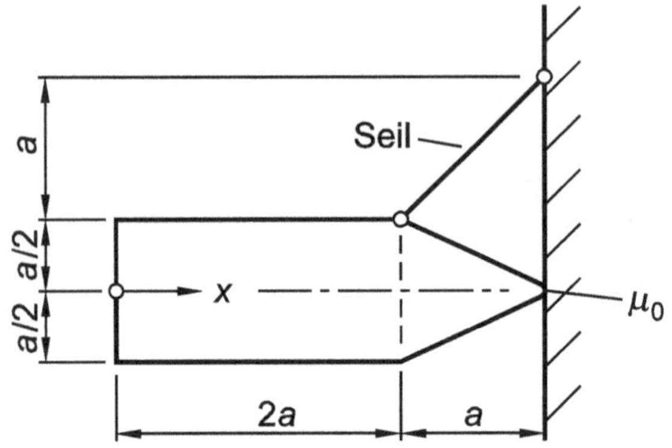

[$\mu_0 = (7/52) = 0{,}1346$]

Re_33

Ein horizontal ausgerichtetes Stanzteil ($a = 0{,}6$ m, Gewichtskraft 1 kN) wird in A durch einen Gelenkstab behalten und stützt sich in B reibungsbehaftet ($\mu_0 = 0{,}3$) an einer schiefen Ebene ab. Die Schwerpunktkoordinate ist mit $x_S = 0{,}5267$ m gegeben. Um welchen Winkel β muss die schiefe Ebene mindestens geneigt werden, damit das Stanzteil im Gleichgewicht bleibt? Zwischen welchen Grenzen darf der Winkel β variiert werden, damit das Stanzteil nicht rutscht?

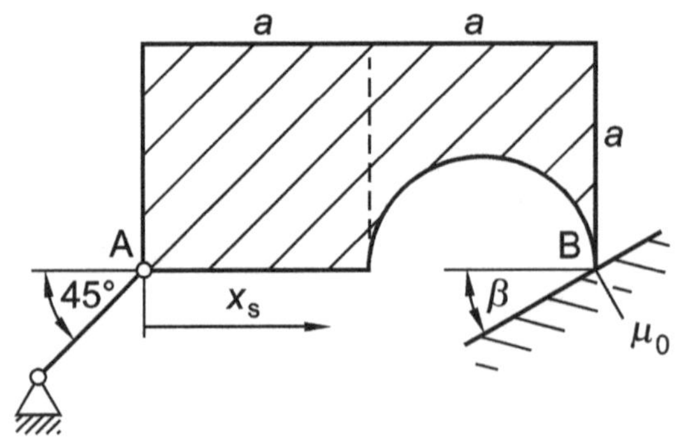

[$\frac{2a - x_S \cdot (1+\mu_0)}{x_S + \mu_0 \cdot (2a - x_S)} = 0{,}7071 < \tan\beta < \frac{2a - x_S \cdot (1-\mu_0)}{x_S - \mu_0 \cdot (2a - x_S)} = 2{,}56$; $35{,}27° < \beta < 68{,}66°$]

Re_34

Die massefreie Bockleiter setzt sich aus den Teilen AC und BC zusammen, die in C gelenkig miteinander verbunden sind. Teil BC wird mittig mit einer Vertikalkraft F belastet. An den Aufstandspunkten A und B herrscht Haftreibung (Reibwerte μ_{0A} und μ_{0B}). Bestimmen Sie allgemein in Abhängigkeit von F und α die:

a) Normalkräfte A_N und B_N.

b) Gelenkkraftkomponenten C_x und C_y.

c) Reibkräfte A_R und B_R.

d) die erforderlichen Mindesthaftreibwerte μ_{0Amin} und μ_{0Bmin}.

e) Zusatzfrage: Welcher Reibpunkt rutscht bei Variation der beiden Reibwerte zuerst?
Lösungshinweis: Schneiden Sie zunächst das Gesamtsystem frei (EMGS), dann das rechte Teil BC.

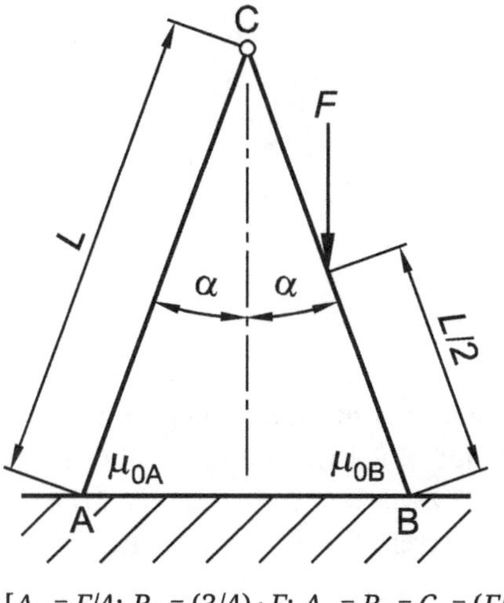

[$A_N = F/4$; $B_N = (3/4) \cdot F$; $A_R = B_R = C_x = (F/4) \cdot \tan\alpha$; $C_y = F/4$; $\mu_{0A} = \tan\alpha$; $\mu_{0B} = \tan\alpha/3$; Punkt A rutscht zuerst, wenn $\mu_{0A} = \mu_{0B}$; Punkt B rutscht zuerst für $\mu_{0A} > 3 \cdot \mu_{0B}$]

Re_35

Für die Backenbremse gilt: $F = 1000$ N, $r = 0{,}25$ m, $b = 0{,}3$ m, $a = 0{,}6$ m, $c = 0{,}2$ m, Gleitreibwert $\mu = 0{,}25$. Welches Bremsmoment wird erzielt:

a) bei Rechtslauf (RL) und

b) bei Linkslauf (LL) der Trommel.

c) Welches Bremsmoment wirkt bei $c = 0$? Hängt dieses von der Drehrichtung ab?

d) Ab welcher Hebellänge c setzt bei Rechtslauf Selbstsperrung ein?

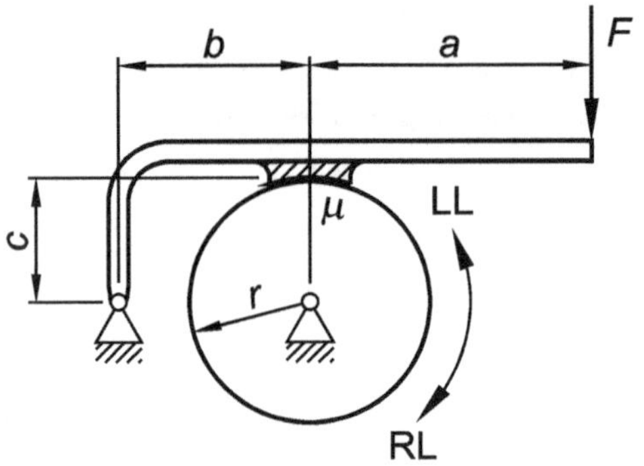

[225 Nm; 160,7 Nm; 187,5 Nm; nein; $c > b\,/\,\mu = 1{,}2$ m]

Re_36

Ein dünner Stab (Masse m, Länge L) stützt sich in A an einer Vertikalwand ab. Der Neigungswinkel beträgt α. In B ist der Stab mit einer massefreien Rolle gelenkig und reibungsfrei verbunden. Die Rolle bewegt sich auf einer horizontalen Ebene. Sie drückt dabei reibungsfrei auf einen Klotz (Masse M). Zwischen Stab und Wand (Punkt A) sowie zwischen Klotz und Unterlage (Punkt C) herrscht Haftreibung (Haftreibwert μ_0). Das System befindet sich in Ruhelage.

a) Ermitteln Sie allgemein in Abhängigkeit von m, g, α und μ_0 die Lagerkraftkomponenten in B.

b) Wie groß muss die Masse M mindestens gewählt werden, damit das System in C nicht rutscht?

c) **Nun gilt:** $\alpha = 30°$, $m = 1$ kg und $\mu_0 = 0{,}3$. Berechnen Sie die Zahlenwerte für B_x, B_y, und M.

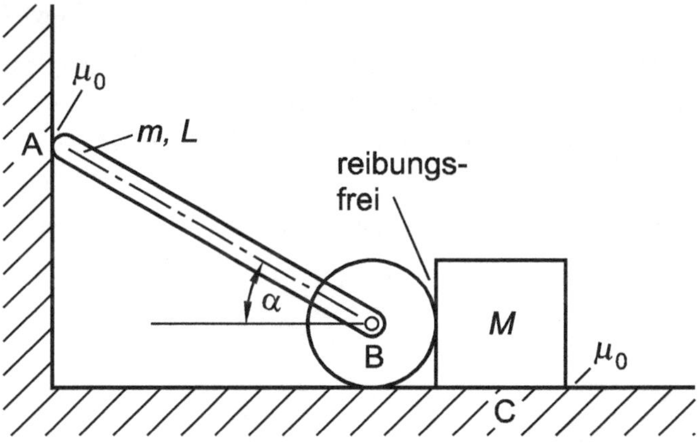

[$B_x = mg / (2 \cdot (\tan\alpha + \mu_0))$; $B_y = (1 - [(\mu_0 / (2 \cdot (\tan\alpha + \mu_0)))]) \cdot mg$; $M = m / (2 \cdot \mu_0 \cdot (\tan\alpha + \mu_0))$
$B_x = 5{,}591$ N; $B_y = 8{,}133$ N; $M \geq 1{,}9$ kg]

Re_37

Eine Stufenscheibe (Masse m, Radien R, r) ruht in A auf einer horizontalen Ebene und berührt in B eine vertikale Wand. In A und B herrscht Haftreibung (Reibkoeffizient μ_0). Um den kleinen Zylinder (Radius r) ist ein Seil gelegt, das in C reibungsfrei umgelenkt wird und eine Lastmasse M trägt.

a) Wie groß darf M in Abhängigkeit von m, R, r und μ_0 maximal werden, wenn sich die Scheibe nicht drehen soll?

b) Wie groß ist M_{max} für die Zahlenwerte: $m = 60$ kg, $R = 2r = 30$ cm und $\mu_0 = 0{,}2$?

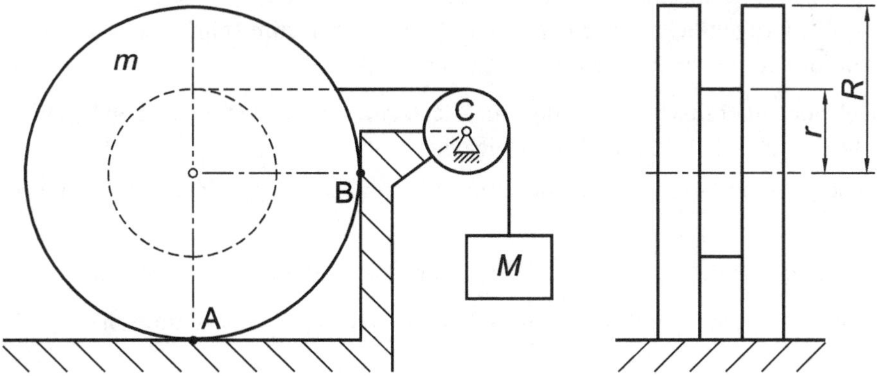

[$M_{max} = R \cdot m \cdot (\mu_0^2 + \mu_0) / (r \cdot (\mu_0^2 + 1) + R \cdot (\mu_0^2 - \mu_0)) = 40$ kg]

Re_38

Über zwei gegenläufig drehende Walzen (Radius r, Drehzahl n) ist ein Seil gelegt, an dessen Enden zwei Körper mit den Massen m_A und m_B befestigt sind. Links wirkt der Gleitreibkoeffizient μ_1, rechts μ_2. Gegeben sind: $m_A = 5{,}2$ kg, $\mu_1 = 0{,}12$, $\mu_2 = 0{,}25$, $r = 0{,}8$ m. Wie groß:

a) muss die Masse m_B für das dargestellte statische Gleichgewicht gewählt werden?

b) wird dabei die Seilkraft S im horizontalen Seilabschnitt?

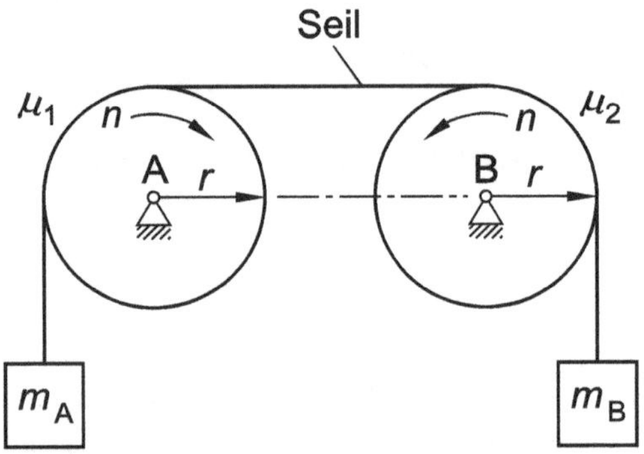

$[m_B = m_A \cdot e^{\frac{\pi}{2}(\mu_2-\mu_1)} = 6{,}378kg$; $S = 42{,}25$ N]

Re_39

Ein Seil ist über drei Kreiszylinder (Radius r) gelegt, deren Zentren ein gleichseitiges Dreieck (Kantenlänge $3r$) bilden. Der Haftreibwert beträgt an allen drei Seilreibstellen $\mu_0 = 0{,}18$. In der Ausgangslage ist an beiden Seilenden eine Last mit Gewichtskraft $G = 100$ N angehängt. Auf der rechten Seite werden nun schrittweise einzelne Zusatzgewichte (Gewichtskraft G_z) aufgelegt. Es gilt $G_z = 0{,}1 \cdot G$.

a) Ab welcher (theoretischen) Anzahl n an Zusatzgewichten, die rechts aufgelegt werden, beginnt das Seil nach rechts zu rutschen?

Erhöhen Sie nun die Anzahl Zusatzgewichte auf den nächsten ganzzahligen Wert. Wie groß:

a) darf dann der Reibwert μ maximal sein, damit das Seil nach rechts rutscht?

b) sind dann die beiden Seilkräfte S_1 und S_2 in den schrägen Seilabschnitten?

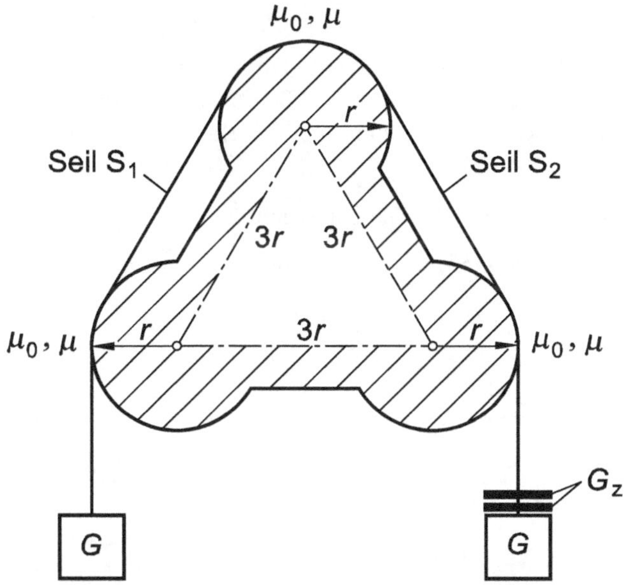

[$n = 7{,}6$; gewählt $n = 8$; $\mu \leq 0{,}187$; $S_1 = 110{,}3$ N; $S_2 = 163{,}2$ N]

Re_40

Ein dünner Stab (Masse m, Länge L) liegt horizontal auf zwei rotierenden Walzen A und B (Radius r) mit gleicher Drehzahl n. An den Kontaktpunkten wirken die Gleitreibwerte μ_A und μ_B. Es gilt: $\mu_A > \mu_B$. Wie groß muss für die dargestellte Ruhelage die horizontale Haltekraft F in Abhängigkeit von m, μ_A und μ_B sein bei:

a) Gleichlauf? Beide Walzen drehen im Uhrzeigersinn.

b) Gegenlauf? Walze A dreht im Uhrzeigersinn, Walze B im Gegenuhrzeigersinn.

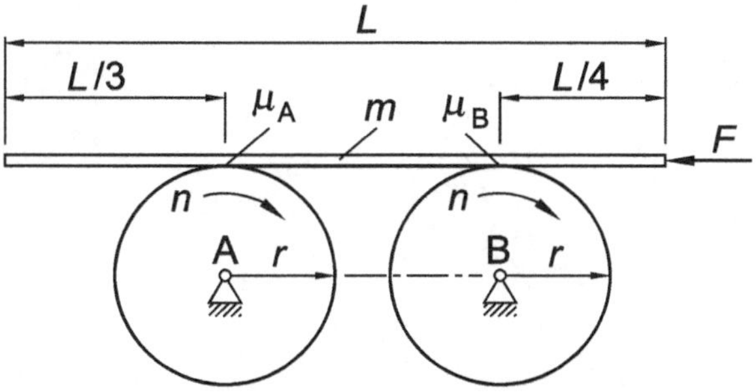

[a) $F = (1/5) \cdot mg \cdot (3\mu_A + 2\mu_B)$; b) $F = (1/5) \cdot mg \cdot (3\mu_A - 2\mu_B)$]

Re_41

Die beiden massefreien Winkel AB und BC sind in B gelenkig miteinander verbunden. Die Lager A und B sind reibungs- und spielfrei. Auf Bauteil BC wirkt mittig eine Vertikalkraft F. Es stützt sich in C auf einer schiefen Ebene ab, der Haftreibwert beträgt dort $\mu_0 = 0{,}2$. Gesucht sind:

a) der Neigungswinkel α, für den das System im Gleichgewicht ist.

b) die dabei auftretenden Gelenkkräfte in A und B für $F = 100$ N.

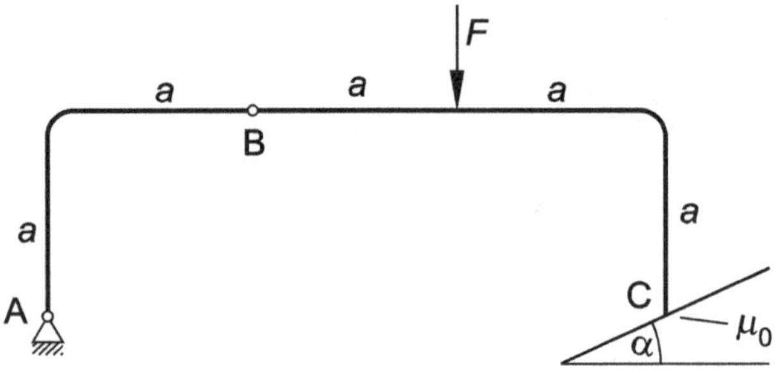

[$\tan\alpha = (1 - 2\mu_0) / (2 + \mu_0) = 0{,}2727$; $\alpha = 15{,}26°$; $A = B = 47{,}14$ N]

Re_42

Ein Stab ruht horizontal in einer halbkreisförmigen Rinne (Radius R) und wird durch eine vertikale Kraft F belastet. Der Haftreibwert zwischen Stab und Rinne beträgt an beiden Enden A und B jeweils $\mu_0 = 0{,}364$. Welcher Randabstand e zum Stabende darf für das dargestellte Gleichgewicht nicht unterschritten werden? **Lösungshinweis:** saubere, maßstäbliche Freischneidskizze sowie ein Momentengleichgewicht um B.

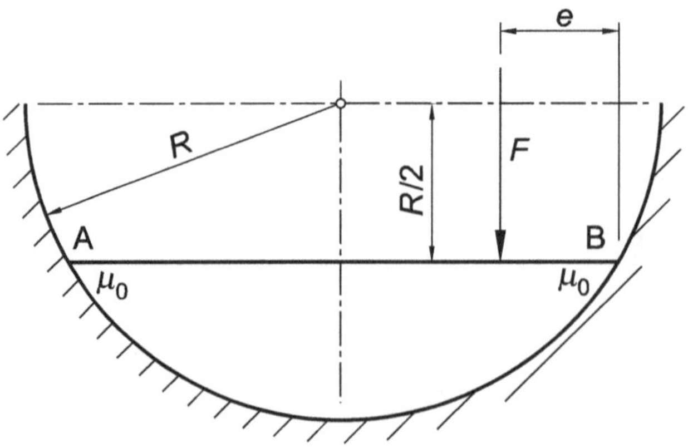

$$\left[e = \left[\frac{\sqrt{3}}{2} - \frac{2\mu_0}{\mu_0^2 + 1}\right] \cdot R = 0{,}223 \cdot R\right]$$

Re_43

Ein Stab (Masse m, Länge L) stützt sich in A mit einer kleinen Rolle reibungsfrei an einer senkrechten Wand und in B an einer Schräge (Neigungswinkel $\alpha = 10°$, Haftreibwert μ_{0B}) ab. Der Schwerpunkt des Stabes liegt auf der Winkelhalbierenden. Wie groß muss der Haftreibwert μ_{0B} für die dargestellte Ruhelage mindestens sein?

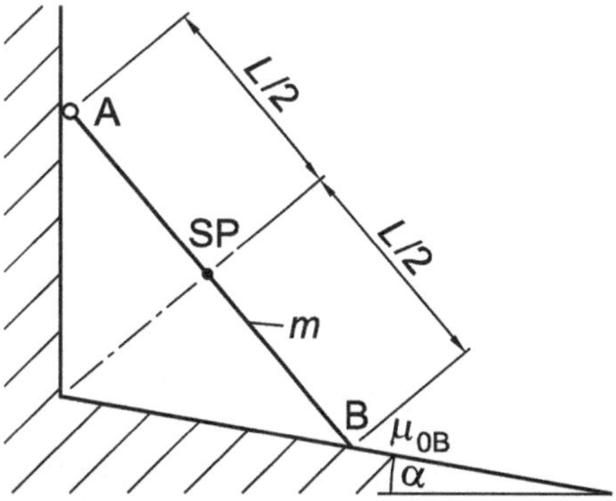

[$\mu_{0B} \geq 0{,}6435$]

Re_44

Katze Lilly leckt ihr Schüsselchen (Gewichtskraft G) sauber. Dabei drückt ihre Zunge mit der Maximalkraft F auf den Schüsselboden. Die Haftreibwerte seien μ_Z zwischen Zunge und Schüssel sowie μ_B zwischen Schüssel und Fußboden.

a) Welche Gewichtskraft G_{min} muss die Schüssel mindestens haben, damit sie nicht verrutscht?

b) Welche Bedingung muss für μ_Z und μ_B gelten, damit eine beliebig leichte Schüssel von einer beliebig starken Katze ausgeleckt werden kann, ohne dass sich die Schüssel verschiebt?

[$G_{min} > \frac{\mu_Z - \mu_B}{\mu_B} \cdot F$; $\mu_Z < \mu_B$]

6 Ebene ein- und mehrteilige Systeme (2D)

Hinweise zur ebenen ein- und mehrteiligen Systemen

- Bei der Lösung von Aufgaben ebener mehrteiliger Systeme bringt die EMGS Vorteile.
- Bei einwertigen Lagerelementen (Seil, Feder, Pendelstütze) erübrigt sich das Aufstellen von Gleichgewichtsbedingungen. Verlaufen diese nicht in Achsrichtung sondern schräg dazu, erhält man das Verhältnis der Kraftkomponenten, wie bereits im Kapitel Fachwerke gezeigt, aus der Einbaubemaßung oder über den Einbauwinkel (PSA).
- Bei mehrteiligen Systemen mit $n > 1$ empfiehlt sich folgende Vorgehensweise:
  a. Überprüfen der statischen Bestimmtheit mit $\Sigma w = 3 \cdot n$.
  b. EMGS
  c. Kraftkomponentenverhältnisse für Pendelstützen, Seile, Federn mit der PSA aufstellen, deren Anzahl betrage m.
  d. Im Folgenden müssen nur noch $n - m - 1$ Einzelteile freigeschnitten und deren Gleichgewichtsbedingungen aufgestellt werden. Üblicherweise kann das anspruchsvollste (schwierigste) Einzelteil weggelassen werden.
  e. Lösen des LGS
  f. **Probe:** Es wird empfohlen, trotzdem für das in d. weggelassene Einzelteil die Gleichgewichtsbedingungen aufzustellen und die in e. berechneten Ergebnisse für die **Probe** einzusetzen. Alle Gleichgewichtsbedingungen müssen auch hier erfüllt sein.

Für den Einstieg eignen sich: 2D_01 bis 2D_14

Etwas sportlicher sind: 2D_18 bis 2D_21, 2D_32 bis 2D_34, 2D_36, 2D_37, 2D_45, 2D_47

2D_01

Der massefreie Winkelhebel wird durch die Kräfte $F = 1000$ N und $2F$ belastet. Wie groß sind die Lagerkräfte in A und B?

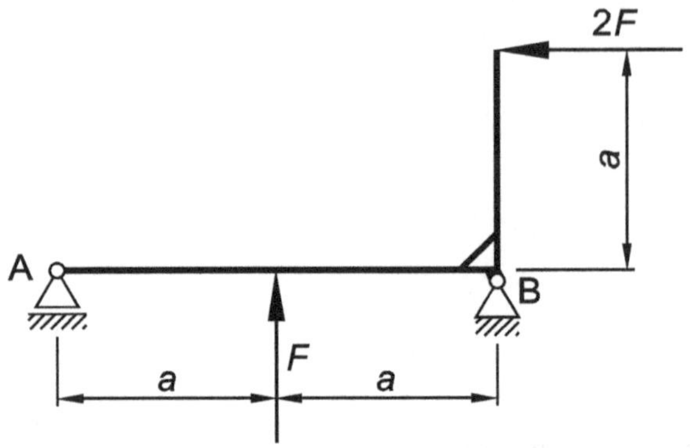

[$A = 500$ N; $B_x = 2000$ N; $B_y = 1500$ N; $B = 2500$ N]

2D_02

Der dargestellte masselose Dreigelenkbogen setzt sich aus zwei gleichen, rechtwinkligen Rahmen ($2a$ a) zusammen, die in C gelenkig miteinander verbunden sind. In den Ecken wirken zwei Kräfte F und $4F$ sowie ein Moment Fa. Bestimmen Sie die Lager- und Gelenkkraftkomponenten in A, B und C als Vielfache von F.

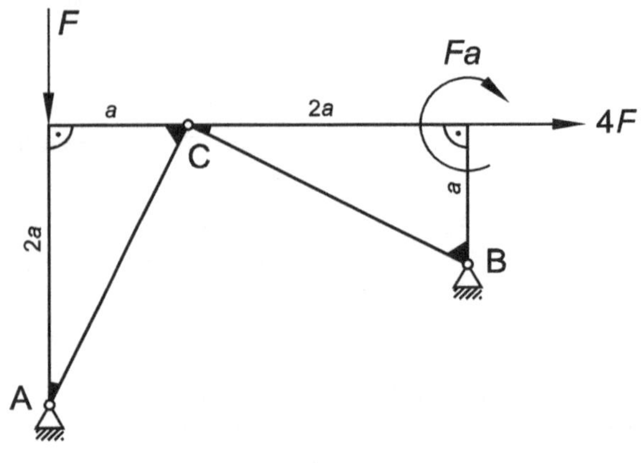

[$A_x = F$; $A_y = F$; $B_x = 3F$; $B_y = 2F$; $C_x = F$; $C_y = 2F$]

2D_03

Das Gestell setzt sich aus den Winkeln ACE und EDB sowie einem Bauteil CD zusammen. Die Winkel sind in E gelenkig miteinander verbunden. Es greifen die Kräfte $F_1 = 1000$ N und $F_2 = 100$ N an. Alle Längenangaben in m. Bestimmen Sie die Lager- und Gelenkkräfte in A, B, C, D und E. **Lösungshinweis:** Bauteil CD ist keine Pendelstütze wegen Kraftangriff zwischen C und D.

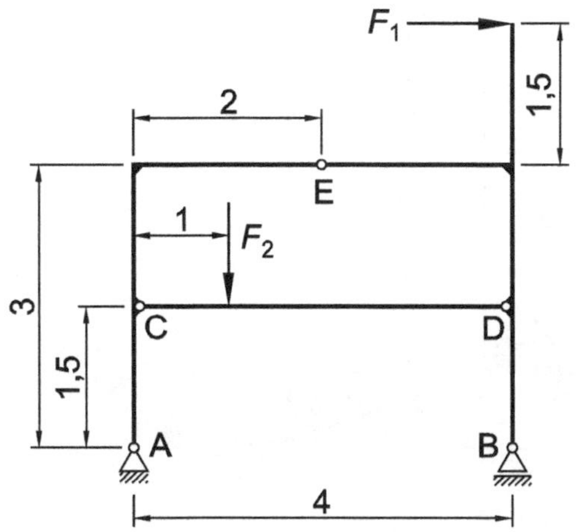

[$A = 1450$ N; $B = 1150$; $C = 505{,}6$ N; $D = 500{,}6$ N; $E = 1231{,}1$ N]

2D_04

Das Tragwerk setzt sich aus den Winkeln ABC und CD zusammen, die in C gelenkig miteinander verbunden sind. Es wird belastet mit dem Moment $M = 25$ kNm und zwei Kräften $F_1 = 12$ kN und $F_2 = 8$ kN. Das Rastermaß beträgt $a = 1{,}2$ m. Gesucht sind die Lager- und Gelenkkräfte in B, C und D.

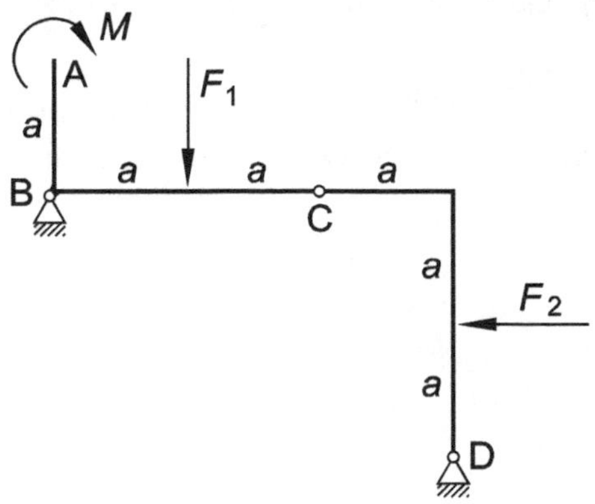

[$B = 12{,}98$ kN; $C = 20{,}46$ kN; $D = 16{,}95$ kN]

2D_05

Die massefreie Spannvorrichtung ist gelenkig in A gelagert. Sie setzt sich aus Winkelhebel, Rolle, Umschlingungsseil und Gelenkstab B zusammen. Am Ende des Winkelhebels greift die Vertikalkraft F an. Bestimmen Sie für $\alpha = 31°$ die Kräfte im Lagerpunkt A, im Stab B und im Seil.

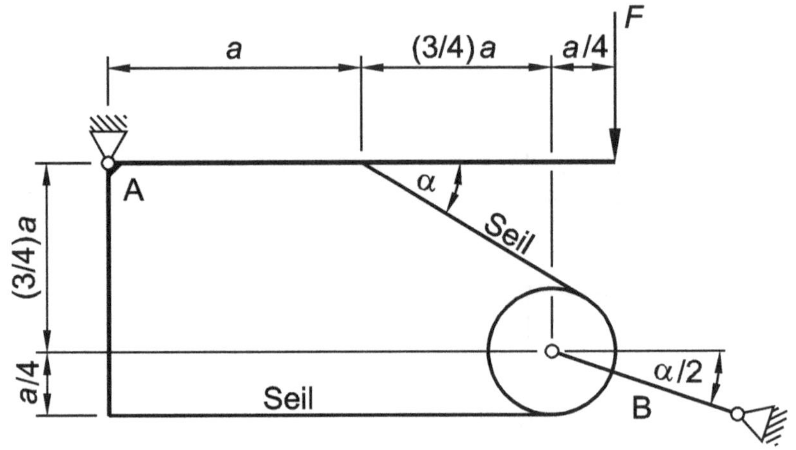

[$A = 7{,}76 \cdot F$; $B = 7{,}84 \cdot F$ (Z); $S = 4{,}07 \cdot F$ (Z)]

2D_06

Bei der Spannvorrichtung wird eine Rolle (Masse m_1, Radius r) über den Gelenkstab AB (Masse m_2, Länge L) gegen das zu spannende Seil gedrückt. Dazu greift am linken Stabende im Lager A ein Moment M an. Die Lager in A und B sind reibungsfrei, das Seil massefrei. Gesucht sind:

a) das Moment M in Abhängigkeit von m_1, m_2, L, r, β und der Zugkraft S im Seil.

b) der Betrag von M für die Zahlenwerte: $m_1 = 0{,}8$ kg; $m_2 = 0{,}5$ kg; $L = 60$ cm; $r = 25$ cm; $\beta = 30°$; $S = 75$ N

c) die Lagerkraft A und die Gelenkkraft B für die Zahlenwerte in b). **Lösungshinweis:** Stab AB ist keine Pendelstütze wegen des Eigengewichts.

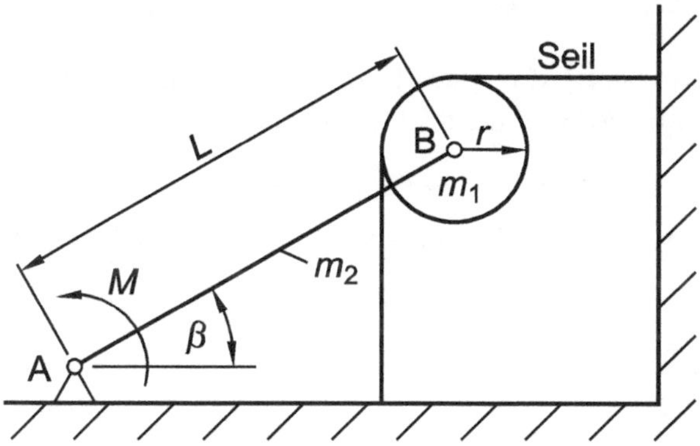

[$M = (m_1 + m_2/2) \cdot g \cdot \cos\beta \cdot L + S \cdot (\sin\beta + \cos\beta) \cdot L$; M = 66,82 Nm; A = 115,4 N; B = 111,8 N]

2D_07

Die in A und G gelagerte Vorrichtung setzt sich aus den Teilen ABE und CDEG zusammen, die durch das Gelenk E und einen Gelenkstab BD miteinander verbunden sind. Es wirken die beiden Kräfte F_1 = 424,26 N und F_2 = 600 N. Alle Teile sind massefrei, alle Lager reibungsfrei. Gegeben ist das Rastermaß *a*. Gesucht sind die Lagerkraftkomponenten in A und G, die Gelenkkraft in E sowie die Stabkraft *BD*. Wird der Stab BD auf Zug oder Druck belastet?

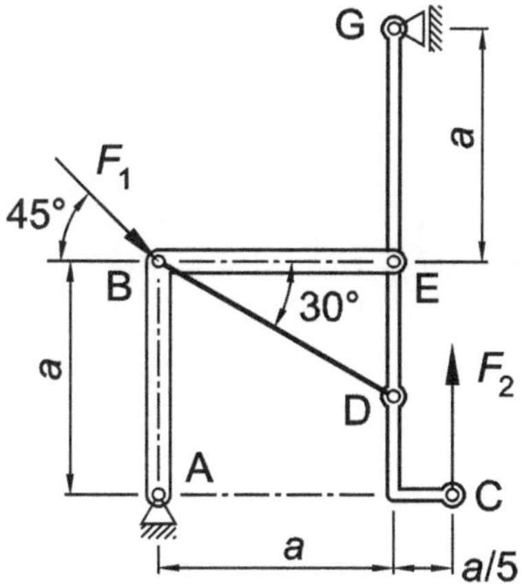

[A_x = 510 N; A_y = 300 N; A = 591,7 N; G = 210 N (Z); BD = 180 N (D); E_x = 365,9 N; E_y = 510 N; E = 627,7 N]

2D_08

Die vertikale Stütze AH des Tragwerks wird mit der Kraft $F = 400$ N und dem Moment $M = 2400$ Nm belastet. Die Stütze AH und die drei Gelenkstäbe sind massefrei.

a) Zu bestimmen sind die Lager- und Gelenkkräfte in A, B, D und E.

b) Wie müsste das Moment M nach Betrag und Richtung geändert werden, damit das Lager B kräftefrei wird?

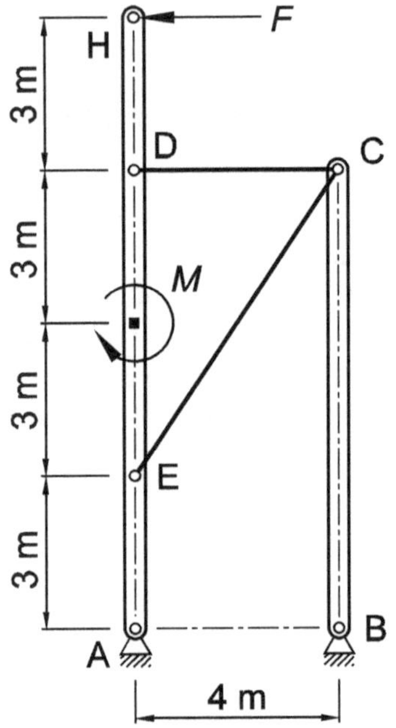

[$A = C = E = 721{,}1$ N; $B = 600$ N; $D = 400$ N; $M = 4800$ Nm, im UZS, rechtsdrehend]

2D_09

Der Winkelträger ACD wird durch das Bauteil BC im Gleichgewicht gehalten. Auf das System wirken die Kraft $F = 500$ N und das Moment $M = 300$ Nm. Beide Bauteile sind massefrei. Ermitteln Sie die Lager- und Gelenkkräfte in A, B und C. **Lösungshinweis:** Bauteil BC ist **keine** Pendelstütze wegen des Kraftangriffs zwischen B und C.

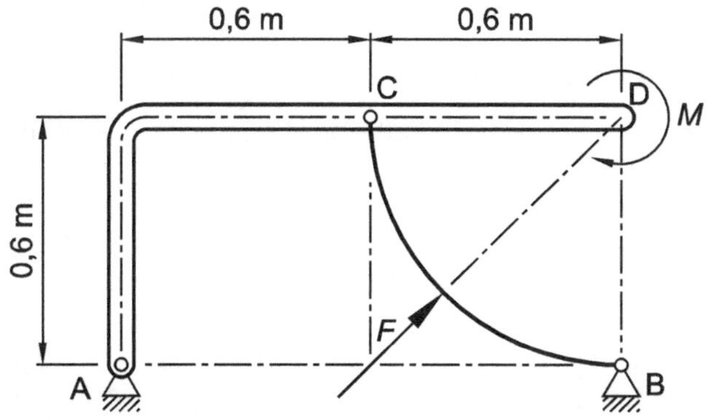

[$A = B = C = 433$ N]

2D_10

Eine Rechteckplatte ($3a \times 4a$, Masse m) ist mit einer Quadratscheibe ($2a \times 2a$, Masse $m/3$) in B gelenkig verbunden. Das System ist in A und C gelagert. Zwischen D und E wirkt eine lineare massefreie Schraubenfeder, welche seitlich nicht ausknicken kann. Wie groß sind für das dargestellte Gleichgewicht die:

a) Lager- und Gelenkkräfte in A, B und C als Vielfache von mg?

b) Federkraft DE und die Federwirkung (Zug/Druck)?

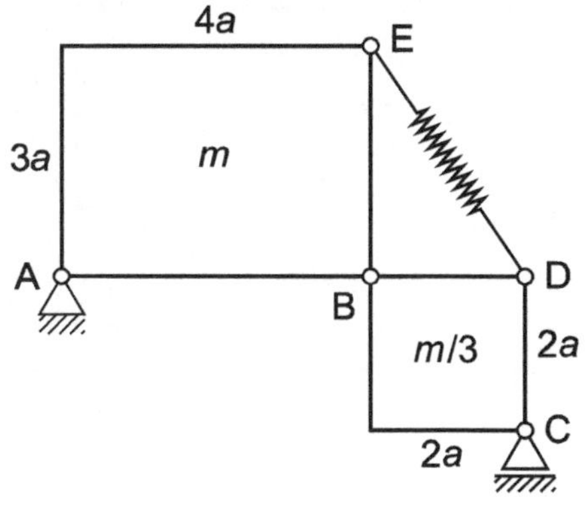

[$A = (13/18) \cdot mg$; $B_x = D_x = (8/27) \cdot mg$; $B_y = mg/6$; $B = 0{,}34 \cdot mg$; $C = (11/18) \cdot mg$; $D_y = (4/9) \cdot mg$; $DE = 0{,}534 \cdot mg$ (D)]

2D_11

Das Tragwerk setzt sich aus den Teilen ACG und GDB zusammen, die in G gelenkig verbunden sind. Zwischen C und D wirkt eine horizontale Feder CD, die in Querrichtung nicht ausknickt. Es wirkt die Dreieckslast $q_0 = 2$ N/cm und die Kraft $F = 80$ N. Das Rastermaß ist $a = 10$ cm.

a) Ermitteln Sie die Lager- und Gelenkreaktionen in A, B und G sowie die Federkraft *CD*.

b) Handelt es sich um eine Zug- oder Druckfeder?

c) Wie groß ist die Federverformung x für die in Teilaufgabe a) ermittelte Federkraft *CD*, wenn die Federkonstante $k = 10$ N/mm beträgt?

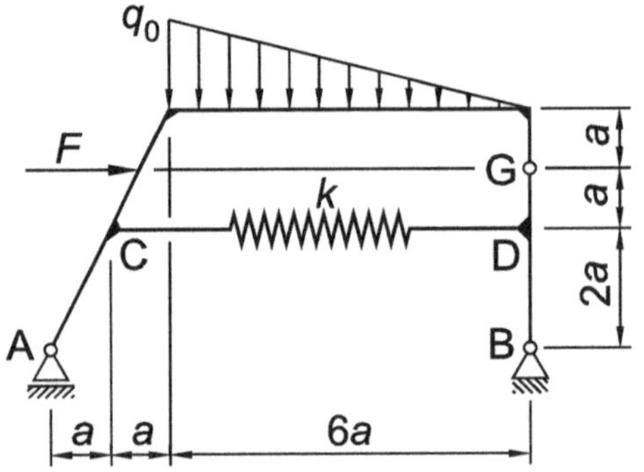

[$A = 0$; $B = 100$ N; $CD = 240$ N (D); $G = 170{,}9$ N; $x = 24$ mm]

2D_12

Das dreiteilige System ABCD setzt sich aus zwei Horizontalträgern AB und CD zusammen, die durch einen Stab S und eine Feder E miteinander verbunden sind. Träger AB wird mit der Dreieckslast $q_0 = 2F/a$ und einer Kraft F belastet. Das Rastermaß ist a. Bestimmen Sie die:

a) Lagerkraftkomponenten in A und D sowie die Federkraft E und die Stabkraft S als Vielfache von F.

b) Feder- und Stabbelastung von E und S (Zug, Druck).

Lösungshinweis: Die EMGS ist von Vorteil.

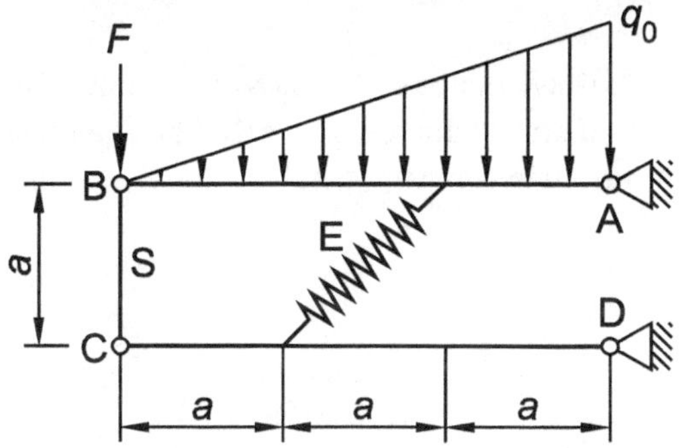

[$A_x = A_y = D_x = 6F$; $D_y = 2F$; $E = 8{,}485 \cdot F$ (Z); $S = 4F$ (D)]

2D_13

Das Gestänge setzt sich aus den Teilen ABC, CDE und EH zusammen, die in C und E gelenkig miteinander verbunden sind. Zwischen B und D wirkt eine Feder BD, die in Längsrichtung elastisch, in Querrichtung steif ist. Die Bauteile ABC und EH sind massefrei, Bauteil CDE hat die Gewichtskraft $G = 120$ N. Im Bereich ABC wirkt die Dreieckslast $q_0 = 2{,}5$ N/cm. Alle Maßangaben in cm. Ermitteln Sie die:

a) Auflager- und Gelenkreaktionen in A, C, E und H sowie die Federkraft *BD*.

b) Belastungsart (Zug, Druck) für Bauteil EH und Feder BD.

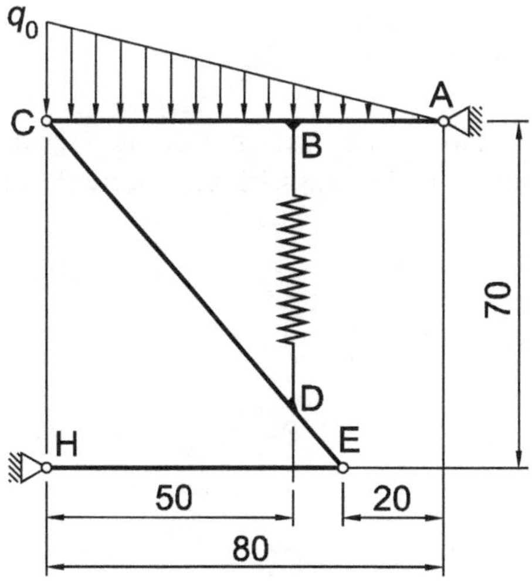

[$A = 273{,}2$ N; $BD = 298{,}7$ N (Z); $C = 241{,}1$ N; $E = H = 161{,}9$ (Z)]

2D_14

Der rechteckige, homogene Aufbau ($3R \times 2R$, Gewichtskraft $G = 500$ N) steht mit zwei massefreien Rädern (Radius R) reibungsfrei auf einer schiefen Ebene (Neigungswinkel $\alpha = 30°$). Er wird durch ein masseloses Seil im Gleichgewicht gehalten, welches unter $\beta = 20°$ zur Horizontalen wirkt. Bestimmen Sie die:

a) Haltekraft S im Seil.

b) Aufstandskräfte in A und B.

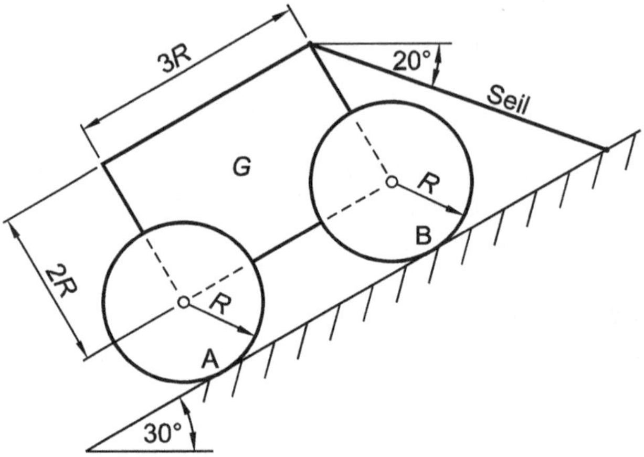

[$S = 388{,}9$ N; $A = 133{,}2$ N; $B = 597{,}8$ N]

2D_15

Das Dreiecksblech ABCD (Gewichtskraft = 15 N, Rastermaß a) ist in A, B und C gelagert. In D greift die Kraft $F = 45$ N an. Die Feder C ist in Längsrichtung elastisch, in Querrichtung steif. Bestimmen Sie die:

a) Lagerkräfte in A, B und die Federkraft in C.

b) Belastungsart (Zug, Druck) von Stab A und Feder C.

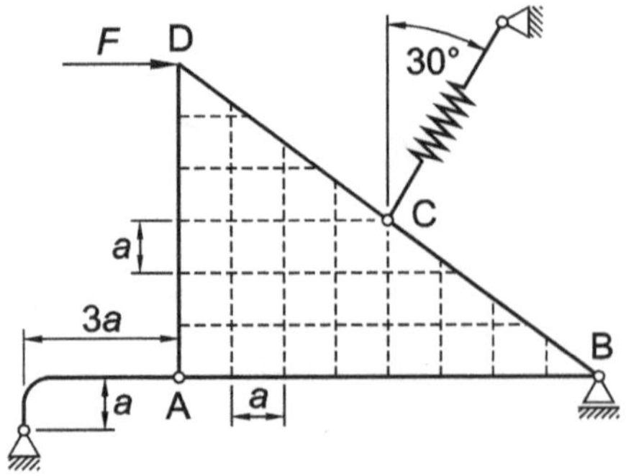

[$A = 37{,}3$ N (Z); $B = 43{,}5$ N (D); $C = 19{,}3$ N (D)]

2D_16

Das Gestänge setzt sich aus den Teilen AB (massefrei), BCD (Gewichtskraft $1{,}15 \cdot G$) und DEH (Gewichtskraft $G = 100$ N) zusammen, die in B und D gelenkig miteinander verbunden sind. Zwischen C und E wirkt eine massefreie vertikale Feder, die in Längsrichtung elastisch, in Querrichtung steif ist. Alle Maße in cm. Bestimmen Sie die:

a) Lager- und Gelenkreaktionen in A, B, D und H sowie die Federkraft *CE*.

b) Belastungsart (Zug, Druck) von Bauteil AB und der Feder CE.

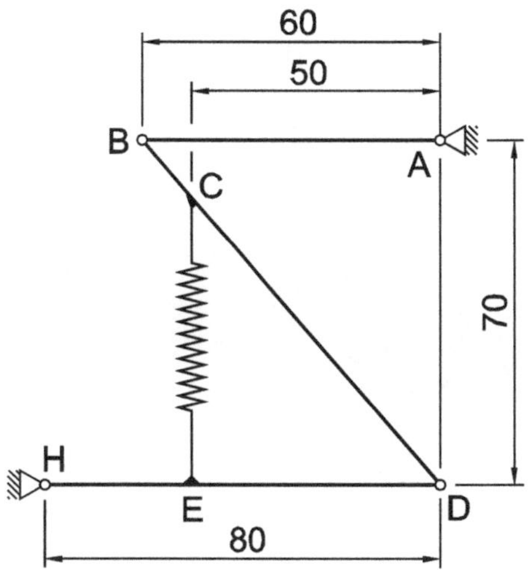

[$A = B = 139{,}3$ N (Z); $CE = 264$ N (D); $D = 204$ N; $H = 256{,}2$ N]

2D_17

Der Winkelträger ist in A gelagert und liegt in B reibungsfrei auf. Gesucht sind die Lagerkräfte in A und B für $F = 500$ N.

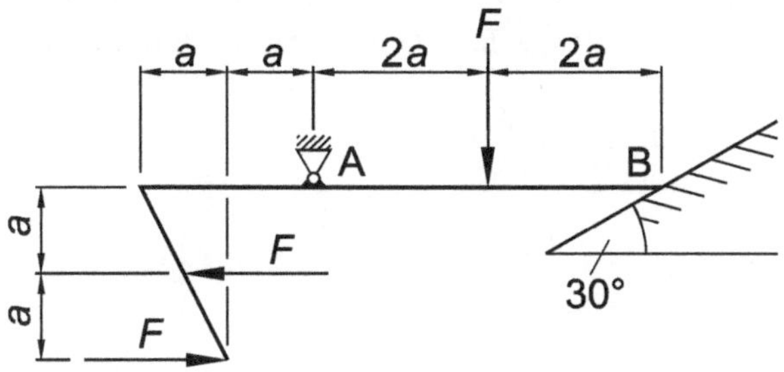

[$A = 381{,}9$ N; $B = 144{,}3$ N]

2D_18

Das Trapezblech (Gewichtskraft $G = 50$ N, Rastermaß $a = 10$ cm) ist in A, B und C gelagert. Feder C (Federkonstante $k = 2$ N/mm) ist in Längsrichtung elastisch, in Querrichtung steif. Gesucht sind die:

a) Schwerpunktkoordinaten x_S und y_S von Punkt C aus als Vielfache von a.

b) Lagerkräfte in A und B sowie die Federkraft C.

c) Belastungsart (Zug, Druck).

d) elastische Federverformung x.

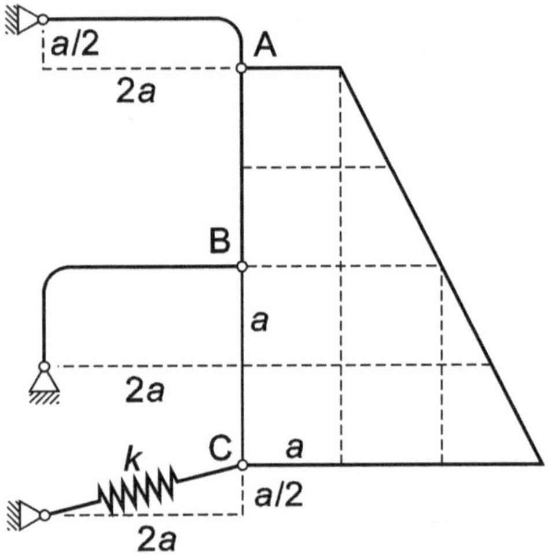

[$x_S = (13/12) \cdot a$; $y_S = (5/3) \cdot a$; $A = 58{,}52$ N (Z); $B = 96{,}66$ N (D); $C = 30{,}60$ N (Z); $x = 15{,}3$ mm]

2D_19

Das gleichseitige Dreiecksblech ABC hat die Gewichtskraft $G = 40$ N und den Lochabstand a. Es ist in A, B und C federnd gelagert. In C greift die schräge Kraft $F = 40$ N an. Alle drei Federn sind in ihrer Längsrichtung elastisch, in Querrichtung steif. Gesucht sind die:

a) Federkräfte in A, B und C.

b) Belastungsart (Zug, Druck).

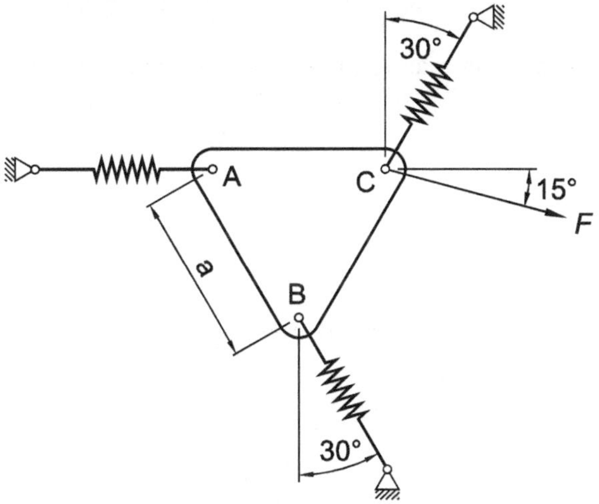

[A = 44,61 N (Z); B = 23,09 N (D); C = 35,05 N (Z)]

2D_20

Die Radaufhängung setzt sich aus den Teilen ABC, CDH und DEG zusammen, die in C und D gelenkig miteinander verbunden sind. Zwischen den Teilen ABC und DEG wirkt eine vertikale Feder BE, die in Längsrichtung elastisch, in Querrichtung steif ist. Das Rad ist gestrichelt eingezeichnet. An Punkt H greift die vertikale Radaufstandskraft N = 7 kN an. Alle Teile sind massefrei. Gesucht sind die:

a) Lager- und Gelenkkräfte in A, C, D und G sowie die Federkraft BE.

b) Federbelastung (Zug, Druck).

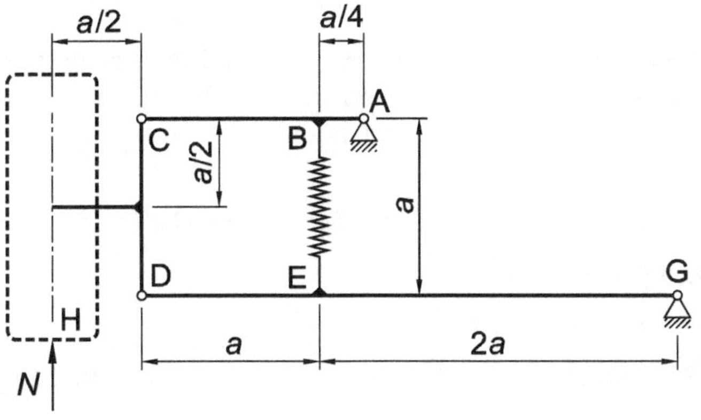

[A = 12,5 kN; BE = 15 kN (D); C = 4,6 kN; D = 10,6 kN; G = 6,1 kN]

2D_21

Ein Stahlring (Lochkreisradius *r*) ist mit drei massefreien Stäben S_1 bis S_3 gelagert. Deren Einbaulagen sind durch die Kathetenverhältnisse 6 : 2, 3 : 2 und 4 : 2 gegeben. In Stab S_1 wird die Stabkraft 500 N gemessen.

a) Wie groß sind die Stabkräfte S_2 und S_3?

b) Werden die drei Stäbe auf Zug oder Druck belastet?

c) Welche Gewichtskraft *G* hat der Ring?

Lösungshinweis: Erhalten Sie einen negativen Wert für *G*, tauschen Sie die Zug- und Druckbelastung der Stäbe.

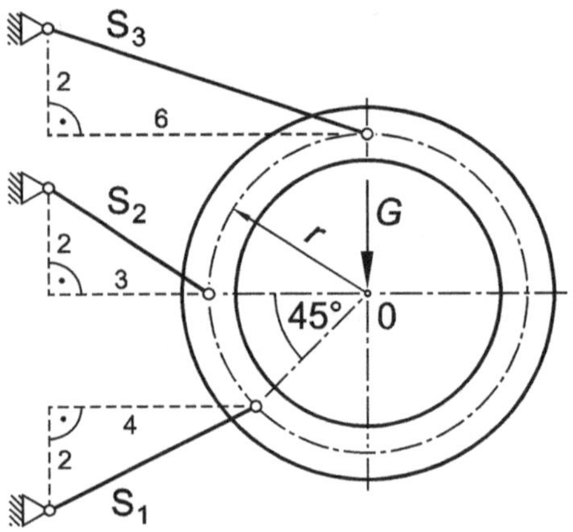

[S_1 = 500 N (D); S_2 = 436,51 N (Z); S_3 = 88,56 N (Z); G = 493,74 N]

2D_22

Die glatte Walze (Gewichtskraft *G*, Radius *r*) stützt sich in E reibungsfrei an einer vertikalen Wand ab. Der Stab CD verbindet das Walzenzentrum D mit dem horizontalen Bauteil ABC. In D greift die Horizontalkraft $F = G/2 = 500$ N an. Alle Bauteile sind massefrei, alle Lager reibungsfrei.

a) Bestimmen Sie die äußeren Lagerkräfte in A und E. **Lösungshinweis:** EMGS

b) Wie groß sind die Kraftkomponenten in B und C?

c) Wird Stab CD auf Zug oder Druck belastet?

d) Wie groß darf die Kraft *F* maximal werden, damit die Walze gerade noch in E anliegt, d.h. $E = 0$?

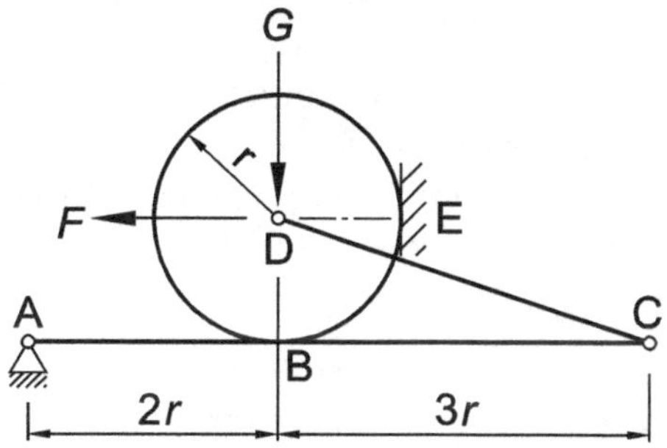

[A_x = 2000 N; A_y = 1000 N; A = 2236 N; B = 1666,7 N; $C_x = D_x$ = 2000 N; $C_y = D_y$ = 666,7 N; CD = 2108,2 N (Z); E = 1500 N; $F \leq$ 2000 N]

2D_23

Eine Walze (Radius r = 0,3 m, Gewichtskraft G = 100 N) wird auf einer schiefen Ebene (Neigungswinkel 15°) durch eine Stange AE (Länge L = 1 m) und ein Seil AB im Gleichgewicht gehalten. Stange und Seil sind massefrei. Die in E angreifende Horizontalkraft F verhindert ein Herabrollen der Walze, das Seil deren Aufwärtsbewegung. Lager A und die Kontaktpunkte C und D sind reibungsfrei. Wie groß ist die:

a) Kraft F in Punkt E, bei der die Walze im Gleichgewicht ist, ohne dass im Seil eine Kraft auftritt?

b) Seilkraft AB bei F = 40 N?

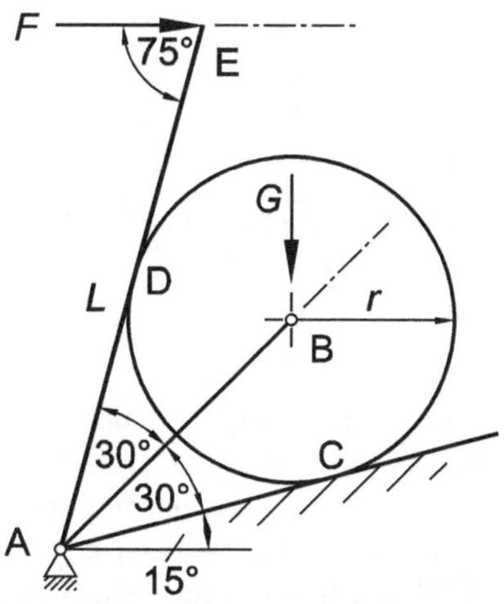

[F = 16,08 N; AB = 44,47 N]

2D_24

Ein Schlitten (Gewicht G) wird am Berg (Neigungswinkel $\beta = 30°$) durch eine Kraft F gehalten. Er ist in A und B reibungsfrei gelagert. Auf seiner Ladefläche befindet sich eine Stahlrolle (Gewicht G), die über ein Seil ($\alpha = 60°$) festgemacht und im Punkt C durch Reibung haftet. Die Schwerpunkte S_1 und S_2 sind bemaßt. **Gegeben sind:** $G = 70$ kN, $L_1 = 11{,}2$ m, $L_2 = 8$ m, $L_3 = 15{,}7$ m, $h = 6$ m, $r = 3$ m, b = 2 m.

a) Wie groß sind die Seilkraft S, die Reibkraftkomponenten C_R und C_N, die Aufstandskräfte in A und B sowie die Haltekraft F? Wie groß ist der mindestens erforderliche Haftreibwert in C?

b) Welcher Haftreibwert μ_{0min} ist in C für die dargestellte Ruhelage mindestens erforderlich?

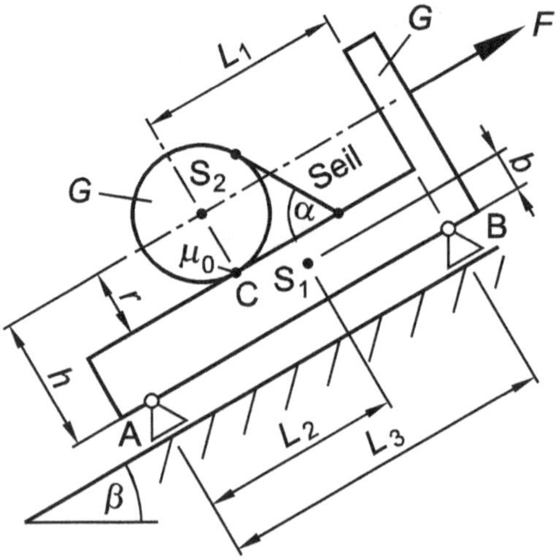

[$S = C_R = G/3 = 23{,}33$ kN; $C_N = 80{,}83$ kN; $C = 84{,}13$ kN; $A = 64{,}06$ kN; $B = 57{,}18$ kN; $F = 70$ kN; $\mu_{0min} = 0{,}289$]

2D_25

Ein Tragegestell für eine Walze (Radius r, Gewichtskraft 5 kN) ist zur Vertikalen symmetrisch. Es besteht aus zwei dünnen Stäben, die in E gelenkig miteinander verbunden sind. Um ein Wegrutschen zu verhindern, ist zwischen C und D ein Seil gespannt. Die Walze wird zusätzlich durch ein mit einer Feder vorgespanntes Seil zwischen K und L gesichert. Die Vorspannung beträgt $F_K = F_L = 1{,}5$ kN. Alle Bauteile sind massefrei, alle Lager und Stellen der Kraftübertragung reibungsfrei. Alle Abstände zwischen den Punkten K, G, E, H und L sind gleich r. Es gilt: $a = 300$, $b = 700$, $r = 400$. Gesucht sind die Aufstandskräfte in A und B, die Kräfte in G und H, die Gelenkkraft in E und die Seilkraft CD.

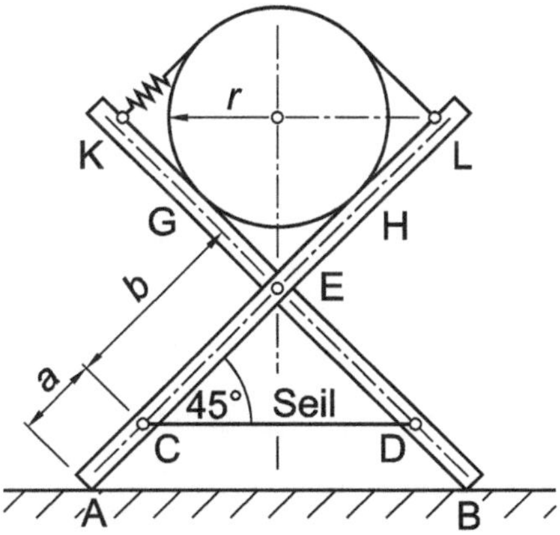

[$A = B = 2{,}5$ kN; $G = H = 5{,}04$ kN; $E_x = 7{,}72$ kN; $E_y = 0$; $CD = 5{,}22$ kN]

2D_26

Ein Gelenkträger setzt sich aus den Teilen ABG und GC zusammen. Im Bereich BGC wirkt eine Rechtecklast q. Zudem greift eine Horizontalkraft $F = q \cdot a$ an. Alle Bauteile sind massefrei, alle Lager und Gelenke reibungsfrei. Bestimmen Sie die Lagerkraft in A, die Einspannreaktionen in C sowie die Gelenkkraftkomponenten in G in Abhängigkeit von q und a.

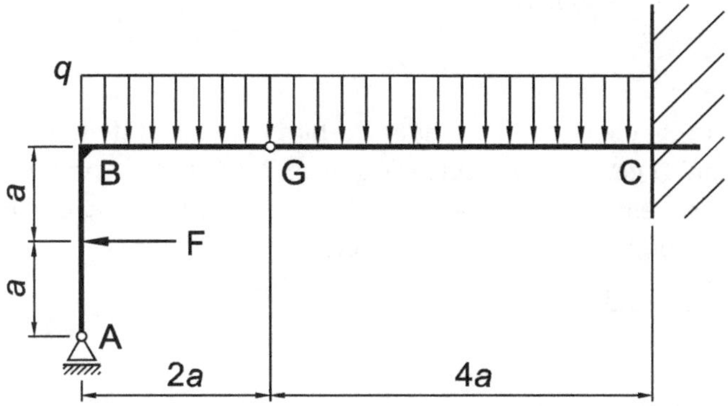

[$A = (1/2) \cdot qa$; $C_x = G_x = qa$; $G_y = (3/2) \cdot qa$; $C_y = (11/2) \cdot qa$; $M_C = 14 \cdot qa^2$]

2D_27

Die Teile ABC und CD sind in C gelenkig verbunden. Sie werden durch zwei Kräfte $F = 5000$ N belastet. Alle Teile sind massefrei, alle Lager und Gelenke reibungsfrei.

a) Wie groß sind die Lager- und Gelenkkräfte in A, B, C und D?

b) Werden die Lager A, B und das Bauteil CD auf Zug oder auf Druck belastet?

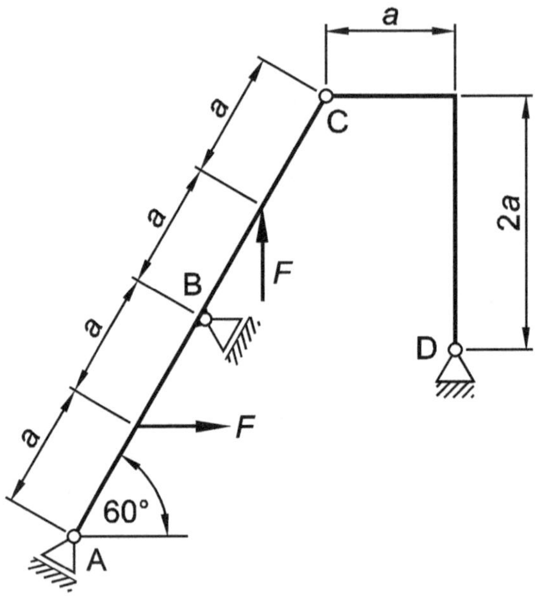

[$A = 4575$ N (Z); $B = 5245$ N (D); $C = D = 4092$ N (D)]

2D_28

Die Teile AB und BCD sind in B gelenkig miteinander verbunden. Das System wird durch zwei Gelenkstäbe C und D gestützt. Die Einbaulagen sind durch die Kathetenverhältnisse 3 : 1 und 1 : 1 gegeben. Es wirkt die Vertikalkraft $F = 5$ kN. Alle Bauteile sind massefrei, alle Gelenke reibungsfrei. Wie groß sind die:

a) Lager- und Gelenkkräfte in A und B?

b) Stabkräfte in C und D?

c) Werden Sie auf Zug oder Druck belastet?

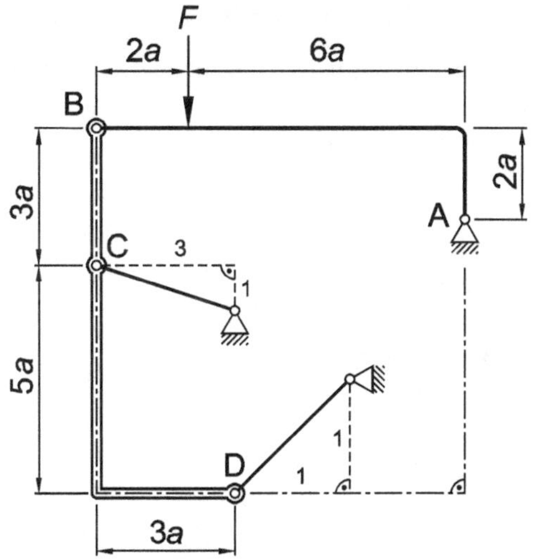

[A = 6,44 kN; B = 8,37 kN; C = 9,32 kN (D); D = 3,41 kN (Z)]

2D_29

Das Tragwerk mit Rastermaß a setzt sich aus zwei Winkeln ABC und EG sowie den Teilen CDE und BD zusammen, die durch reibungsfreie Gelenke miteinander verbunden sind. Es wirken zwei Kräfte F_2 = 6 kN und F_3 = 4 kN.

a) Ermitteln Sie die Kräfte in A, B, C, D, E und G.

b) Werden die Bauteile BD und EG auf Zug oder auf Druck belastet?

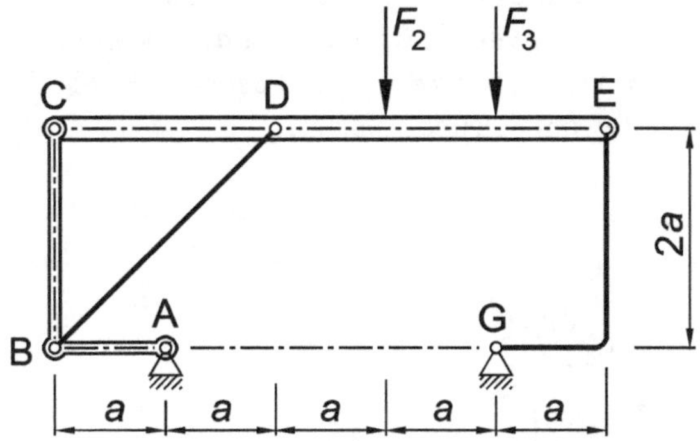

[$A_x = G_x = E_x$ = 4 kN; A_y = 2 kN; $G_y = E_y$ = 8 kN; $D_x = D_y = B_x = B_y$ = 3 kN; C_x = 1 kN; C_y = 5 kN; A = 4,47 kN; EG = 8,94 kN (D); C = 5,09 kN; BD = 4,24 kN (Z)]

2D_30

Die Plattform ABC wird durch die konstante Streckenlast $q = 3$ kN/m belastet und mit drei Streben gestützt. Alle Teile sind massefrei, die Gelenke reibungsfrei. Ermitteln Sie für $a = 1$ m die drei Gelenkkräfte in A, B und C. Werden die Streben auf Zug oder Druck belastet?

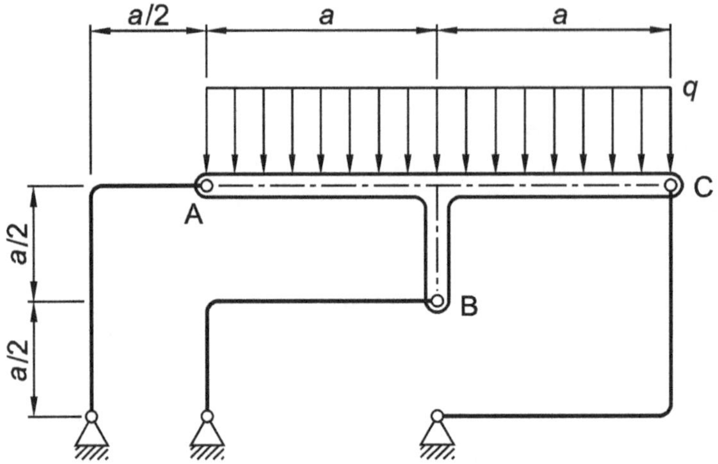

[$A = 3{,}35$ kN (D); $B = 10{,}06$ kN (Z); $C = 10{,}61$ kN (D)]

2D_31

Ein massefreies Tragwerk setzt sich aus dem Bauteil AB und dem Träger BCD zusammen, die in B gelenkig miteinander verbunden sind. Träger BCD stützt sich in D reibungsfrei an einer Schräge mit 45° ab. Auf ihn wirkt die Dreieckslast $q_0 = 2$ kN/m und die um 30° geneigte Kraft $F = 3$ kN. Bestimmen Sie für $a = 1$ m die Lager- und Gelenkkräfte in A, B, C und D. Werden diese auf Zug oder Druck belastet?

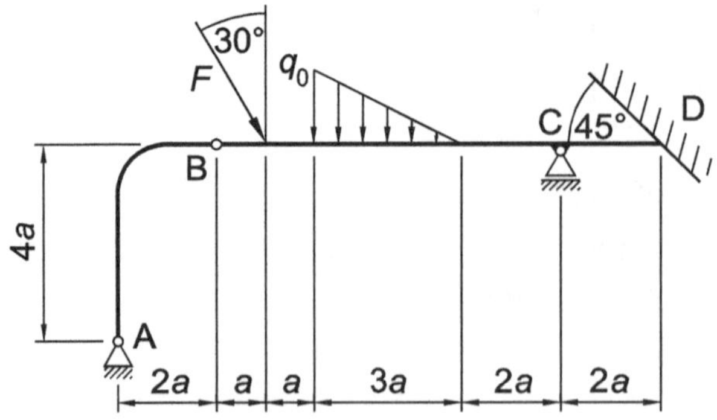

[$A = B = 3{,}44$ kN (D); $C = 5{,}56$ kN (D); $D = 4{,}295$ kN (D)]

2D_32

Die Hinterradaufhängung setzt sich aus der Schwinge ADR, den Gelenkstäben BE und DE und dem Federbein CE zusammen. Alle Teile sind massefrei, alle Gelenke reibungsfrei. An der Hinterachse R greift die Radkraft F_R = 1000 N an. Wie groß sind die:

a) Kräfte in A, B und D?

b) Federkraft F_F in E?

c) Werden BE und DE auf Zug oder Druck belastet?

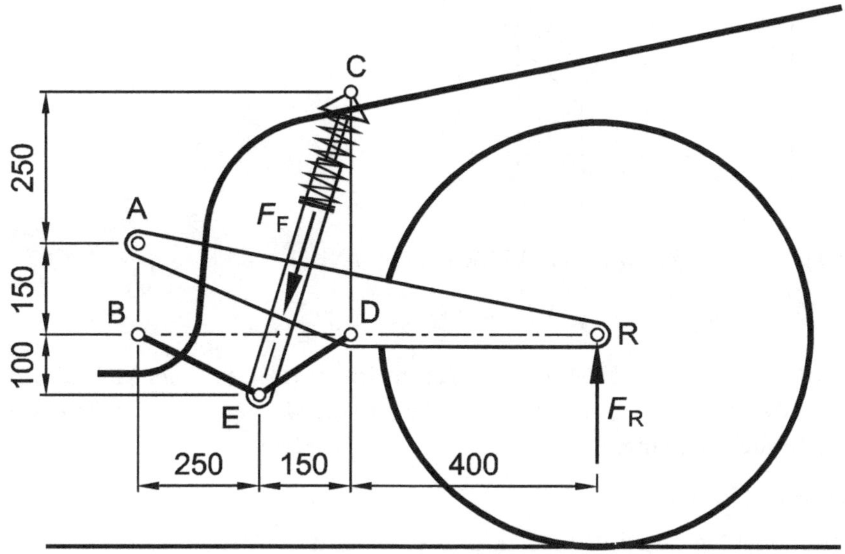

[A = 1940 N; B = 1477 N (Z); D = 2308 N (Z); F_F = 1909 N (D)]

2D_33

Ein Quader (Gewichtskraft $F = 50\,\text{kN}$) wird durch die Gelenkstäbe A und B sowie die Strebe CD gehalten. Die Bauteile A, B und C sind massefrei. Ermitteln Sie die Kräfte in A, B, C und D. Wirken A und B als Zug- oder als Druckstäbe?

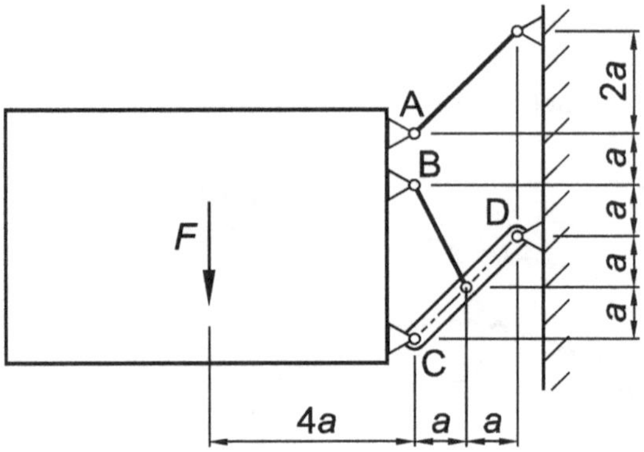

[$A = 106{,}1\,\text{kN}$ (Z); $B = 74{,}5\,\text{kN}$ (D); $C = 100{,}7\,\text{kN}$; $D = 79{,}1\,\text{kN}$]

2D_34

Ein Bauteil (Gewichtskraft $G = 40\,\text{kN}$) wird durch drei masselose Gelenkstäbe A, B und C gestützt. Deren Einbaulagen sind durch die Kathetenverhältnisse 8 : 1, 8 : 4 und 8 : 2 gegeben. Gesucht sind die:

a) Lagerkräfte in A, B und C.

b) Lagerbelastung (Zug, Druck, Null).

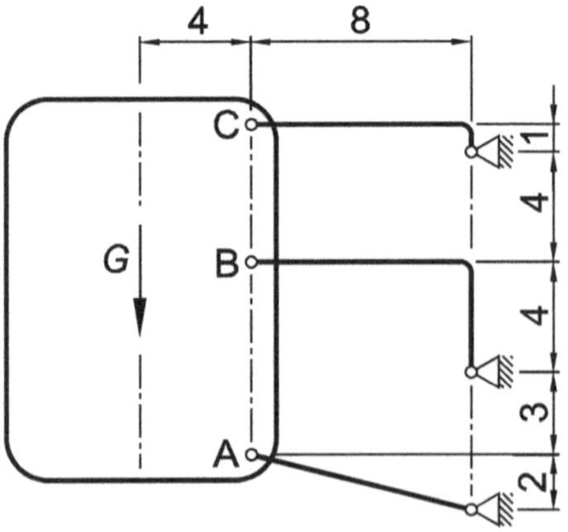

[$A = 37{,}24\,\text{kN}$ (Z); $B = 132{,}72\,\text{kN}$ (D); $C = 83{,}22\,\text{kN}$ (Z)]

2D_35

Ein symmetrischer, massefreier Dreigelenksbogen ABC wird durch die Vertikalkraft $F_1 = 2$ kN und die Horizontalkraft $F_2 = 4$ kN belastet. Alle Gelenke sind reibungsfrei, alle Maßangaben in m. Ermitteln Sie die Gelenk- und Lagerkraftkomponenten in A, B und C.

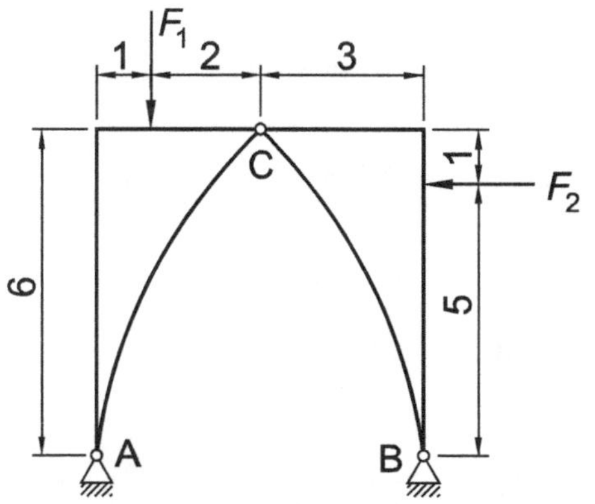

[$A_x = (11/6)$ kN; $A_y = 5$ kN; $B_x = (13/6)$ kN; $B_y = 3$ kN; $C_x = (11/6)$ kN; $C_y = 3$ kN]

2D_36

An der Vorrichtung ABCDE hängt eine Last (Gewichtskraft $G = 8$ kN). Sie wird durch die Stäbe C und E im Gleichgewicht gehalten. Gegeben ist das Rastermaß a. Alle Bauteile sind massefrei, alle Lager reibungsfrei. Wie groß:

a) sind die Gelenkkräfte in B, C und D?

b) wird die Stabkraft E für $\alpha = 0°$? Ist E ein Zug- oder ein Druckstab?

c) ist der Winkel α, wenn die Stabkraft E zu Null wird?

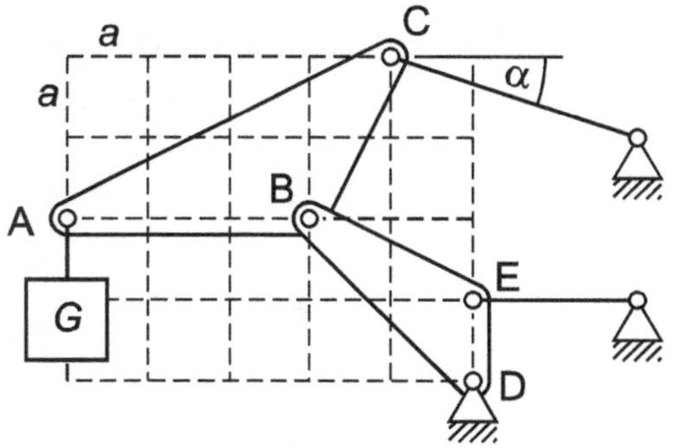

[$B = 14{,}42$ kN; $C = 12{,}00$ kN (Z); $D = 8{,}94$ kN; $E = 8{,}00$ kN (D); $E = 0$ bei $\alpha = 14{,}04°$]

2D_37

Ein massefreier Bremsmechanismus setzt sich aus Bremshebel ABC, Stange BD und Bremsklotz CDE zusammen. Hebel ABC und Stange BD sind in B gelenkig gelagert. In A greift eine Horizontalkraft F an. Die Welle (Radius $r = 0{,}1$ m) wird durch das Moment $M = 4$ Nm angetrieben. Sie soll durch den Bremsklotz CDE auf konstante Drehzahl abgebremst werden (Gleitreibwert $\mu = 0{,}5$).

d) Welche Reibkraftkomponenten R und N wirken in E von der Welle auf den Bremsklotz?

e) Wie groß sind die Kräfte in C und D? Wird das Bauteil BD auf Zug oder auf Druck belastet?

f) Wie groß ist die Kraft F? Wirkt sie nach links oder nach rechts?

g) Wie groß ist die Lagerkraft in B nach Betrag und Richtung?

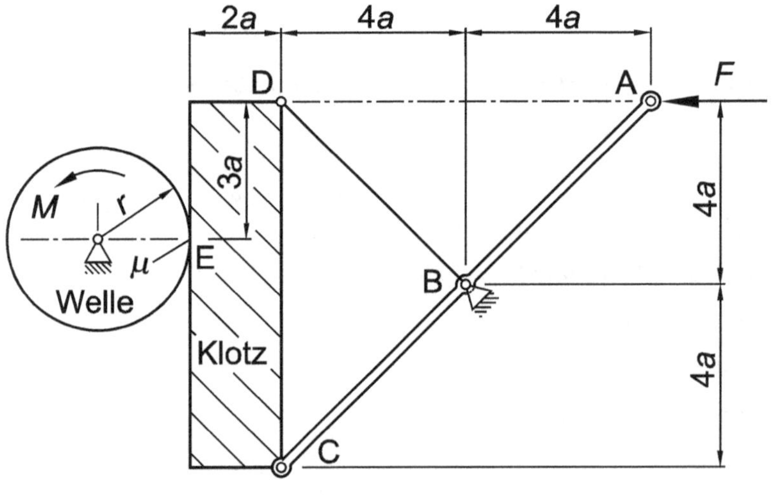

[$R = M/r = 40$ N; $N = R/\mu = 80$ N; $E = 89{,}44$ N; $D = 84{,}85$ N (D); $C = 101{,}98$ N; $F = 80$ N (nach links); $B = 40$ N (nach unten)]

2D_38

Die Horizontalträger AB und CD sind durch zwei Stäbe S_1 und S_2 verbunden. Auf Träger AB wirkt die Rechtecklast $q = (2/3) \cdot F/a$, in Punkt B eine Vertikalkraft F. Alle Bauteile sind massefrei, alle Lager reibungsfrei.

a) Ermitteln Sie für $\alpha = 0°$ (Stab S_2 vertikal) die Lagerkräfte in A und C sowie die Stabkräfte S_1 und S_2 als Vielfache von F.

b) Handelt es sich um Zug- oder um Druckstäbe?

c) Nun wird das Lager C durch ein Punktlager mit Reibung in gleicher Einbaulage ersetzt. Wie groß muss der erforderliche Haftreibwert μ_{0min} für das dargestellte Gleichgewicht mindestens sein?

d) Welchen Winkel α muss Stab S_2 von B aus haben, wenn sich das System in C reibungsfrei an einer Vertikalwand abstützen soll? Gelenkpunkt D bleibt dabei auf der Linie CD. Wie groß werden dann die Stabkräfte S_1 und S_2? Wie werden sie belastet?

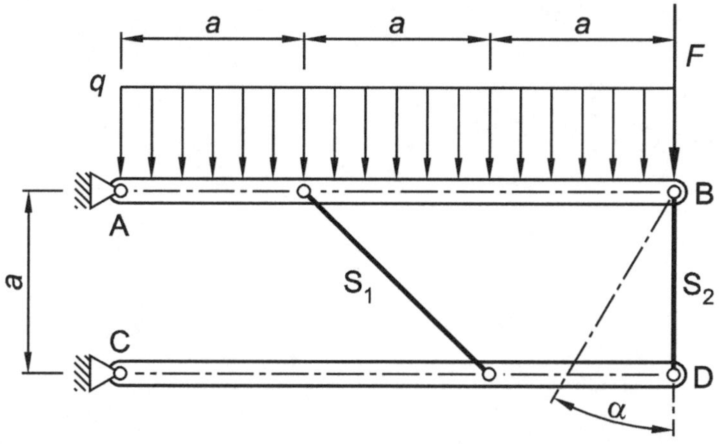

[$\alpha = 0°$: $A = 7{,}81 \cdot F$; $C = 6{,}325 \cdot F$; $S_1 = 8{,}49 \cdot F$ (Z); $S_2 = 4F$ (D), $\mu_{0min} = 0{,}333$; $\alpha = 45°$; $S_1 = 4{,}24 \cdot F$ (Z); $S_2 = 4{,}24 \cdot F$ (D)]

2D_39

Die Doppelkniehebelpresse in Ruhelage wird in B durch eine Vertikalkraft *F* belastet. Die Stäbe S_1 bis S_4 sind massefrei, die Gelenke A bis E reibungsfrei. Die Einbaulage der vier Stäbe ist durch die Kathetenverhältnisse 4 : 1 bzw. 1 : 2 gegeben. Stab S_4 ist in Gelenk E mittig an einem homogenen Quader befestigt (Masse *m*, Höhe: Breite = 3 : 2). Der Quader ruht auf einer rauen horizontalen Unterlage mit Haftreibwert μ_0.

a) Wie groß sind die Stabkräfte S_1 bis S_4?

b) Handelt es sich um Zug- oder Druckstäbe? **Lösungshinweis:** Knotenschnitte um B und C.

c) Wie groß muss die Gewichtskraft des Quaders mindestens sein, damit er nicht kippt? Geben Sie *mg* als Vielfaches von *F* an.

d) Welcher Mindest-Haftreibwert $\mu_{0\,\text{min}}$ ist dann zwischen Quader und Unterlage erforderlich?

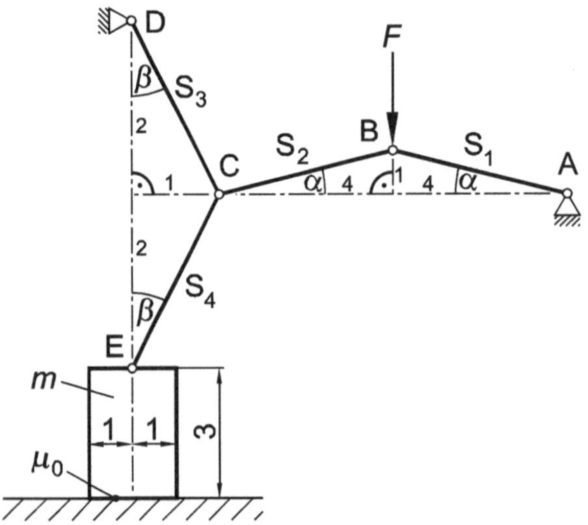

[$S_1 = S_2 = 2{,}06 \cdot F$ (beide Druck); $S_3 = 1{,}96 \cdot F$ (D); $S_4 = 2{,}52 \cdot F$ (D); $mg \geq (9/8) \cdot F = 1{,}13 \cdot F$; $\mu_{0\,\text{min}} \geq 0{,}33$]

2D_40

Der Hubwagen setzt sich aus den Teilen AC, CE und EL, einem Druckzylinder BH und dem Stab DK zusammen. In A ist eine Last mit Gewichtskraft $G = 500$ N befestigt. Alle Bauteile sind massefrei, alle Gelenke reibungsfrei.

a) Wie groß sind die Gelenkkräfte in B, C, D, E und L?

b) Werden der Druckzylinder BH und der Stab DK auf Zug oder Druck belastet?

c) Nun wird der Gelenkpunkt D durch einen Reibpunkt ersetzt, der sich in einem Langloch vertikal auf dem Bauteil CE bewegen kann. Wie groß muss der Haftreibwert μ_0 an dieser Stelle mindestens sein, damit das System im Gleichgewicht bleibt?

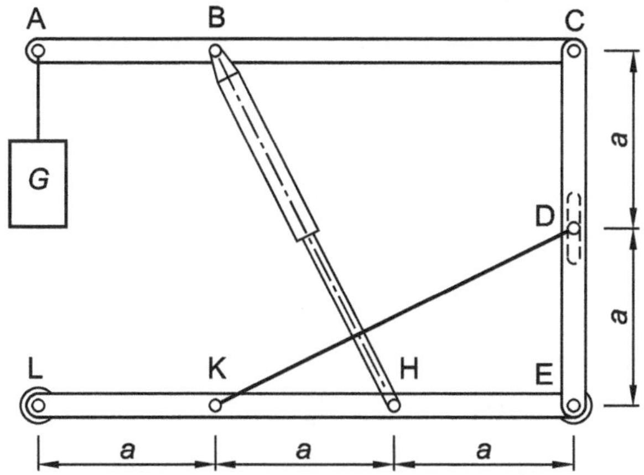

[$A = L = 500$ N; $BH = DK = 838{,}5$ N; $C = 450{,}7$ N; $E = 728{,}9$ N; BH (D); DK (D); $\mu_0 \geq 0{,}5$]

2D_41

Eine Leiter (Gewichtskraft $2F$, Länge L) stützt sich mit zwei reibungsfreien Rollen an Wand und Boden ab. Sie wird durch ein Seil im Gleichgewicht gehalten. In Punkt C greift zusätzlich eine Vertikalkraft F an. Rollen und Seil sind massefrei.

a) Wie groß sind die Lagerkräfte in A und B sowie die Seilkraft S als Vielfache von F?

b) Nun wird die Rolle A durch einen Reibpunkt ersetzt. Wie groß muss dort der Haftreibwert μ_0 mindestens sein, damit man auf das Seil verzichten kann?

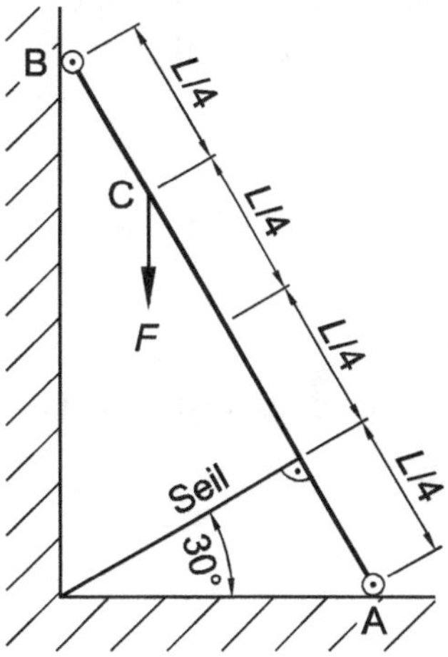

[$A = 3{,}88 \cdot F$; $B = 1{,}52 \cdot F$; $S = 1{,}75 \cdot F$; $\mu_0 \geq 0{,}337$]

2D_42

Ein Rechteckblech (Masse m) wird durch drei Gelenkstäbe A, B und C im Gleichgewicht gehalten.

a) Bestimmen Sie die Stabkräfte A, B und C in Abhängigkeit von mg und α.

b) Berechnen Sie die Stabkräfte in A, B und C für die Zahlenwerte $mg = 100$ N und $\alpha = 30°$.

c) Für welchen Winkel α^* wird die Stabkraft B gleich Null?

d) Für welchen Winkel α^{**} gehen die Stabkräfte gegen unendlich?

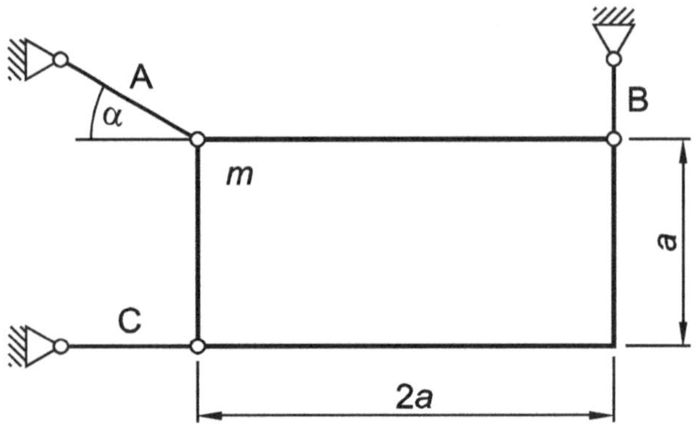

[a) $A = mg / (2 \cdot \sin\alpha - \cos\alpha)$; $B = mg \cdot (\cos\alpha - \sin\alpha / (2\sin\alpha - \cos\alpha)$; $C = mg \cdot \cos\alpha / (2 \cdot \sin\alpha - \cos\alpha)$; b) $A = 746{,}4$ N (Z); $B = 273{,}2$ N (D); C = 646,4 N (D); $B = 0$ für c) $\alpha^* = 45°$; d) $\alpha^{**} = 26{,}57°$]

2D_43

Eine unter 30° zur Horizontalen geneigte Stange (masselos, Länge $4a$) drückt in B mittig auf die schräge Kante des in A gelenkig gelagerten Trapezes (Masse m). Gegeben ist dessen Schwerpunktkoordinate $x_S = (7/9) \cdot a$. Der Stab stützt sich in C auf einer halbrunden Unterlage ab. Am linken Ende D wirkt eine Kraft. Alle Kontaktstellen sind reibungsfrei.

a) Bestimmen Sie die Kraftkomponenten in A, B und D für das dargestellte Gleichgewicht.

b) Bestimmen Sie die Gesamtkräfte in A, B, C und D.

c) Unter welchem Winkel α_A bzw. α_D zur Horizontalen stehen die Kräfte in A und D?

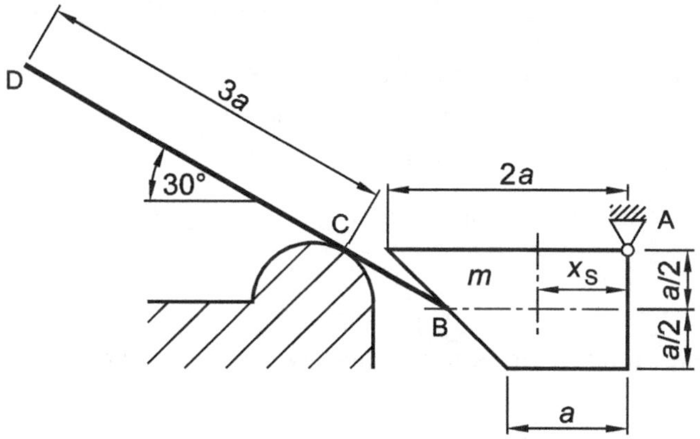

[$A_x = B_x = B_y = (7/9) \cdot mg$; $A_y = (2/9) \cdot mg$; $A = 0{,}81 \cdot mg$; $B = 1{,}1 \cdot mg$; $\alpha_A = 15{,}95°$; $C = 1{,}42 \cdot mg$; $D_x = 0{,}07 \cdot mg$; $D_y = 0{,}44 \cdot mg$; $D = 0{,}45 \cdot mg$; $\alpha_D = 81{,}21°$]

2D_44

Das Bauteil R wird durch drei Stäbe A, B und C im Gleichgewicht gehalten. An ihm greifen zwei Kräfte $F_1 = 5$ kN und $F_2 = 2$ kN an. Alle Teile sind massefrei. Gesucht sind die:

a) Stabkräfte in A, B und C.

b) Belastung (Zug, Druck, Null).

c) Wie groß muss der Winkel α^* werden, damit Stab A zum Nullstab wird?

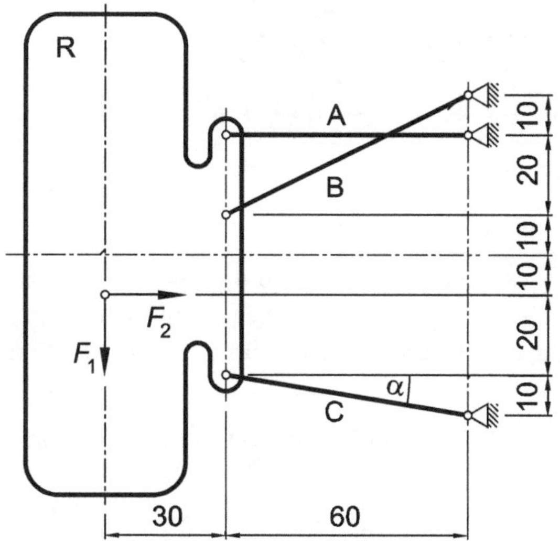

[$A = 3{,}40$ kN (D); $B = 8{,}78$ kN (Z); $C = 6{,}54$ kN (D); $\alpha^* = 37{,}35°$]

2D_45

Mit der dargestellten Brückenwaage soll die Masse m_2 gewogen werden. Alle Stäbe sind massefrei, alle Gelenke reibungsfrei. Gegeben sind: m_1, L_1, L_2, L_3, a, b und c.

a) Schneiden Sie die drei horizontalen Stäbe getrennt frei.

b) Stellen Sie die vier Momentengleichgewichtsbedingungen für die Lagerpunkte A, B, C und D auf.

c) Lösen Sie das LGS nach m_2 auf.

d) Zeigen Sie, dass für ein bestimmtes Verhältnis c/b die gewogene Masse m_2 unabhängig von deren Position x ist.

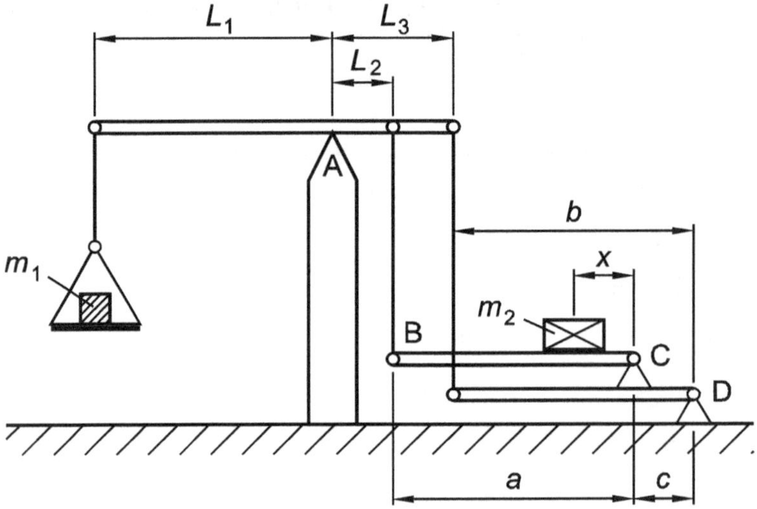

[$c / b = L_2 / L_3$]

2D_46

Die massefreie Vorrichtung setzt sich aus dem Träger AB und dem Bauteil BCD zusammen, die in B miteinander verbunden sind. Sie ist in A gelagert und wird durch zwei Stäbe C und D gestützt. Auf den Träger AB wirkt eine Dreieckslast mit $q_0 = 6$ kN/m. Es gilt $a = 1$ m.

a) Bestimmen Sie für $\alpha = 45°$ die Lagerkräfte in A und B sowie die Stabkräfte C und D und deren Beanspruchung (Zug, Druck).

b) Für welchen Winkel α^* werden die Kräfte theoretisch extrem groß?

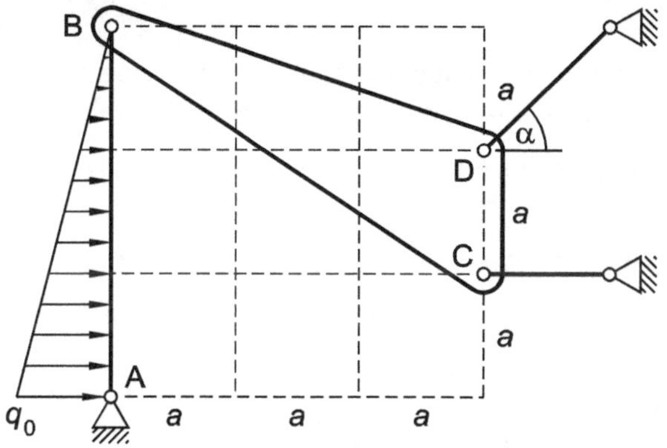

[A = 6,71 kN; B = 4,24 kN; C = 6,0 kN (D); D = 4,24 kN (Z); tanα^* = 1/3; α^* = 18,435°]

2D_47

Das regelmäßige, fünfeckige starre Gestell ABCDE (Kantenlänge a, α = 36°) wird durch drei Stäbe A, B und C gelagert. An den Ecken D und E sind massefreie horizontale Seile befestigt, welche über Rollen eine Last mit Gewichtskraft G = 4 kN halten. Alle Teile sind massefrei, alle Gelenke reibungsfrei. Bestimmen Sie die:

a) Stabkräfte in A, B und C.

b) Beanspruchung (Zug, Druck, Null). **Lösungshinweis:** Bei festen Rollen hängt die Last am Seil, bei losen an der Rolle.

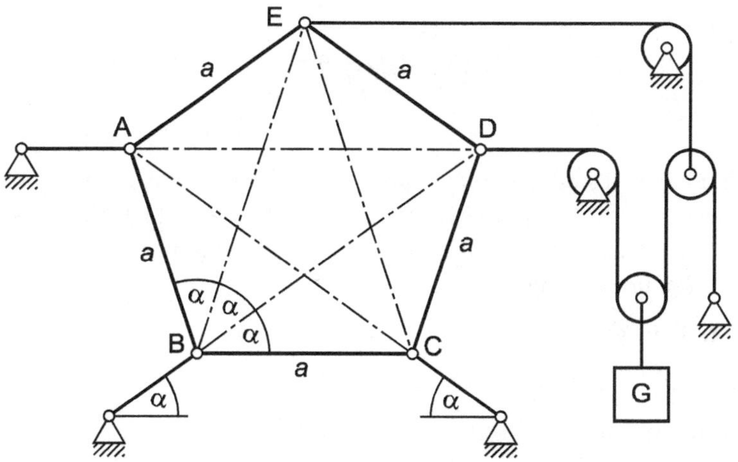

[A = 10,00 kN (Z); B = 2,47 kN (D); C = 2,47 kN (Z)]

2D_48

Ein Dreiecksblech (Gewichtskraft $G = 5$ kN) ist mit den Stäben A, B und C gelagert. Die Stäbe sind massefrei, deren Einbaulage ist bemaßt, die Lager sind reibungsfrei.

a) Wie groß sind die Stabkräfte A, B und C für $\beta = 90°$? Handelt es sich um Zug- oder Druckstäbe?

b) Bei welchem Winkel β^* werden die Stabkräfte theoretisch unendlich groß?

c) Bei welchem Winkel β^{**} wird die Stabkraft C zu Null?

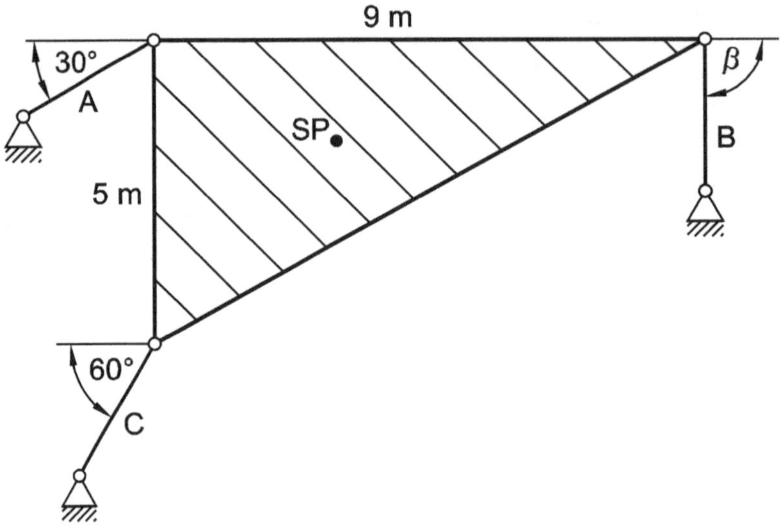

[$A = 6{,}42$ kN (Z); $B = 1{,}42$ kN (Z); $C = 11{,}13$ kN (D); $\beta^* = 28{,}16°$; $C = 0$ bei $\beta^{**} = 16{,}10°$]

2D_49

Zwei Walzen A und B (Radius R) sind mit einem massefreien Seil AB verbunden und so auf einen Keil (Öffnungswinkel 60°) aufgesetzt, dass Gleichgewicht herrscht. Walze A hat die Gewichtskraft $G = 50$ N, Walze B ist doppelt so schwer. Die Kontaktpunkte C und D und beide Gelenke sind reibungsfrei. Wie groß:

a) ist der Winkel φ im Gleichgewicht?

b) ist die Seilkraft S?

c) sind die Kontaktkräfte in C und D?

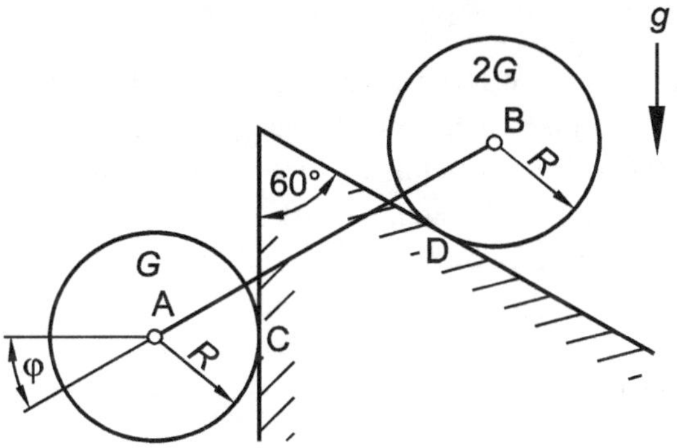

[S = 100 N; φ = 30°; C = 86,6 N; D = 173,2 N]

2D_50

Das masselose mechanische System setzt sich aus den Trägern AEC und BHD zusammen, die mit zwei Stäben CD und EH verbunden sind. Es wirkt die Dreieckslast q_0 = 3 kN/m. Das Rastermaß beträgt a = 0,5 m. Gesucht sind:

a) die Lagerkräfte in A und B.

b) die Stabkräfte *CD* und *EH*.

c) deren Belastungsart (Zug, Druck).

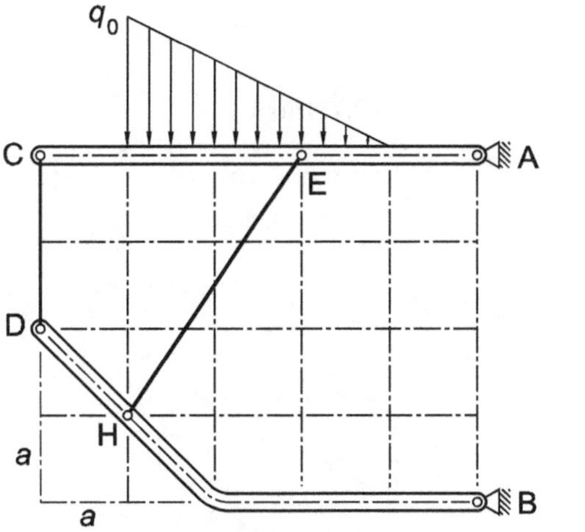

[A = 2,95 kN; B = 1,696 kN; CD = 2,36 kN (D); EH = 3,04 kN (Z)]

2D_51

Die homogene Walze (Radius r, Gewichtskraft $G = 60$ N) wird durch ein Seil CE im Gleichgewicht gehalten, ihr Zentrum ist in D in einer vertikalen Führung gelagert. In der Längsführung der Schwinge BE greift die Kurbel AK (Radius R) an. Dabei hält das Moment M_A das mechanische System im Gleichgewicht. Seil, Kurbel und Schwinge sind massefrei, alle Lager und der Kolben K reibungsfrei. Gegeben ist $a = 0{,}2$ m. Gesucht sind:

a) die Seilkraft S und die Lagerkräfte in A, B, D und K.

b) das Haltemoment M_A an der Kurbel AK.

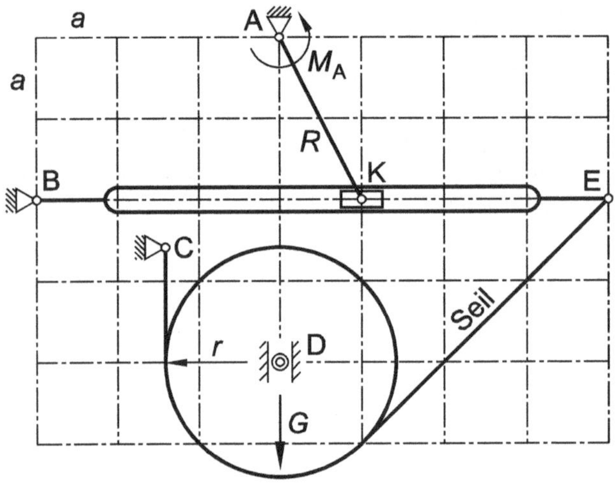

[$S = 35{,}15$ N; $A = K = 43{,}49$ N; $B = 31{,}07$ N; $D = 24{,}85$ N; $M_A = 8{,}7$ Nm]

7
Räumliche Statik (3D)

Hinweise zur räumlichen Statik

- Alle hier dargestellten 3D-Bauteile sind ausnahmslos starr und – wenn nicht anders angegeben – kann ihre Masse vernachlässigt werden. Ist ein Eigengewicht gegeben, sind alle Bauteile, Platten und Rahmenkonstruktionen **homogen** und haben überall gleiche Dicke. Alle Lager sind reibungs- und spielfrei. Alle wirkenden Einzelkräfte folgen in diesen Übungsaufgaben ausnahmslos den drei Achsen.
- Beachten Sie die Unterschiede der **Lagerwertigkeiten** in 2D und in 3D (siehe Lehrbuch „Brücken zur Mechanik – Statik“).
- Überprüfen Sie zu Beginn jeder 3D-Aufgabe die statische Bestimmtheit mit der Bestimmungsgleichung $\Sigma w = 6 \cdot n$.
- Achten Sie auf eine saubere und vollständige Freischneidskizze und auf das vorgegebene Koordinatensystem. Zeichnen Sie dieses in Ihr Freischneidbild ein.
- **Einwertige Lagerbauteile:** Die Kraftkomponenten von schräg verlaufenden Seilen, Gelenkstäben (Pendelstützen) und Linearfedern ergeben sich aus der Einbaubemaßung. Federn knicken bei Druckbelastung seitlich **nicht** aus. **Grundsatz:** bei Seilen, Pendelstützen und Federn ziehen entweder alle Kraftkomponenten an beiden Enden oder alle drücken.
- Liegen schräge Stäbe bzw. Seile oder Federn in einer Ebene, fertigen Sie für die Komponentenzerlegung (PSA) eine Skizze des Parallelogramms mit den Kantenlängen der Einbaubemaßung an. Bei schrägen Kräften im Raum dementsprechend eine Skizze des zugehörigen Quaders.

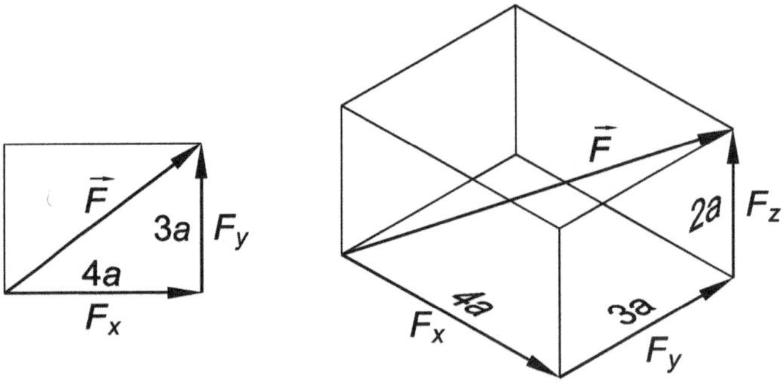

Bild 7.1 Kraftzerlegung im 2D und im 3D

$$\frac{F_x}{F_y} = \frac{4a}{3a} = \frac{4}{3}$$

$F_x / F_y / F_z = 4:3:2$

- Zu Beginn ist es hilfreich, an der Spitze bzw. am Ende des Kraftvektors einen bunten Markierungspunkt zu zeichnen und in der gleichen Farbe einen am Angriffspunkt auf der Systemgrenze (SG) des skizzierten räumlichen Körpers. Die Kraftkomponenten greifen dort an.
- Am häufigsten werden die Gewichtskraft des Bauteils oder die Lagerreaktionen des festen Gelenks vergessen.
- Schneiden Sie **nie** mit der Variablen M frei, sondern sofort mit dem gegebenen Betrag. Also wird beispielsweise für $M = 2Fa$ **sofort** mit $2Fa$ freigeschnitten. Erfahrungsgemäß vergessen die Studierenden im Laufe des Rechenvorgangs, dass $2Fa$ bereits gegeben ist und sie können die Aufgabe mit der Variablen M nicht lösen.
- Entwickeln Sie zum Lösen des LGS eine Lösungsstrategie. Schreiben Sie (mit einer anderen Farbe) hinter jede Gleichgewichtsbedingung die darin enthaltenen Unbekannten am Besten in Spaltendarstellung. Mit etwas Übung finden Sie den kürzesten Lösungsweg und profitieren dadurch von der damit verbundenen geringeren Fehlerhäufigkeit.

Für den Einstieg eignen sich: 3D_01 bis 3D_18

Etwas sportlicher sind: 3D_19, 3D_34, 3D_35, 3D_42 bis 3D_46 (!), 3D_47

3D_01

Der massefreie Schweißträger ist an einer vertikalen Wand im Punkt A fest eingespannt. Er setzt sich aus drei gerade Teilstücken mit den Längen 3*a*, 2*a* und *a* zusammen. Im Punkt B greifen drei Einzelkräfte *F*, 2*F* und 3*F* an und es wirkt ein Moment 5*Fa*. Alle drei Trägerstücke, die Einzelkräfte sowie der Momentenvektor folgen den drei Achsrichtungen. Bestimmen Sie die Einspannreaktionen in A als Vielfache von *F* und *a*.

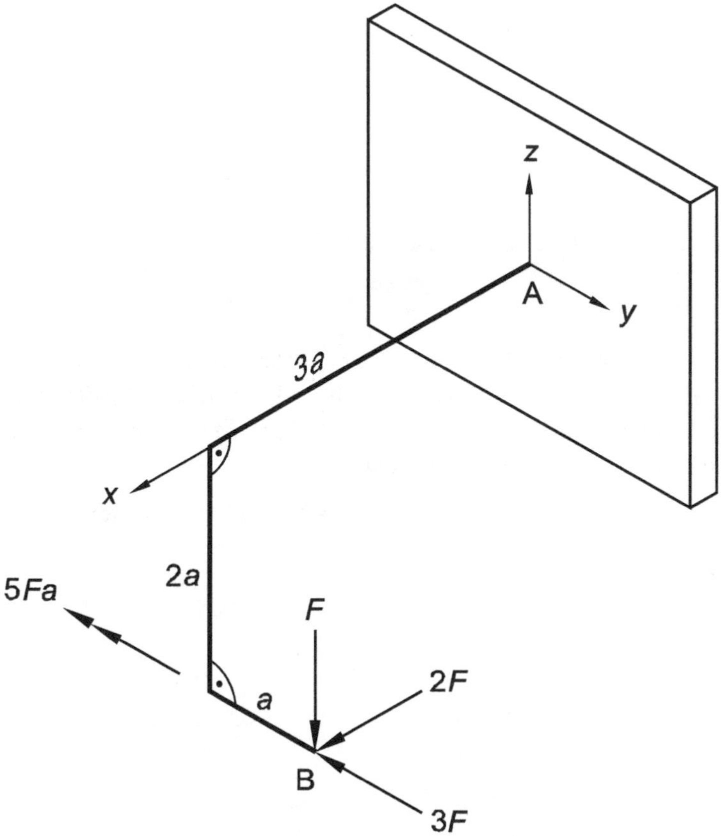

[$A_x = 2F$; $A_y = 3F$; $A_z = F$; $M_{Ax} = 7Fa$; $M_{Ay} = 6Fa$; $M_{Az} = 11Fa$]

3D_02

Der masselose Würfel (Kantenlänge *a*) ist in A gelenkig gelagert, wird durch drei Kräfte *F*, 2*F* und 3*F* belastet und durch drei Stäbe gestützt. Die Kräfte und die Stäbe S_1 und S_2 folgen den Achsrichtungen. Stab S_3 liegt in einer *x*-*y*-Ebene. Gesucht sind die:

a) Lagerkraftkomponenten in A und die Stabkräfte S_1 bis S_3.

b) Stabbelastung (Zug, Druck, Null).

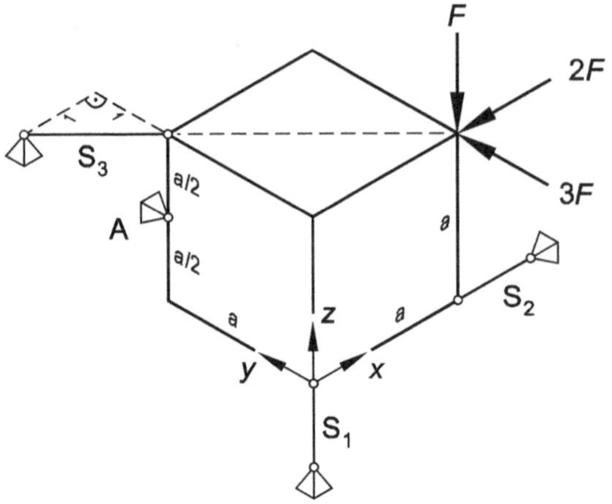

[$A_x = A_y = 4F$; $A_z = 2F$; $S_1 = F$ (Z); $S_2 = F$ (D); $S_3 = 1{,}414 \cdot F$ (Z)]

3D_03

Die horizontale dünne Rechteckplatte ($2a \times a$) hat die Gewichtskraft $3F$ und ist in A gelenkig gelagert. Lager B ist in x-Richtung verschieblich und nimmt nur Kräfte in y- und z-Richtung auf. In C wird die Platte durch einen Gelenkstab gehalten. Es wirken die Einzelkraft $F/4$ und das Moment $M = 2Fa$. Gesucht sind die:

a) Lagerkraftkomponenten in A und B sowie die Stabkraft C als Vielfache von F.

b) Belastungsart (Zug, Druck, Null).

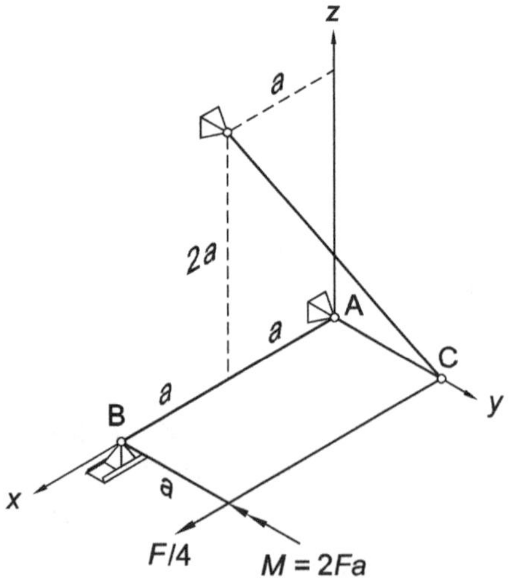

[$A_x = F$; $A_y = F/4$; $A_z = F$; $B_y = B_z = F/2$; $C = 1{,}837 \cdot F$ (Z)]

3D_04

Ein Vierkant (quadratischer Querschnitt, Länge L) ist in A in einer vertikalen Wand reibungs- und spielfrei geführt. Dabei ist dort nur eine Verschiebung in y-Richtung möglich. An seinem rechten Ende ist eine Quadratplatte ($a \times a$) befestigt. Sie wird durch ein Seil BD gehalten. Seil und Vierkant verlaufen horizontal. In C wirken zwei Kräfte F in y- und z-Richtung. Alle Bauteile sind massefrei, das Seil ist in Längsrichtung starr.

a) Geben Sie die Wertigkeit des Lagers A an.

b) Ermitteln Sie die Lagerreaktionen in A sowie die Seilkraft BD.

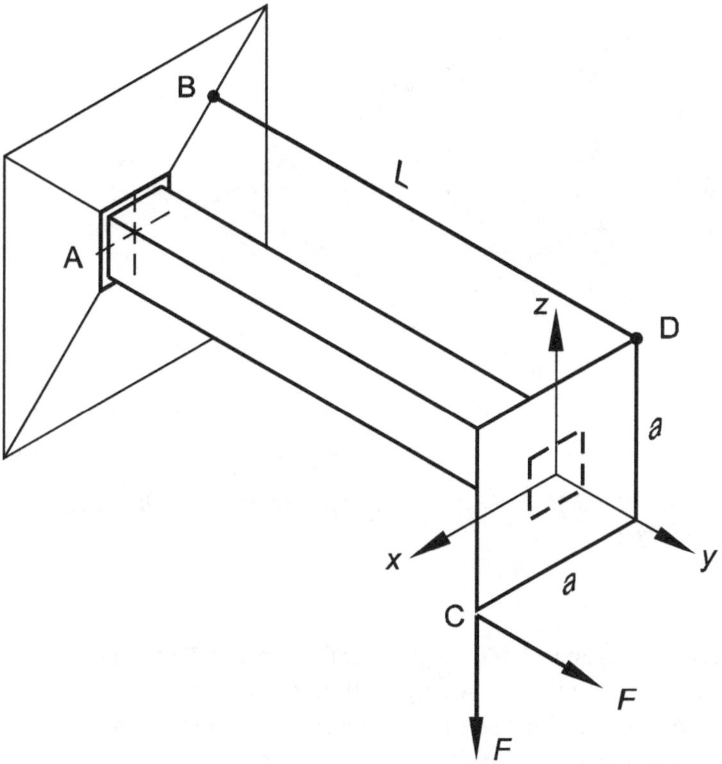

[fünfwertig; $A_x = 0$; $A_z = F$; $BD = F$; $M_{Ax} = F \cdot (L - a)$; $M_{Ay} = Fa/2$; $M_{Az} = Fa$]

3D_05

Das L-förmige Winkelblech ($a \times 2a$, $a = 0{,}5$ m, Gewichtskraft $G = 1000$ N) ist in A gelenkig gelagert. Es wird durch die Stäbe B, C und D gestützt. Es wirken zwei Einzelmomente $M = 100$ Nm. Die Stäbe C und D und die Einzelmomente folgen den Achsrichtungen x und z. Stab B liegt in einer y-z-Ebene. Gesucht sind die:

a) Schwerpunktkoordinaten x_S und y_S als Vielfache von a.

b) Lagerkraftkomponenten in A und die Stabkräfte in B, C und D.

c) Stabbelastung (Zug, Druck, Null).

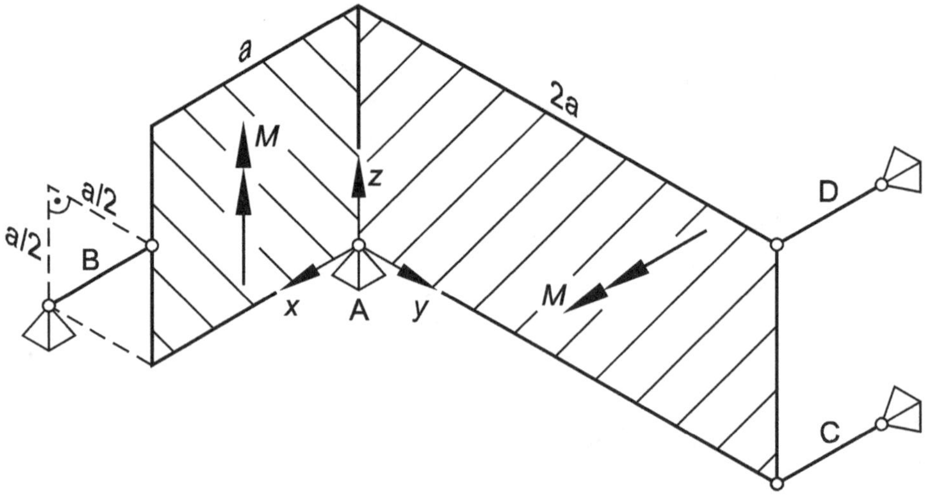

[$x_S = (1/6) \cdot a$; $y_S = (2/3) \cdot a$; $A_x = 366{,}6$ N; $A_y = B_y = B_z = 933{,}3$ N; $A_z = 1933{,}3$ N; $B = 1320$ N (Z); $C = 733{,}3$ N (D); $D = 1100$ N (Z)]

3D_06

Ein senkrechter Mast (Höhe $2a$) ist in A fest eingespannt. Er wird in E durch eine horizontale Kraft F und ein Moment $M = Fa$ belastet. Kraft und Moment folgen den Achsrichtungen x und z. Zudem stützen ihn zwei gespannte Seile BD und CE, deren Spannkraft jeweils F beträgt. Mast und Seile sind massefrei. Bestimmen Sie die:

a) Kraftkomponenten der Seile BD und CE.

b) Einspannreaktionen in A.

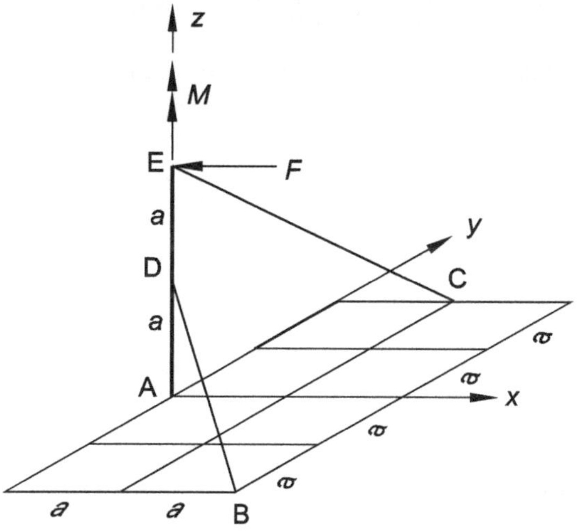

[$A_x = A_y = 0$; $A_z = F$; $B_x = (2/3) \cdot F$; $B_y = (2/3) \cdot F$; $B_z = F/3$; $C_x = F/3$; $C_y = (2/3) \cdot F$; $C_z = (2/3) \cdot F$; $M_{Ax} = (2/3) \cdot Fa$; $M_{Ay} = (2/3) \cdot Fa$; $M_{Az} = Fa$]

3D_07

Der Schweißrahmen ABCDE ist in C gelenkig gelagert und wird durch drei Stäbe A, B und D gestützt. Er wird durch drei Kräfte F, $2F$ und $3F$ sowie das Moment $M = Fa$ belastet. Alle Stäbe, Kräfte und das Moment folgen den Achsrichtungen. Bestimmen Sie die:

a) Lagerkraftkomponenten in C sowie die Stabkräfte in A, B und D.

b) Stabbelastung (Zug, Druck, Null).

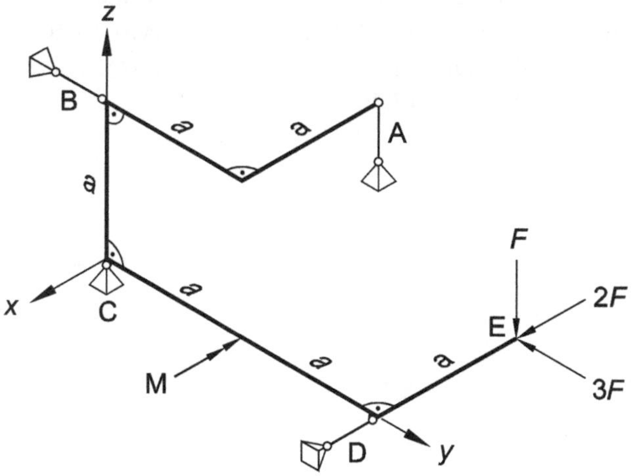

[$A = F$ (D); $B = 2F$ (Z); $C_x = 1{,}5 \cdot F$; $C_y = 5F$; $C_z = 0$; $C = 5{,}22 \cdot F$; $D = F/2$ (D)]

3D_08

Der rechtwinklige Rahmen ABC ($2a \times 2a$) ist in A durch einen Stab, in B durch ein Seil BD und in C in einer Bohrung gelagert. Er ist in C in x-Richtung verschiebbar (ohne Anschlag) und um die x-Achse drehbar. Belastet wird er durch F, $2F$ und das Moment $M = Fa$. Alle Teile sind massefrei, alle Lager reibungsfrei. Ermitteln Sie die:

a) Stabkraft A, die Seilkraft BD und die Lagerkraftkomponenten in C.

b) Seil- und Stabbelastung in A und BD (Zug, Druck, Null).

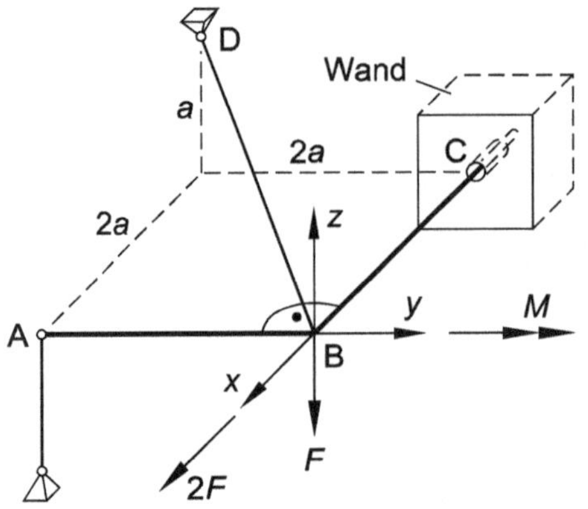

[$A = 0$; $B_x = 2F$; $B_y = 2F$; $B_z = F$; $B = 3F$ (Z); $C_y = 2F$; $C_z = 0$; $M_{Cy} = Fa$; $M_{Cz} = 4Fa$]

3D_09

Ein horizontales Brett (2 m×4 m, Gewichtskraft 600 N) ist mit einem Scharnier C (in y-Richtung verschiebbar) an einer senkrechten Wand befestigt. Es wird mit einer Horizontalkraft $F = 600$ N belastet, die im Schwerpunkt SP angreift. Zudem wird es durch zwei Seile A und B im Gleichgewicht gehalten. Bestimmen Sie die Lagerkraftkomponenten des Scharniers sowie die Seilkräfte in A und B.

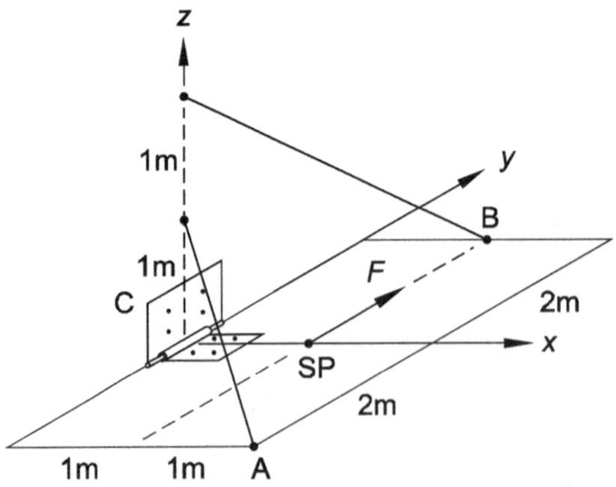

[$A = 0$; $B = 900$ N; $C_x = 300$ N; $C_z = 0$; $M_{Cx} = 1200$ Nm; $M_{Cz} = 600$ Nm]

3D_10

Ein Würfel (Kantenlänge *a*, Gewichtskraft *G*) ist in A gelenkig gelagert und wird durch drei Stäbe B, C und D gestützt.

a) Bestimmen Sie die Lagerkraftkomponenten in A und die drei Stabkräfte als Vielfache von *G*.

b) Welche Stäbe können durch ein Seil ersetzt werden?

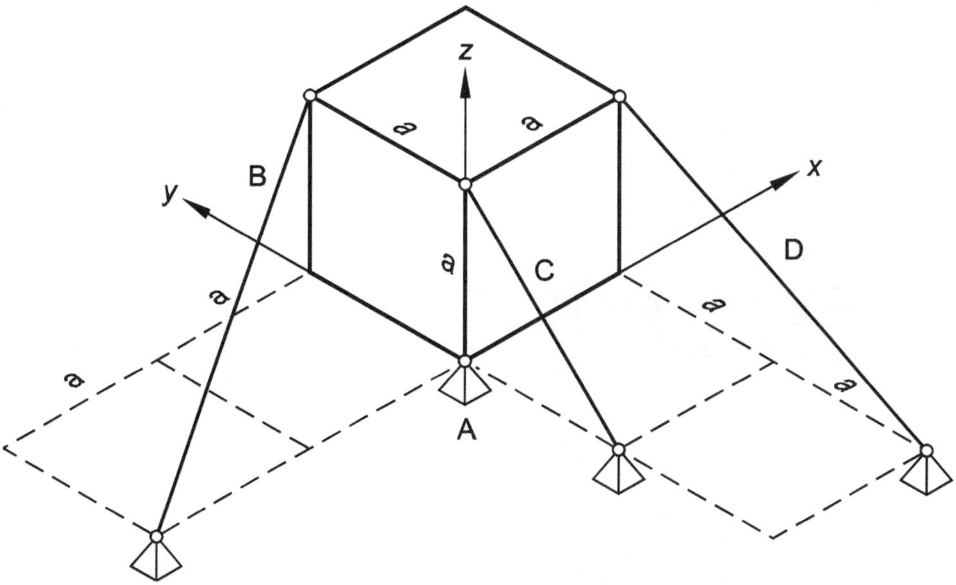

[$A_x = A_y = G$; $A_z = 1{,}5 \cdot G$; $B = 1{,}23 \cdot G$ (Z); $C = 0{,}707 \cdot G$ (D); $D = 1{,}12 \cdot G$ (Z); B, D können durch Seile ersetzt werden]

3D_11

Eine horizontale Platte (Gewichtskraft G) ist in A durch ein Scharnier ohne Anschlag gelagert und wird durch zwei Stäbe BD und CE gestützt. In A ist eine Drehung um die z-Achse und eine Verschiebung in z-Richtung möglich. Die Schwerpunktkoordinaten lauten $x_S = (23/42) \cdot a$ und $y_S = (19/42) \cdot a$. Gesucht sind die:

a) Lagerkraftkomponenten in A sowie die Stabkräfte BD und CE als Vielfache von G und a.

b) Stabbelastung (Zug, Druck, Null).

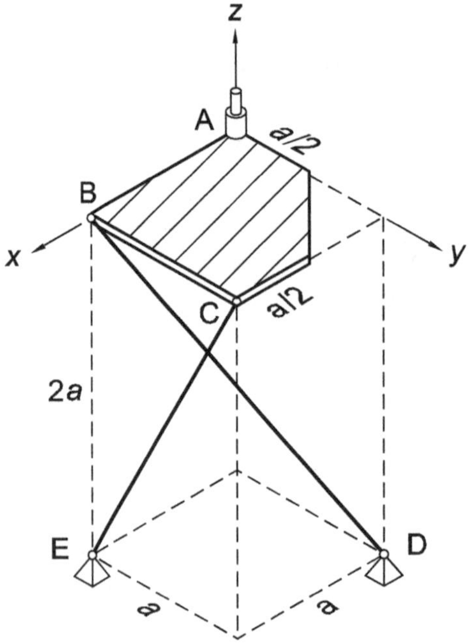

[$A_x = 0$; $A_y = G/4$; $M_{Ax} = (19/42) \cdot Ga$; $M_{Ay} = (2/42) \cdot Ga$; $BD = 0{,}61 \cdot G$ (D); $CE = 0{,}56 \cdot G$ (D)]

3D_12

Ein Quader ($3a{\times}2a{\times}4a$, Gewichtskraft F) ist in A gelenkig gelagert und wird durch drei Stäbe S_1 bis S_3 im Gleichgewicht gehalten. Er wird durch eine Kraft F und ein Moment $M = 5Fa$ belastet. Kraft, Moment und die Stäbe S_2 und S_3 folgen den Achsrichtungen, Stab S_1 liegt in einer y-z-Ebene. Bestimmen Sie die:

a) Lagerkraftkomponenten in A und die Stabkräfte S_1 bis S_3 als Vielfache von F.

b) Stabbelastung (Zug, Druck, Null).

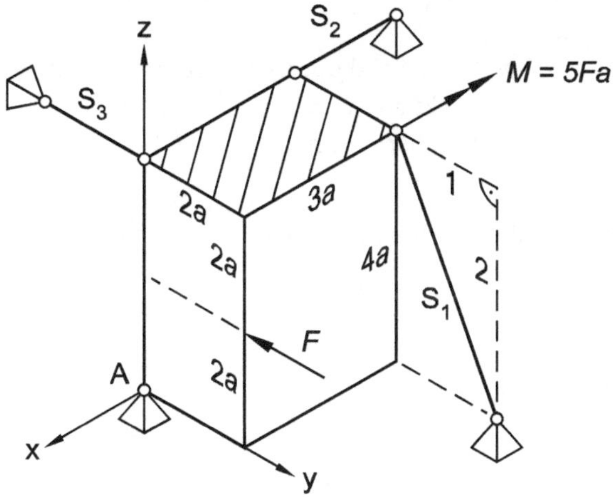

[$A_x = (3/8) \cdot F$; $A_y = 2F$; $A_z = F$; $S_1 = 0$; $S_2 = (3/8) \cdot F$ (D); $S_3 = F$ (Z)]

3D_13

Ein Winkelblech ($a \times 2a \times a$, Gewichtskraft $2F$) ist in C durch ein Scharnier ohne Anschlag gelagert und wird durch zwei Stäbe in A und B gestützt. Links vorne greifen eine Kraft F und ein Moment $M = Fa$ an. Kraft, Moment, Stab A und das Scharnier folgen den Achsrichtungen. Der Schwerpunkt des Winkelblechs liegt bei $y_S = (5/4) \cdot a$. Bestimmen Sie die:

a) Lagerreaktionen in C und die Stabkräfte in A und B als Vielfache von F und a.

b) Stabbelastung (Zug, Druck, Null).

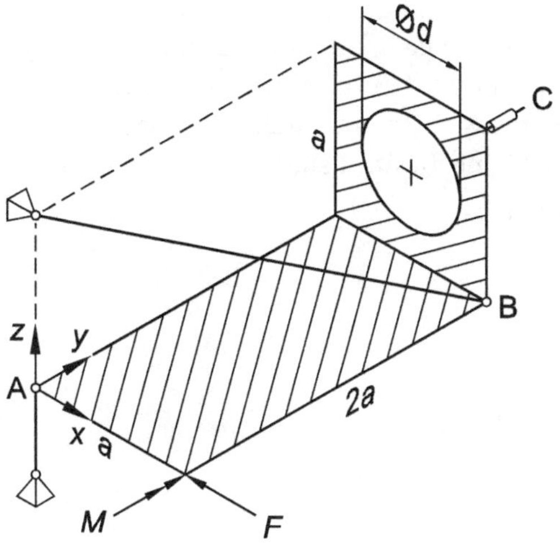

[$A = F$ (Z); $B = 0$; $C_x = F$; $C_z = 3F$; $M_{Cx} = (7/2) \cdot Fa$; $M_{Cz} = 2Fa$]

3D_14

Das Tragwerk ABCDE ist in A gelenkig gelagert und wird durch drei Stäbe gestützt. In Punkt E greifen zwei Kräfte F, $2F$ an. Zudem wirkt ein Moment $M = 2Fa$. Die Stäbe S_1 und S_2, die Kräfte und das Moment folgen den Achsrichtungen, Stab S_3 liegt in einer x-z-Ebene. Gesucht sind die:

a) Lagerkraftkomponenten in A und die Stabkräfte S_1 bis S_3 als Vielfache von F.

b) Stabbelastung (Zug, Druck, Null).

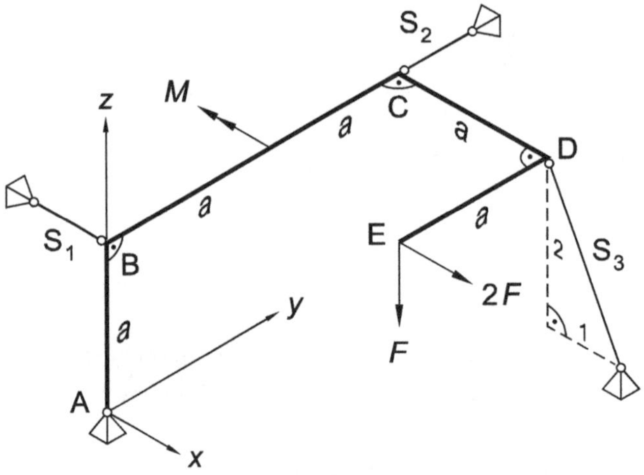

[$A_x = F$; $A_y = F$; $A_z = F$; $S_1 = 0$; $S_2 = F$ (Z); $S_3 = 2{,}24 \cdot F$ (D)]

3D_15

Ein Körper setzt sich aus drei Würfeln (Kantenlänge a) zusammen, ist in A gelenkig gelagert und wird durch drei Stäbe gehalten. Er wird durch eine Kraft F und das Moment $M = Fa$ belastet. Kraft, Moment und Stab S_3 folgen den Achsrichtungen. Stab S_1 liegt in einer x-z-Ebene, Stab S_2 in einer y-z-Ebene. Gesucht sind die:

a) Lagerreaktionen in A und die Stabkräfte S_1 bis S_3.

b) Stabbelastung (Zug, Druck, Null).

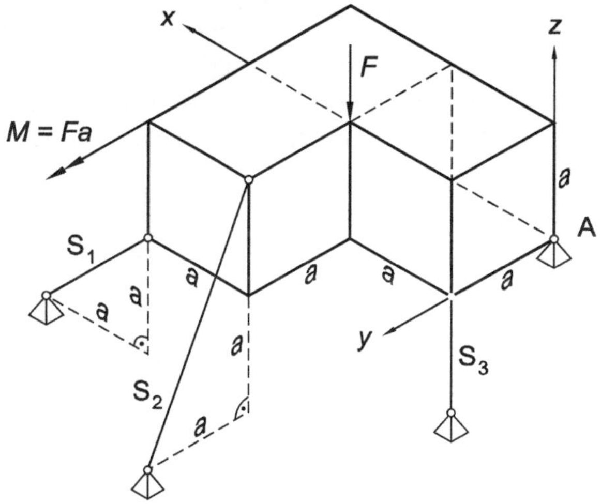

[$A_x = F/3$; $A_y = (2/3) \cdot F$; $A_z = (7/3) \cdot F$; $S_1 = 0{,}471 \cdot F$ (D); $S_2 = 1{,}491 \cdot F$ (D); $S_3 = 3F$ (Z)]

3D_16

Ein Winkelblech setzt sich aus zwei Quadraten ($a \times a$) zusammen. Es ist in A gelenkig gelagert, wird durch drei Stäbe gehalten und durch eine Kraft $2F$ sowie das Moment $M = (1/4) \cdot Fa$ belastet. Kraft, Moment und Stab S_3 folgen den Achsrichtungen. Stab S_1 liegt in einer y-z-, Stab S_2 in einer x-z-Ebene. Bestimmen Sie die:

a) Lagerreaktionen in A und die Stabkräfte S_1 bis S_3.

b) Stabbelastung (Zug, Druck, Null).

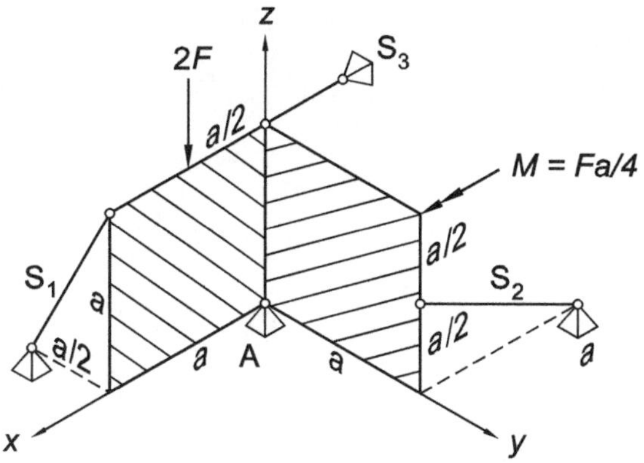

[$A_x = F/4$; $A_y = F/2$; $A_z = (3/4) \cdot F$; $S_1 = 1{,}12 \cdot F$ (D); $S_2 = 0{,}56 \cdot F$ (D); $S_3 = F/4$ (Z)]

3D_17

Ein Quader ($a \times 2a \times a$) mit der Gewichtskraft $3F$ ist in A gelenkig gelagert. Er wird durch drei Stäbe gehalten und durch das Moment $M = 6Fa$ belastet. Das Moment und die Stäbe S_1 und S_2 folgen den Achsrichtungen, Stab S_3 verläuft diagonal im Raum. Bestimmen Sie die:

a) Lagerreaktionen in A und die Stabkräfte S_1 bis S_3.

b) Stabbelastung (Zug, Druck, Null).

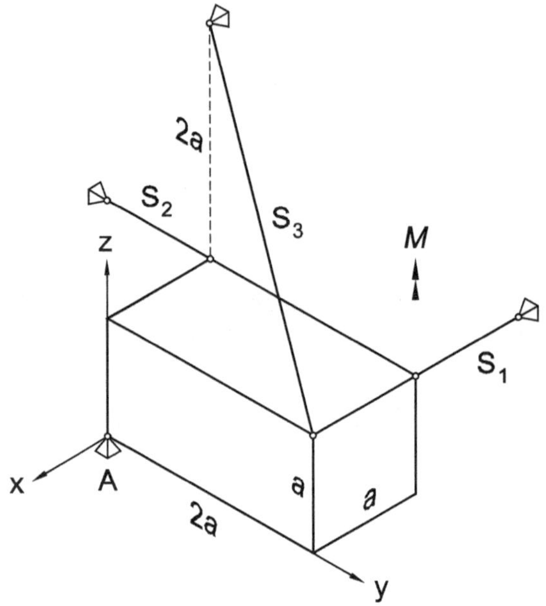

[$A_x = (3/2) \cdot F$; $A_y = F$; $A_z = F$; $S_1 = (5/2) \cdot F$ (D); $S_2 = 3F$ (D); $S_3 = 3F$ (Z)]

3D_18

Ein Quader ($2a \times a \times a/2$) mit der Gewichtskraft $5F$ ist in A gelenkig gelagert, wird durch drei Stäbe gehalten und durch zwei Kräfte $8F$ und $2F$ belastet. Die Kräfte und die Stäbe S_1 und S_2 folgen den Achsrichtungen, Stab S_3 liegt in einer x-z-Ebene. Wie groß sind die:

a) Lagerreaktionen in A und die Stabkräfte S_1 bis S_3.

b) Stabbelastung (Zug, Druck, Null).

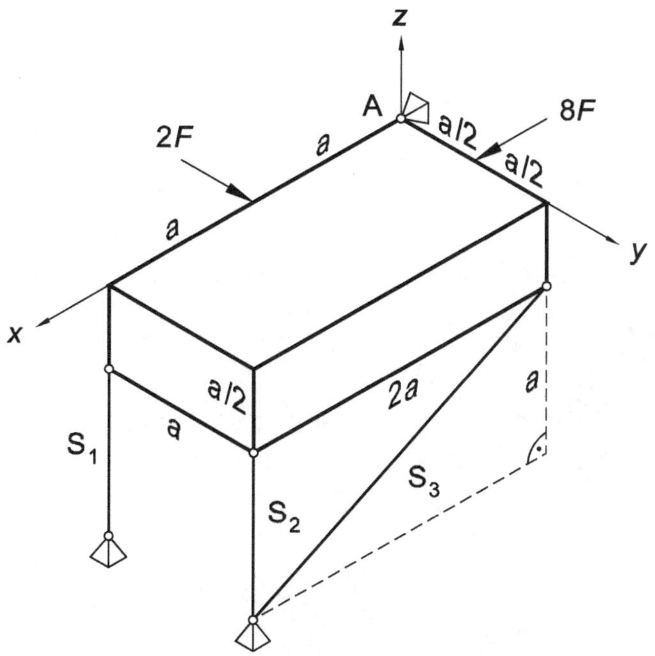

[$A_x = 6F$; $A_y = 2F$; $A_z = F$; $S_1 = 1{,}5 \cdot F$ (D); $S_2 = 1{,}5 \cdot F$ (D); $S_3 = 2{,}24 \cdot F$ (D)]

3D_19

Eine Welle ist in A und B gelagert. A ist ein Fest-, B ein Loslager. Die an den Zahnrädern C und D wirkenden Kraftkomponenten (a = axial, t = tangential, r = radial) sowie die Teilkreisradien r_C und r_D sind gegeben:

Rad C: $r_C = 50{,}5$ mm; $C_a = 8{,}26$ N; $C_r = 11{,}2$ N; $C_t = 30{,}8$ N

Rad D: $r_D = 141{,}0$ mm; $D_a = 4{,}9$ N; $D_r = 3{,}86$ N; $D_t = ???$

a) Stellen Sie jeweils drei Gleichgewichtsbedingungen in der *x*-*y*- und in der *y*-*z*-Ebene auf.

b) Wie groß ist die Tangentialkraft D_t am Rad D?

c) Wie groß sind die Lagerkraftkomponenten A_x, A_y und A_z sowie B_x und B_z sowie die Gesamtlagerkräfte A_{res} und B_{res}?

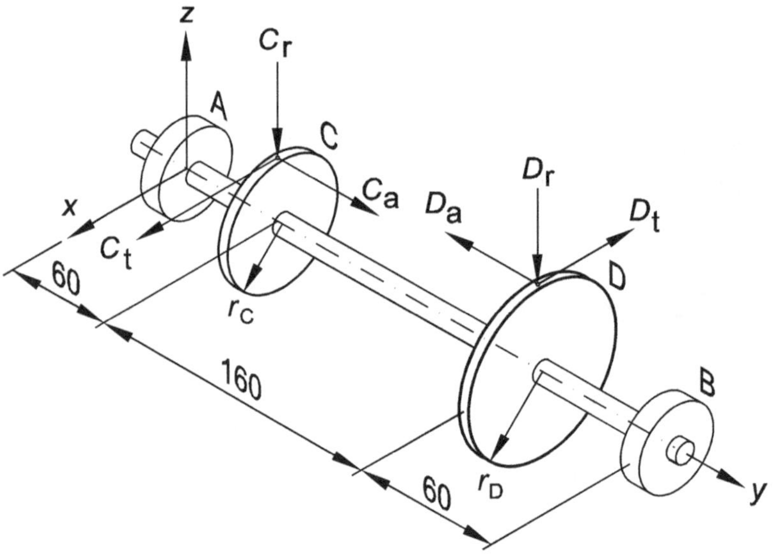

[$A_x = 21{,}84$ N; $A_y = 3{,}36$ N; $A_z = 10{,}6$ N; $A_{res} = 24{,}51$ N; $B_x = 2{,}07$ N; $B_z = 4{,}46$ N; $B_{res} = 4{,}91$ N; $D_t = 11{,}03$ N]

3D_20

Der in A fest eingespannte Mast wird durch zwei Seile gehalten, deren Spannkraft jeweils 10 kN beträgt. Sie sind am Mast in C (0/0/6) und E (0/0/7,5) sowie am Boden in B (7/–3/0) und D (5/6/0) befestigt. Alle Maßangaben in m. Gesucht sind die Einspannreaktionen in A.

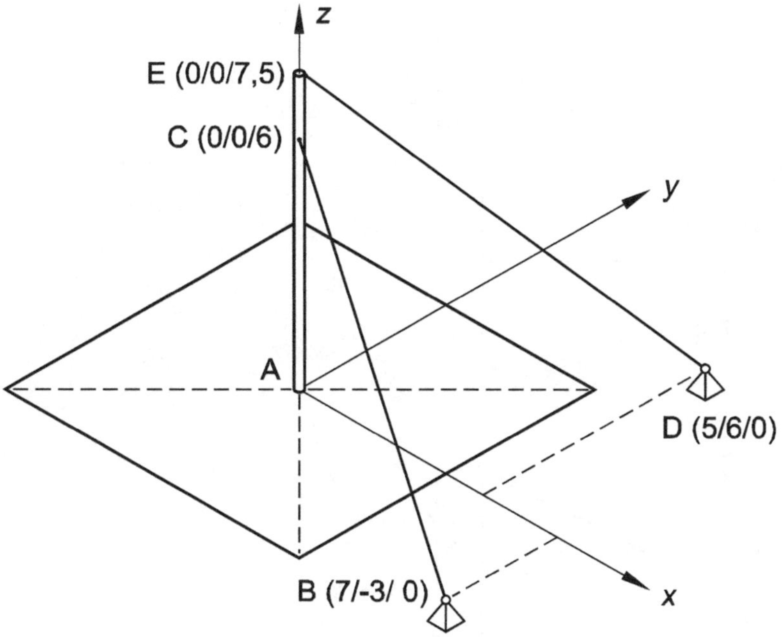

[A_x = 11,84 kN; A_y = 2,45 kN; A_z = 13,11 kN; A = 17,83 kN; M_{Ax} = 22,99 kNm; M_{Ay} = 77,95 kNm; M_A = 81,27 kNm]

3D_21

Ein Körper mit der Gewichtskraft $G = 4$ kN hängt an drei Seilen. Die Skizze oben zeigt die Seitenansicht (x-z-Ebene), unten die Draufsicht (x-y-Ebene). Alle Längenangaben in m. Berechnen Sie die Seilkräfte S_1 bis S_3.

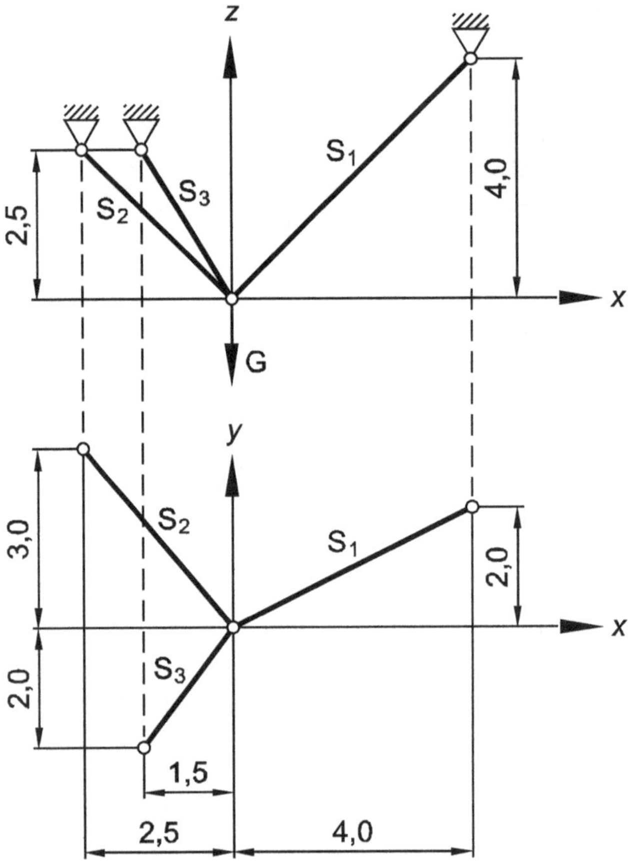

[$S_1 = 2{,}452$ kN; $S_2 = 0{,}997$ kN; $S_3 = 2{,}585$ kN]

3D_22

Die Fußpunkte eines Dreibeins lauten: P_1 (0/0/–1); P_2 (1/7/2) und P_3 (7/2/1). Die drei räumlichen Stäbe sind im zentralen Punkt Z (2/3/8) gelenkig miteinander verbunden. In Punkt Z greifen die Vertikalkraft $F_1 = (0;0;-5)$ kN und die Horizontalkraft $F_2 = (1;1;0)$ kN an. Bestimmen Sie die:

a) drei Stabkräfte S_1, S_2 und S_3 der Stäbe P_1 Z, P_2 Z und P_3 Z.

b) Belastungsart (Zug, Druck).

[$S_1 = 0{,}665$ kN (D); $S_2 = 2{,}746$ kN (D); $S_3 = 2{,}623$ kN (D)]

3D_23

Drei räumliche Gelenkstäbe sind in A gelenkig miteinander verbunden, die Fußpunkte sind bemaßt. In A greifen zwei Horizontalkräfte F und $2F$ an, die den Achsrichtungen folgen. Gesucht sind die:

a) Stabkräfte S_1, S_2 und S_3 abhängig von F.

b) Belastungsart (Zug, Druck).

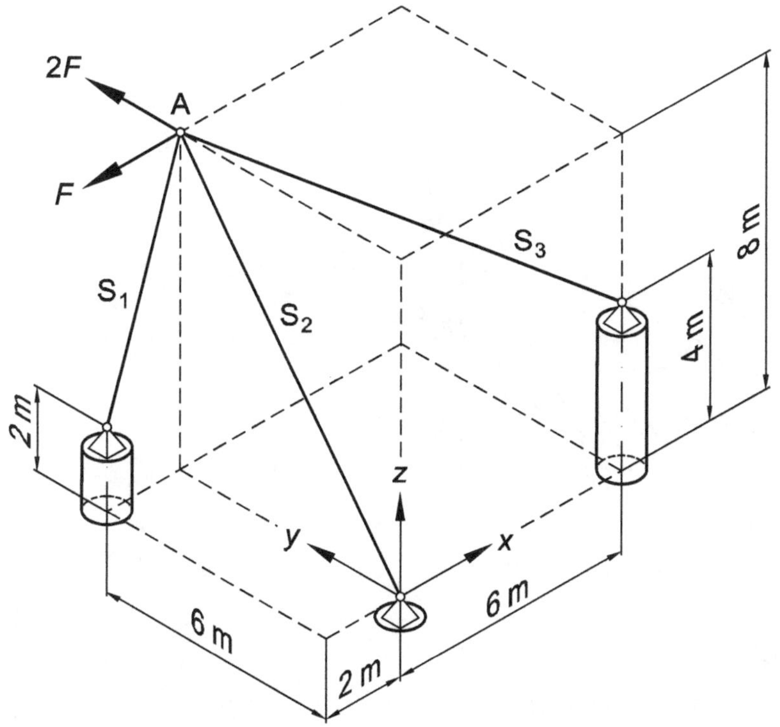

[$S_1 = 2{,}711 \cdot F$ (D); $S_2 = 3{,}095 \cdot F$ (Z); $S_3 = 0{,}223 \cdot F$ (Z)]

3D_24

Eine dünne Rechteckplatte ($2a \times a$) mit Bohrung (Radius $a/4$) und Gewichtskraft F_G wird durch sechs Gelenkstäbe gestützt. Sie wird durch zwei Kräfte F_1 und F_2 belastet. Es gilt: $F_1 = 2F_2 = 4F_G$. Die Schwerpunktkoordinate beträgt $x_S = 0{,}946 \cdot a$. Die Stäbe S_2 bis S_6 sowie die Kräfte F_1 und F_2 folgen den Achsrichtungen. Stab S_1 liegt in einer y-z-Ebene. Ermitteln Sie die:

a) Stabkräfte S_1 bis S_6 als Vielfache von F_G.

b) Stabbelastung (Zug, Druck, Null).

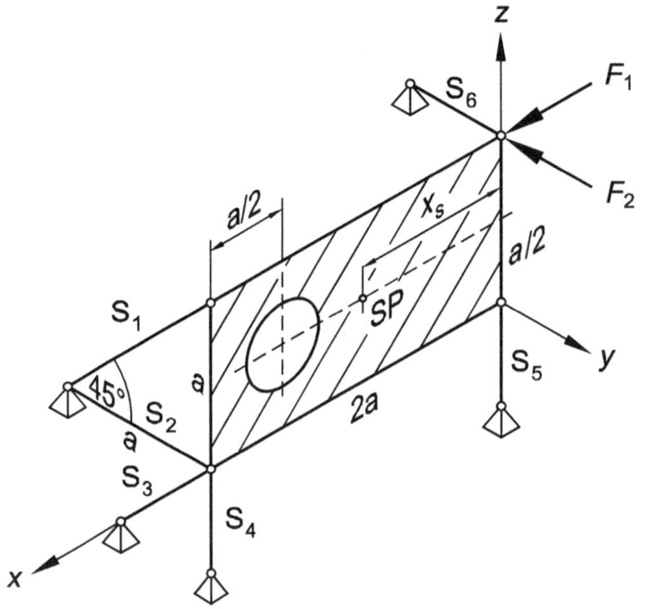

[$S_1 = 0$; $S_2 = 0$; $S_3 = 4F_G$ (D); $S_4 = 2{,}47 \cdot F_G$ (D); $S_5 = 1{,}47 \cdot F_G$ (Z); $S_6 = 2F_G$ (D)]

3D_25

Eine homogene Platte (Masse m) ist in A gelenkig gelagert und wird in horizontaler Lage durch zwei Seile BD und CD im Gleichgewicht gehalten. Im Schneidenlager E wird die Platte in y-Richtung gestützt, in Punkt P greift eine senkrechte Kraft F an. Seil BD läuft in z-Richtung, Seil CD liegt in einer y-z-Ebene.

a) Bestimmen Sie die Kraftkomponenten in z-Richtung für A, B und C als Vielfache von F, mg, b und h.

b) Welche Grenze F_{max} darf die Kraft F nicht überschreiten, damit die horizontale Gleichgewichtslage erhalten bleibt?

c) Bestimmen Sie die Lagerkraft in E.

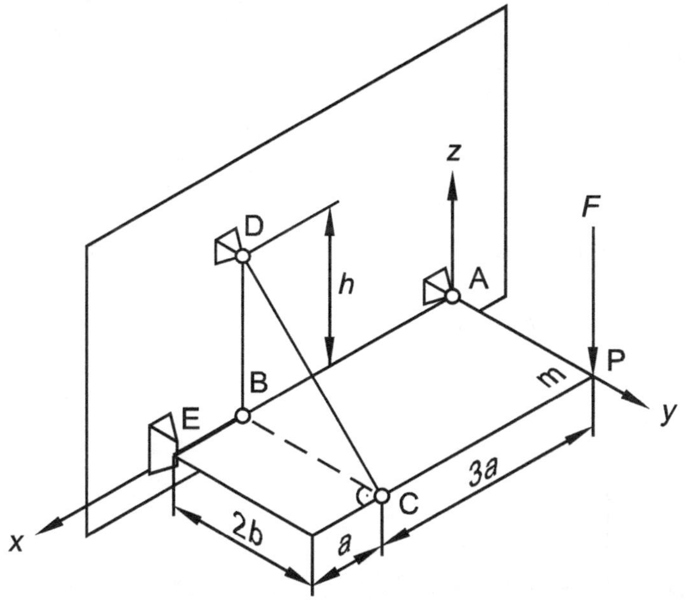

[$A_z = F + mg/3$; $B_z = mg/6 - F$; $C_z = F + mg/2$; $F_{\max} = mg/6$; $E_y = 3b \cdot (F + mg/2) / 2h$]

3D_26

Auf einem waagrechten Trapezblech ist ein Hebel senkrecht angeschweißt. Er wird durch drei Kräfte *F* belastet. Blech und Hebel sind massefrei. Alle Kräfte und die Stäbe S_2 bis S_6 folgen den Achsrichtungen. Stab S_1 liegt in einer *y*-*z*-Ebene. Ermitteln Sie die:

a) Stabkräfte S_1 bis S_6.

b) Stabbelastung (Zug, Druck, Null).

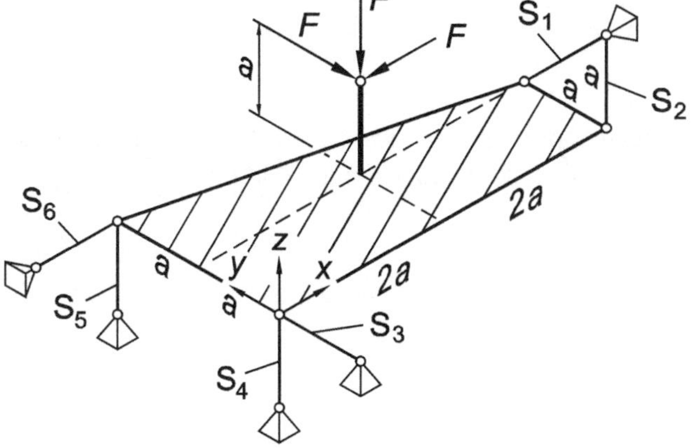

[$S_1 = 1{,}06 \cdot F$ (D); $S_2 = F$ (Z); $S_3 = F/4$ (D); $S_4 = (3/8) \cdot F$ (D); $S_5 = (3/8) \cdot F$ (D); $S_6 = F$ (D)]

3D_27

Ein massefreies Winkelblech ($a \times 2a$) ist in A gelenkig gelagert und mit zwei Stäben B, C sowie mit einem Seil D gestützt. Es wird mit drei Kräften F, F, $2F$ sowie einem Moment $M = 4Fa$ belastet. Die Stäbe B und C, alle Kräfte und das Moment folgen den Achsrichtungen. Seil D liegt in einer x-z-Ebene. Das Rastermaß beträgt $a/2$. Gesucht sind die:

a) Lagerreaktionen in A, die Stabkräfte in B und C und die Seilkraft in D als Vielfache von F.

b) Stab- und Seilbelastung (Zug, Druck, Null).

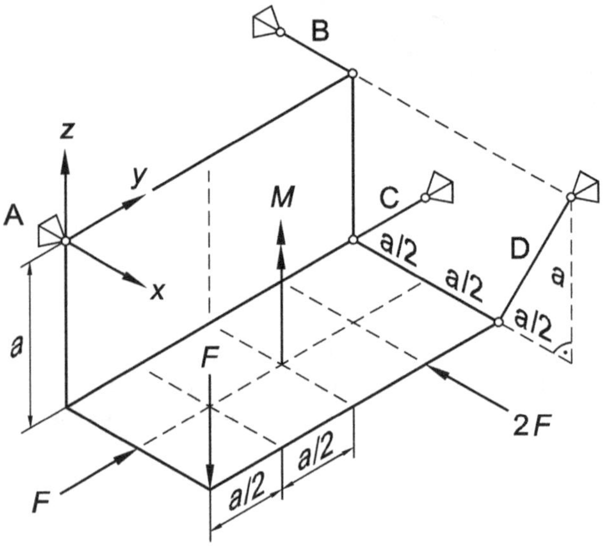

[$A_x = 1{,}75 \cdot F$; $A_y = 4F$; $A_z = F$; $A = 4{,}48 \cdot F$; $B = 2{,}75 \cdot F$ (D); $C = 5F$ (Z); $D_x = F$; $D_z = 2F$; $D = 2{,}24 \cdot F$ (Z)]

3D_28

Das Dreibein ist in A, B und C gelagert. In D greifen zwei Kräfte 2 kN und 4 kN an, die in x- und z-Richtung wirken. Es gilt: $a = 3b = 2c = 6$ m. Gesucht sind die:

a) Stabkräfte AD, BD und CD.

b) Stabbelastung (Zug, Druck, Null).

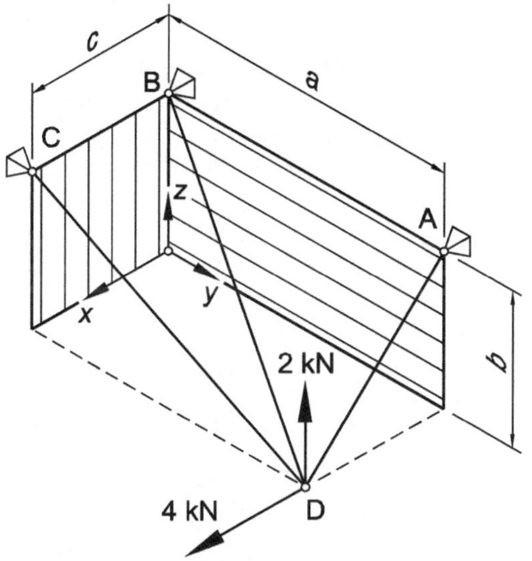

[AD = 3,61 kN (D); BD = 16,33 kN (Z); CD = 14,76 kN (D)]

3D_29

Die drei Stäbe S_1 bis S_3 des Dreibeins sind in A gelenkig miteinander verbunden. Hier greifen zwei Kräfte F und $2F$ an, die in x- bzw. z-Richtung wirken. Gesucht sind die:

a) Stabkräfte S_1 bis S_3.

b) Stabbelastung (Zug, Druck, Null).

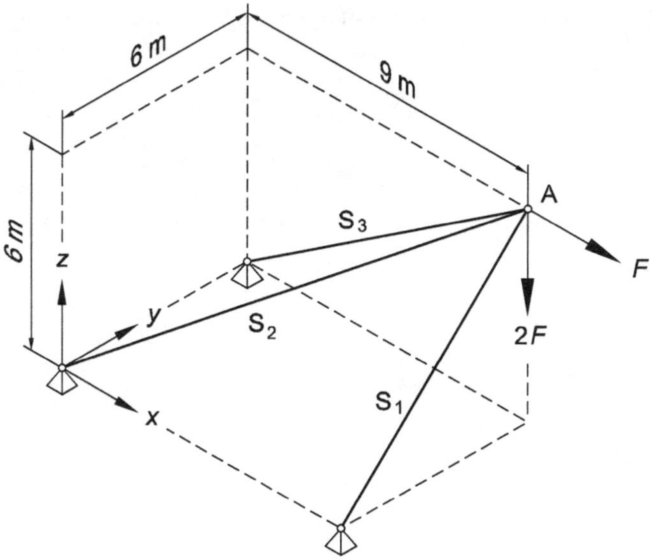

[$S_1 = 3{,}77 \cdot F$ (D); $S_2 = 5{,}49 \cdot F$ (Z); $S_3 = 3{,}61 \cdot F$ (D)]

3D_30

Eine Horizontalplatte ($2a \times a$, Masse m) ist in A durch ein Scharnier ohne Anschlag, in B durch ein festes Gelenk und in C durch ein Seil gelagert. Scharnier A nimmt nur Kräfte auf, die in y-und z-Richtung wirken, keine Momente. Bestimmen Sie die Lagerkraftkomponenten in A und B sowie die Seilkraft C.

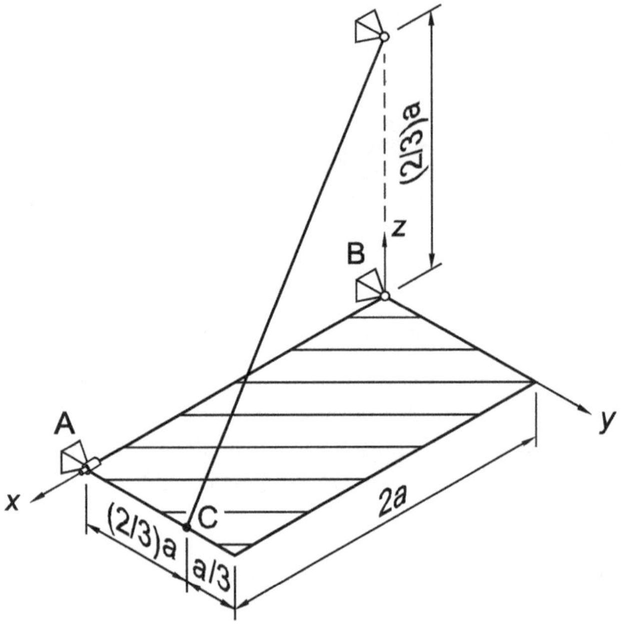

[$A_y = 0$; $A_z = mg/4$; $B_y = mg/3$; $C_x = B_x = mg$; $B_z = (1/2) \cdot mg$; $B = (7/6) \cdot mg$; $C_y = mg/3$; $C_z = (3/4) \cdot mg$; $C = 1{,}294 \cdot mg$]

3D_31

Das L-Profil (30×80×45) hat die Gewichtskraft 3*F* und ist in A gelenkig gelagert. Es wird mit zwei Stäben B und C sowie einem reibungsfreien Schneidenlager in D gestützt. Es wird mit zwei Kräften *F*, 2*F* belastet. Die beiden Kräfte und Stab C folgen den Achsrichtungen, Stab B liegt in einer *y*-*z*-Ebene. Bestimmen Sie die:

a) Schwerpunktentfernung x_S von der *y*-Achse.

b) Lagerkraftkomponenten in A und D sowie die Stabkräfte *B* und *C*.

c) Stabbelastung (Zug, Druck, Null).

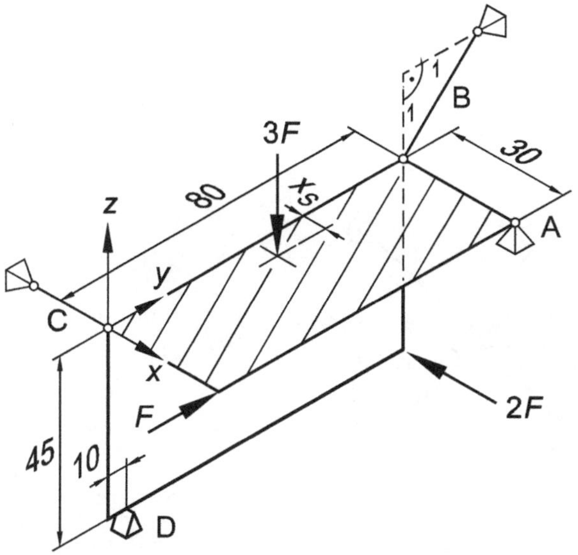

[$x_S = 6$; $A_x = 2{,}87 \cdot F$; $A_y = 1{,}31 \cdot F$; $A_z = 3{,}6 \cdot F$; $A = 4{,}79 \cdot F$; $B_y = B_z = 2{,}31 \cdot F$; $B = 3{,}27 \cdot F$ (D); $C = 0{,}87 \cdot F$ (Z); $D = 1{,}71 \cdot F$ (D)]

3D_32

Die untere Quadratplatte ABCD (Kantenlänge $a = 1$ m) ist fest und passgenau mit der darüberliegenden Dreiecksplatte ABD verbunden. Beide Platten haben gleiche Dicke und Dichte. Sechs Stäbe halten das Gebilde im Gleichgewicht. Neben der Gesamtgewichtskraft ($F_G = 1500$ N) wirkt das Moment $M = 100$ Nm. Die Schwerpunkts-Koordinaten lauten: $x_S = y_S = (4/9) \cdot a$. Die Stäbe S_1, S_4, S_5 und S_6 sowie das Moment M folgen den Achsrichtungen. Stab S_2 liegt in der y-z-Ebene, Stab S_3 verläuft diagonal im Raum. Gesucht sind alle Stabkräfte sowie deren Belastung (Zug, Druck, Null).

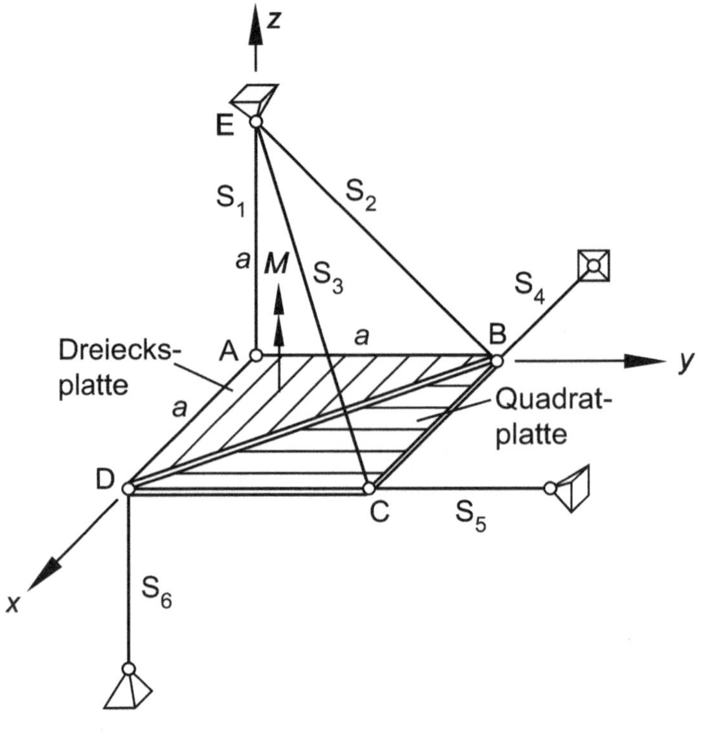

[$S_1 = 933$ N (Z); $S_2 = 141$ N (D); $S_3 = 1328$ N (Z); $S_4 = 767$ N (D); $S_5 = 667$ N (Z); $S_6 = 100$ N (Z)]

3D_33

Gegeben ist ein räumliches Dreibein. Die kartesischen Koordinaten seiner Fußpunkte lauten:

A (4/2/–1)

B (0/6/–2)

C (–4/–2/3)

Die drei Stäbe sind im zentralen Punkt D (–1/1/6) miteinander verbunden. In Punkt D greifen die Vertikalkraft $F_1 = (0;0;5)$ kN sowie die Horizontalkraft $F_2 = (-3;4;0)$ kN an. Gesucht sind die:

a) Stabkräfte S_1, S_2 und S_3 der Stäbe AD, BD und CD.

b) Stabbelastung (Zug, Druck, Null).

[$S_1 = 9{,}79$ kN (Z); $S_2 = 5{,}87$ kN (D); $S_3 = 3{,}53$ kN (Z)]

3D_34

Ein Antrieb besteht aus Welle ABC, Ritzel (Radius $r = a$) und Riemenscheibe (Radius $R = 1{,}414 \cdot a$). Der Riemen um die Riemenscheibe R verläuft in einer y-z-Ebene, die Kraftübertragung erfolgt schlupffrei. Alle Bauteile sind massefrei, Reibung wird vernachlässigt. Am Ritzel wirken die Kräfte F, $3F$ und $4F$, sie folgen den Achsrichtungen. Die Riemenkraft K (Lasttrum) greift unter 45° zur Senkrechten an, die andere Riemenseite (Leertrum) ist kraftfrei. Festlager A nimmt Kräfte in allen drei Richtungen auf, Loslager B nur in y- und z-Richtung. Beide Lager nehmen keine Drehmomente auf.

a) Ist das System statisch bestimmt?

b) Berechnen Sie die Riemenkraft K sowie die Lagerkraftkomponenten in A und B als Vielfache von F.

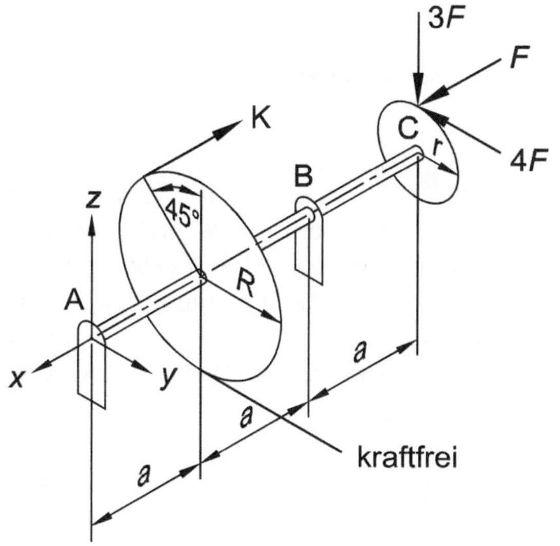

[$\Sigma w = 6 \cdot n$ erfüllt; $A_x = F$; $A_y = 3F$; $A_z = 2F$; $B_y = 5F$; $B_z = 3F$; $K = 2{,}83 \cdot F$]

3D_35

Ein massives Prisma hat eine dreiecksförmige Seitenfläche ($a \times a$), die Länge $2a$ und die Gewichtskraft F. Es ist in A gelenkig gelagert, wird durch drei Stäbe S_1 bis S_3 gestützt und durch drei Kräfte F und das Moment $M = Fa$ belastet. Alle Stäbe, Kräfte und das Moment folgen den Achsrichtungen. Gesucht sind die:

a) Lagerkraftkomponenten in A und die Stabkräfte S_1 bis S_3.

b) Stabbelastung (Zug, Druck, Null).

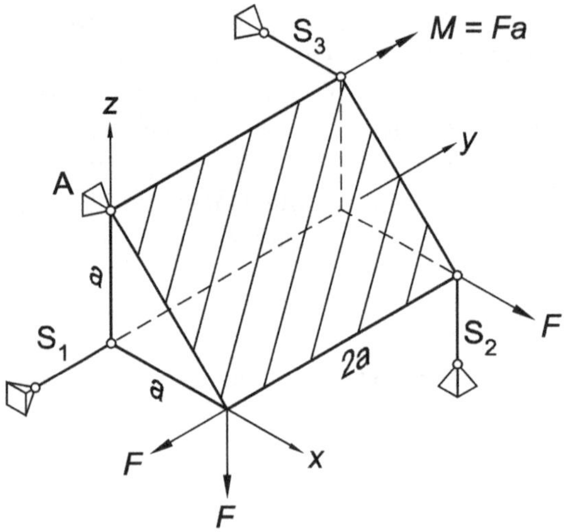

[$A_x = 0{,}5 \cdot F$; $A_y = (5/3) \cdot F$; $A_z = (2/3) \cdot F$; $S_1 = (2/3) \cdot F$ (Z); $S_2 = (4/3) \cdot F$ (D); $S_3 = 1{,}5 \cdot F$ (Z)]

3D_36

Der horizontale Schweißrahmen AB ($a \times 2a$, Gewichtskraft $2F$) steckt in A spielfrei in einer Bohrung und ist in C mit einem Seil BC an der senkrechten Wand befestigt. In der Bohrung kann er sich nur um die y-Achse drehen und hat in y-Richtung einen Anschlag. Er wird durch zwei Kräfte F belastet, die den Achsrichtungen folgen, das Seil liegt in einer y-z-Ebene. Die Schwerpunktkoordinaten lauten $x_S = 0{,}328 \cdot a$ und $y_S = 1{,}321 \cdot a$. Bestimmen Sie die Lagerkraftkomponenten und Lagermomente in A und die Seilkraft BC.

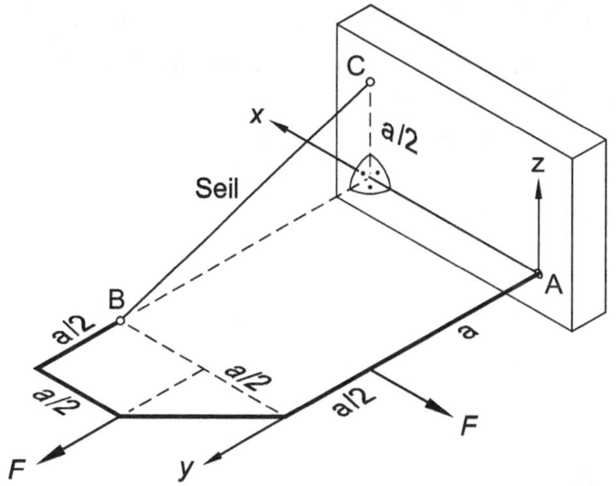

[$A_x = F$; $A_y = 0{,}97 \cdot F$; $A_z = 1{,}34 \cdot F$; $M_{Ax} = 1{,}66 \cdot Fa$; $M_{Az} = 0{,}47 \cdot Fa$; $C = 2{,}07 \cdot F$]

3D_37

Das würfelförmige Getriebegehäuse (Kantenlänge $4a$, Gewichtskraft $3F$) ist in A gelenkig gelagert und wird durch drei Stäbe gehalten. Die An- und Abtriebswelle befindet sich jeweils in der Mitte der Seitenfläche. Das Getriebe wird durch eine Kraft F und die Momente $M_{an} = 4Fa$ und $M_{ab} = 10Fa$ belastet. Die Kraft, die beiden Momente und die Stäbe S_1 und S_3 folgen den Achsrichtungen. Stab S_2 liegt in der x-z-Ebene. Bestimmen Sie die:

a) Lagerkraftkomponenten in A und die Stabkräfte S_1 bis S_3.

b) Stabbelastung (Zug, Druck, Null).

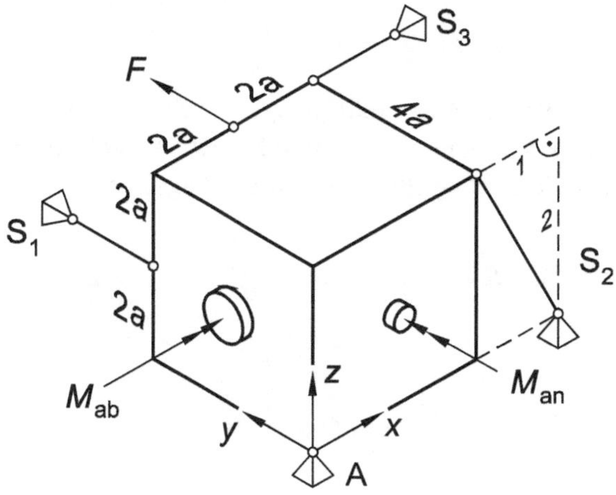

[$A_x = F/2$; $A_y = F$; $A_z = F$; $S_1 = 0$; $S_{2x} = F$; $S_{2z} = 2F$; $S_2 = 2{,}24 \cdot F$ (D); $S_3 = F/2$ (Z)]

3D_38

Das Winkelblech ($2a \times 4a \times 2a$, Gewichtskraft $8F$) ist in A gelenkig gelagert und wird durch drei Stäbe gestützt. Es wird durch eine Kraft $3F$ und ein Moment $M = Fa$ belastet. Kraft, Moment und die Stäbe S_2 und S_3 folgen den Achsrichtungen. Stab S_1 liegt in einer x-z-Ebene. Der Schwerpunkt liegt bei $y_S = (3/2) \cdot a$. Bestimmen Sie die:

a) Lagerreaktionen in A sowie die Stabkräfte S_1 bis S_3.

b) Stabbelastung (Zug, Druck, Null).

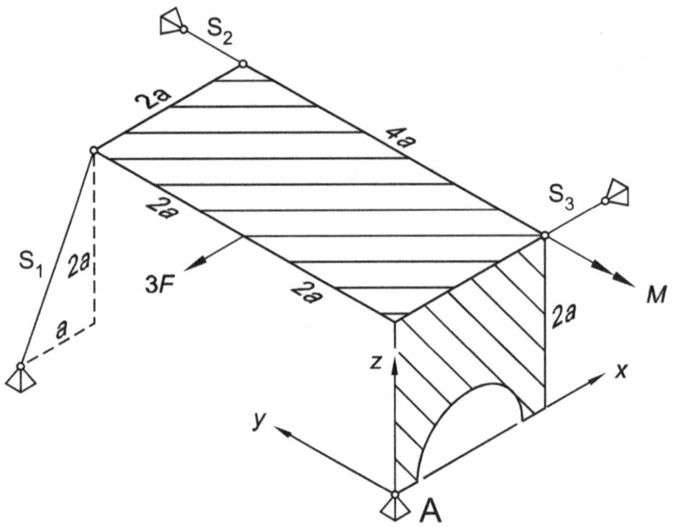

[$A_x = 3{,}5 \cdot F$; $A_y = 0$; $A_z = 5F$; $S_1 = 3{,}35 \cdot F$ (D); $S_2 = 0$; $S_3 = 2F$ (D)]

3D_39

Ein Quader ($2a \times a \times a$) mit Gewichtskraft F ist in A gelenkig gelagert und wird durch 3 Stäbe gestützt. Er wird mit einer Kraft F und einem Moment $M = 3Fa$ belastet. Kraft, Moment und die Stäbe S_1 und S_3 folgen den Achsrichtungen. Stab S_2 liegt in einer y-z-Ebene. Gesucht sind die:

a) Lagerreaktionen in A und die Stabkräfte S_1 bis S_3.

b) Stabbelastung (Zug, Druck, Null).

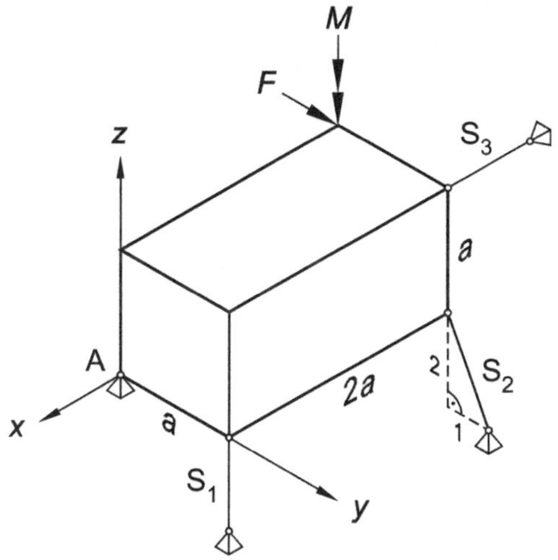

[$A_x = 3F$; $A_y = 0$; $A_z = F/2$; $S_1 = F/2$ (Z); $S_2 = 2{,}24 \cdot F$ (D); $S_3 = 3F$ (Z)]

3D_40

Das starre Tragwerk ABCDE ist in A gelenkig gelagert und wird durch drei Stäbe gehalten. Es greifen zwei Kräfte F und das Moment $M = 3Fa$ an. Kräfte, Moment und die Stäbe S_2 und S_3 folgen den Achsrichtungen. Stab S_1 liegt in einer y-z-Ebene. Bestimmen Sie die:

a) Lagerreaktionen in A und die Stabkräfte S_1 bis S_3.

b) Stabbelastung (Zug, Druck, Null).

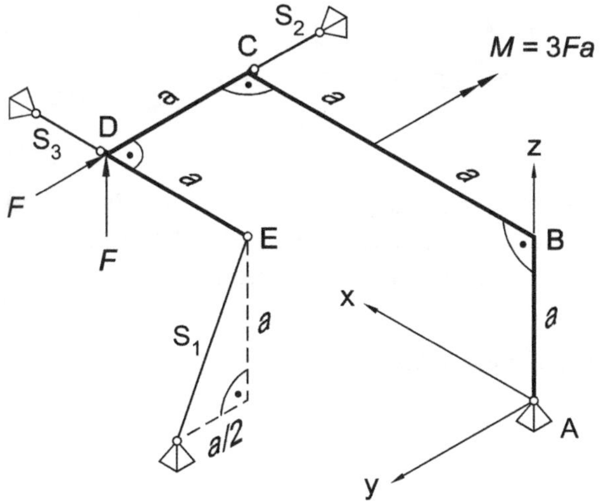

[$A_x = 7F$; $A_y = 3F$; $A_z = 3F$; $S_1 = 2{,}24 \cdot F$ (D); $S_2 = 5F$ (D); $S_3 = 7F$ (Z)]

3D_41

Ein massives Prisma ($3a \times 6a \times 3a$) mit Gewichtskraft $3F$ ist in A gelenkig gelagert und wird durch drei Stäbe im Gleichgewicht gehalten. Belastet wird es mit einer Einzelkraft $3F$ und dem Moment $M = 9Fa$. Kraft und Moment folgen den Achsrichtungen, Stab S_1 liegt in der x-z-, Stab S_2 in einer y-z- und Stab S_3 in einer x-y-Ebene. Gesucht sind die:

a) Lagerreaktionen in A und die Stabkräfte S_1 bis S_3.

b) Stabbelastung (Zug, Druck, Null).

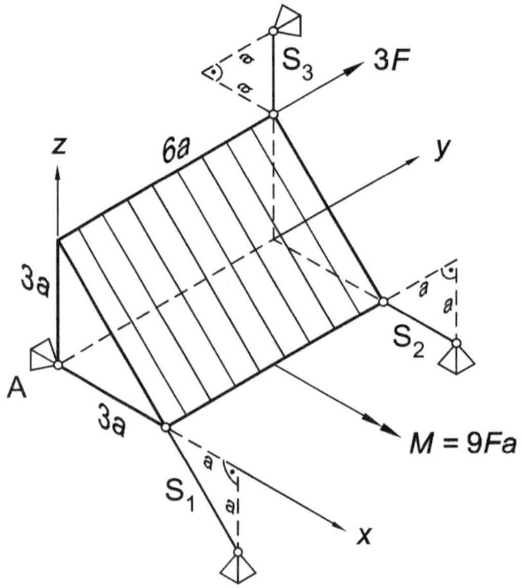

[$A_x = F$; $A_y = 2F$; $A_z = 3F$; $S_1 = 2{,}83 \cdot F$ (Z); $S_2 = 2{,}83 \cdot F$ (D); $S_3 = 1{,}41 \cdot F$ (Z)]

3D_42

Der starre Schweißrahmen ABCDEG ist in D gelenkig gelagert und wird durch drei Stäbe gestützt. In B und G greifen drei Kräfte F, F, $3F$ an und es wirkt das Moment $M = 2Fa$. Kräfte, Moment und Stab S_1 folgen den Achsrichtungen. Stab S_2 liegt in einer y-z-, Stab S_3 in einer x-z-Ebene. Bestimmen Sie die:

a) Lagerreaktionen in D sowie die Stabkräfte S_1 bis S_3.

b) Stabbelastung (Zug, Druck, Null).

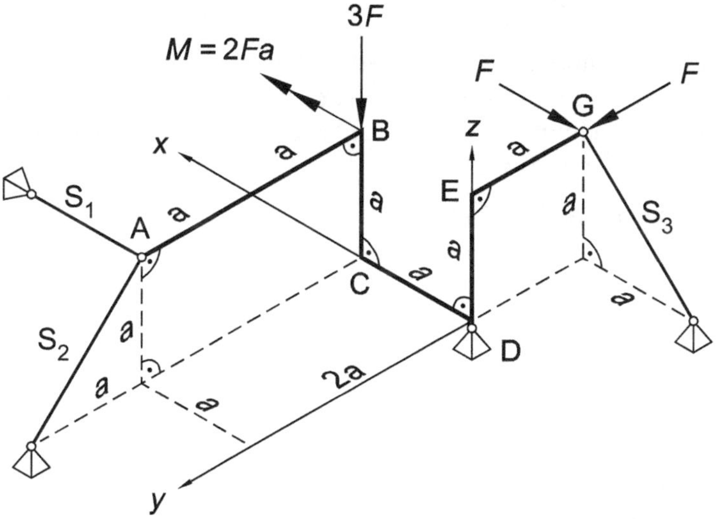

[$D_x = 4F$; $D_y = 2F$; $D_z = 6F$; $S_1 = F$ (D); $S_2 = 1{,}414 \cdot F$ (Z); $S_3 = 2{,}83 \cdot F$ (Z)]

3D_43

Die Stabkonstruktion ABCDE ist in A gelenkig gelagert und wird durch drei Stäbe im Gleichgewicht gehalten. Es greifen drei Kräfte F, $2F$ und $3F$ sowie das Moment $M = 3Fa$ an. Alle Kräfte und das Moment folgen den Achsrichtungen. Stab S_1 liegt in der x-y-, Stab S_2 in der x-z-, und Stab S_3 in der y-z-Ebene. Gesucht sind die:

a) Lagerreaktionen in A sowie die Stabkräfte S_1 bis S_3.

b) Stabbelastung (Zug, Druck, Null).

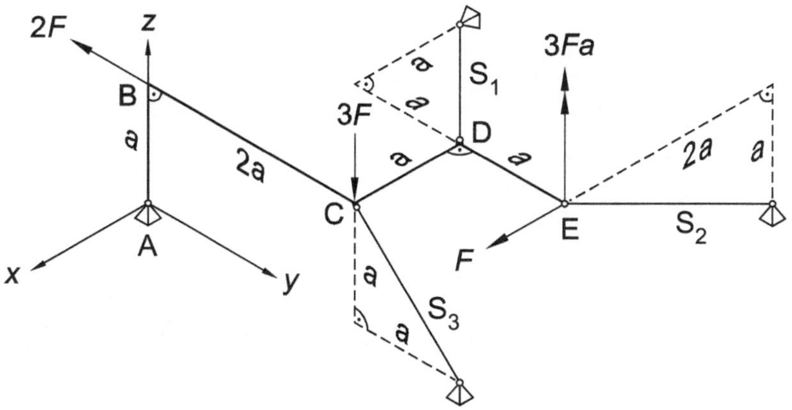

[$A_x = F$; $A_y = 3F$; $A_z = F$; $S_1 = 2{,}83 \cdot F$ (D); $S_2 = 2{,}24 \cdot F$ (Z); $S_3 = 4{,}25 \cdot F$ (D)]

3D_44

Das starre Tragwerk ABCDE ist in A gelenkig gelagert und wird durch drei Stäbe im Gleichgewicht gehalten. An ihm greifen drei Kräfte F, F, $3F$ sowie ein Moment $M = 2Fa$ an. Die Kräfte folgen den Achsrichtungen. Stab S_1 liegt in einer x-y-, Stab S_2 in der y-z- und Stab S_3 in einer x-z-Ebene. Gesucht sind die:

a) Lagerreaktionen in A und die Stabkräfte S_1 bis S_3.

b) Stabbelastung (Zug, Druck, Null).

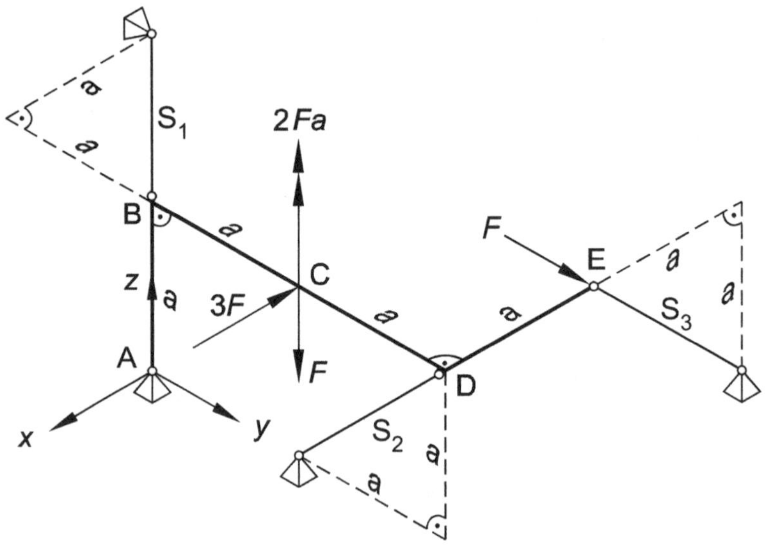

[$A_x = 2F$; $A_y = 3F$; $A_z = 2F$; $S_1 = 1{,}414 \cdot F$ (Z); $S_2 = 4{,}24 \cdot F$ (Z); $S_3 = 2{,}83 \cdot F$ (D)]

3D_45

Der starre Schweißrahmen ABCDEGH (Rastermaß a) ist in A gelenkig gelagert und wird durch drei Stäbe gehalten. Auf ihn wirken drei Kräfte F, $2F$ und $9F$ sowie das Moment $M = Fa$. Alle Rahmenteile, Kräfte und das Moment folgen den Achsrichtungen. Stab S_1 liegt in einer x-y-, Stab S_2 in einer x-z- und Stab S_3 in einer y-z-Ebene. Berechnen Sie die:

a) Kraftkomponenten in A und die Stabkräfte S_1 bis S_3.

b) Stabbelastung (Zug, Druck, Null).

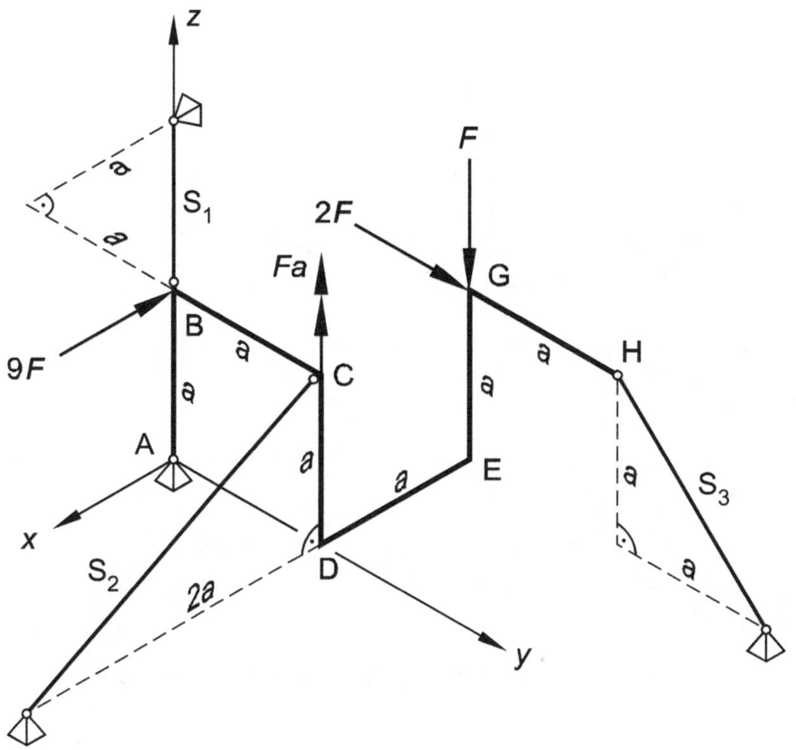

[$A_x = 2F$; $A_y = 4F$; $A_z = F$; $A = 4{,}58 \cdot F$; $S_1 = 7{,}07 \cdot F$ (D); $S_2 = 2{,}24 \cdot F$ (Z); $S_3 = 4{,}24 \cdot F$ (D)]

3D_46

Eine dünne horizontale Rechteckplatte ($3a{\times}2a$) mit Gewichtskraft $8F$ ist mit sechs Stäben gelagert. Auf sie wirken eine Kraft $6F$ und das Moment $M = 6Fa$. Kraft, Moment und die Stäbe S_1, S_4 und S_6 folgen den Achsrichtungen. Stab S_2 liegt in einer x-z-, Stab S_5 in einer y-z-Ebene. Stab S_3 verläuft diagonal im Raum. Bestimmen Sie die:

a) Stabkräfte S_1 bis S_6.

b) Stabbelastung (Zug, Druck, Null).

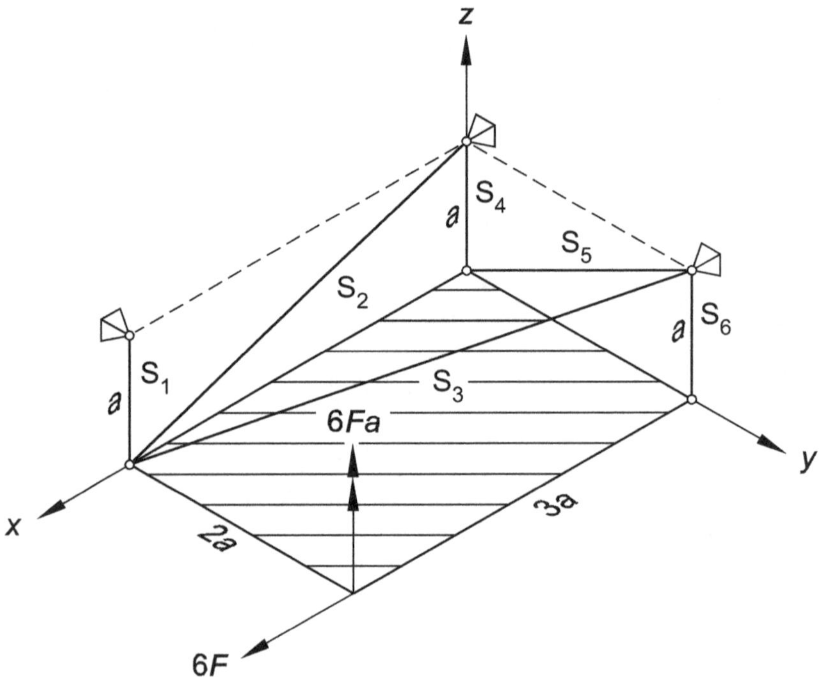

[$S_1 = 2F$ (Z); $S_2 = 3{,}16 \cdot F$ (Z); $S_3 = 3{,}74 \cdot F$ (Z); $S_4 = F$ (Z); $S_5 = 2{,}24 \cdot F$ (D); $S_6 = 4F$ (Z)]

3D_47

Der L-förmige Winkelträger ABC ($3a \times a$) wird durch fünf Stäbe S_1 bis S_5 und ein Seil S_6 im Gleichgewicht gehalten. In B wirkt das Moment $M = (3/2) \cdot Fa$, im Abschnitt BC eine senkrechte Rechteckslast mit Belastungsintensität $q = F/a$. Beide Winkelteile, die Stäbe S_1 bis S_5 und das Moment folgen den Achsrichtungen. Seil S_6 verläuft diagonal im Raum. Berechnen Sie die:

a) Stab- und Seilkräfte S_1 bis S_6.

b) Stabbelastung (Zug, Druck, Null).

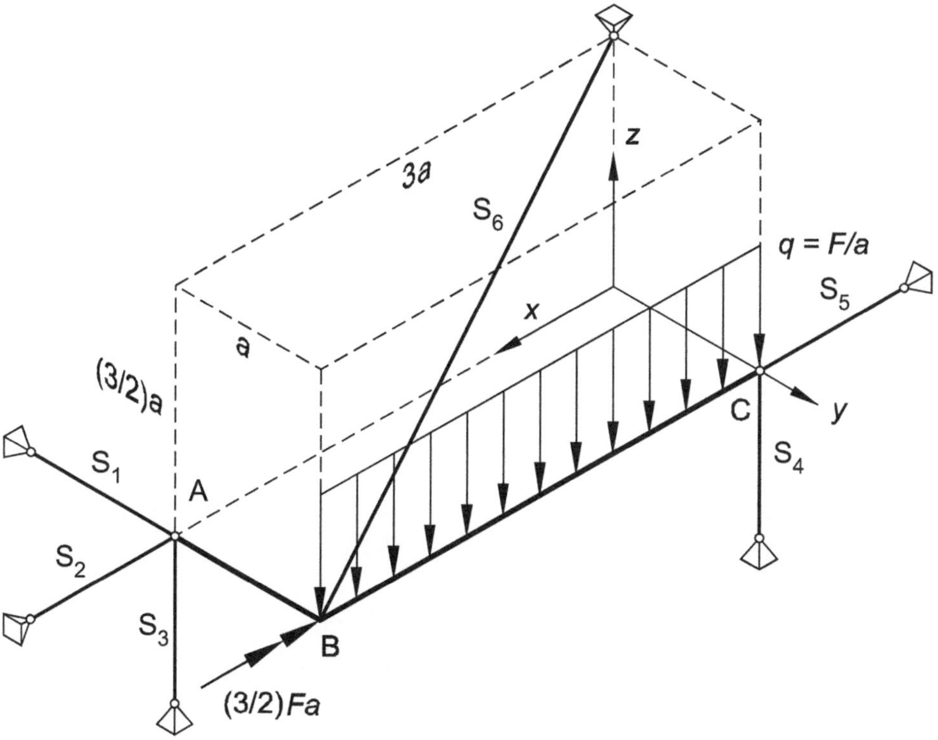

[$S_1 = 2F$ (D); $S_2 = 0$; $S_3 = (3/2) \cdot F$ (Z); $S_4 = (3/2) \cdot F$ (D); $S_5 = 6F$ (D); $S_6 = 7F$ (Z)]

8
Balkenstatik

Hinweise zur Statik ebener Balken

- Die hier vorgestellten Balken sind allesamt „einfach“, gerade, ideal starr, stets massefrei und ausnahmslos statisch bestimmt (gelagert). Falls keine Winkel angegeben sind, wirken Einzelkräfte und Streckenlasten stets vertikal bzw. horizontal. Alle Lager und Gelenke sind grundsätzlich spiel- und reibungsfrei. Werden Gelenkstäbe (Pendelstützen) als Lager eingesetzt, sind diese einwertig und ebenfalls ideal starr und massefrei.
- Die konstante Streckenlast wird hier vereinfacht als **Rechtecklast** bezeichnet, die dreiecksförmige Streckenlast verkürzt als **Dreieckslast**. Wenn nicht anders verlangt, sind immer alle drei Schnittgrößenfunktionen $N(x)$, $Q(x)$ und $M(x)$ in den genannten Balkenabschnitten gesucht. Sind keine Abschnitte angegeben, sollen sie für den gesamten Balken ermittelt und grafisch in einem geeigneten Maßstab dargestellt werden.
- Gelegentlich besitzt ein Balken Masse. Dessen Gewichtskraft wird dann durch eine konstante Streckenlast (Rechteckslast) abgebildet. Die Belastungsintensität q lässt sich recht einfach aus der Gesamtgewichtskraft mg geteilt durch die Gesamtlänge L berechnen. Es gilt: $q = mg / L$.
- Falls Sie noch Schwierigkeiten mit den Balkenschnitten haben sollten, versuchen Sie zumindest, die jeweiligen Lager- Gelenk- und Einspannreaktionen zu berechnen. Diese müssen immer zu Beginn jeder Aufgabe mit den bekannten Methoden der ebenen Statik ermittelt werden, virtuelle Balkenschnitte sind dafür noch nicht erforderlich.
- Die EMGS wäre bei mehrteiligen Gelenkbalken (*Gerber*- bzw. Durchlaufträger) zwar erlaubt, bringt aber keinerlei Vorteile. Gelenkträger werden grundsätzlich in den Ge-

lenken getrennt, in Einzelbalken zerlegt und diese wie Einzelbalken separat berechnet. Achten Sie bei den Gelenkkräften auf das Wechselwirkungsgesetz (actio = reactio) und schneiden Sie jeden Balken für sich einzeln frei. Stellen Sie für jeden Balkenabschnitt die drei Gleichgewichtsbedingungen auf.

- Grundsätzlich werden nur die **Komponenten** der Lager-, Gelenk- und Einspannreaktionen berechnet und diese stets durch Last (F, Fa, qa, qa^2) und Geometrie (L, a) ausgedrückt.
- Führen Sie direkt nach deren Berechnung eine **Bereichsgrenzenanalyse** (BGA) durch. Geschnitten wird stets zwischen zwei Bereichsgrenzen, diese sind grundsätzlich bemaßt. Die wichtigsten sind:
  a. Lager- und Kraftangriffsstellen
  b. Anfang und Ende des Balkens
  c. Balkenknicke und
  d. eine Änderung der (stetigen) Streckenlastfunktion, also z. B. der Übergang von einer Rechtecks- zu einer Dreieckslast.
- Es gibt mehrere Methoden zur Berechnung der Schnittgrößenfunktionen. Bei allen müssen die Gleichgewichtsbedingungen erfüllt werden. Üblicherweise nutzt man:
  a. den Differenzialzusammenhang
  b. alternativ dazu die *Föppl*-Methode oder
  c. bevorzugt an Hochschulen im Süddeutschen Raum auch die *Holzmann*-Schablone.

  Zudem sind

  a. grafische Methoden (z. B. das Seileckverfahren) bekannt.
- Planen Sie unmittelbar nach der BGA die Balkenschnitte und die jeweilige Schnittrichtung, wobei ein Minimum an erforderlichen Schnitten anzustreben ist. Scheuen Sie sich nicht, auch Gegenschnitte (Blick nach links) zu machen. Bild 8.1 zeigt die *Holzmann*-Schablone.

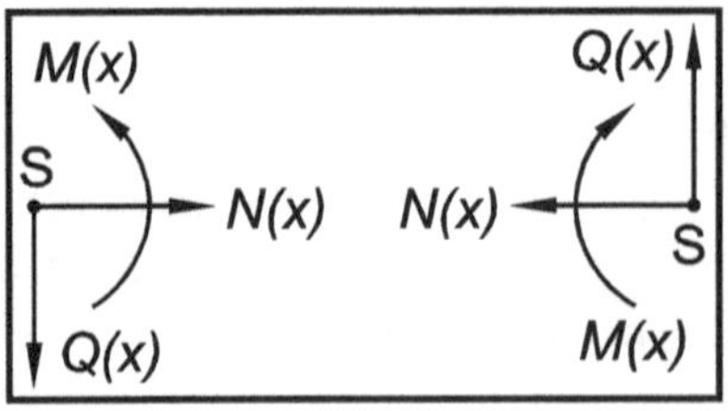

Bild 8.1
Die *Holzmann*-Schablone

- Bei Dreieckslasten schneidet bevorzugt immer „bergauf“.
- Gelegentlich ist es erforderlich, komplexere Balken nicht in Gelenken, sondern z. B. direkt neben Knicken oder T-Abzweigungen zu trennen. Diese Technik (Balkenflex) wird ausführlich im Lehrbuch „Brücken zur Mechanik – Statik“ gezeigt.
- Bei Schnitten in vertikalen Balkenteilen ist es vorteilhaft, diese für die Schnittskizze in die Horizontale zu drehen und so zu zeichnen. Gelegentlich wird dabei aber vergessen, die wirkenden Lasten ebenfalls mitzudrehen.
- Von Vorteil ist es, den Balken möglichst immer von „außen“ nach „innen“ zu schneiden, also mit Blick hin zu den innenliegenden Bereichsgrenzen. Dadurch vermeidet man aufwendige Schnittskizzen und erhält „einfachere“ Momentengleichgewichte.
- Berücksichtigen Sie den Differenzialzusammenhang zwischen den Schnittgrößenfunktionen $q(x)$, $Q(x)$ und $M(x)$. Die Querkraftfunktion $Q(x)$ ist die Ableitung von $M(x)$ und zeigt daher die Steigung des Momentenverlaufs. Achten Sie bei $Q(x)$ auf Nulldurchgänge bzw. Nullstellen. An diesen Stellen hat der Momentenverlauf einen Knick (beim Querkraftsprung) bzw. ein lokales Extremum (Nullstelle von $Q(x)$). Lokale Maxima treten dabei sehr viel häufiger auf als lokale Minima.
- In Bereichsgrenzen springen die Schnittgrößenfunktionen. Deshalb gilt hier der Differenzialzusammenhang **nicht**.
- Sehr hilfreich ist folgender zunächst recht simpel klingende Merksatz: **wirkt Kraft, springt Kraft – wirkt Moment, springt Moment**. An Kraftangriffsstellen springen nur die Kraftverläufe $N(x)$ und $Q(x)$, niemals die Momentenfunktion. Wirkt ein Einzelmoment auf den Balken, erzeugt es an diesem Ort einen Sprung im Momentenverlauf $M(x)$, aber niemals eine Änderung in den beiden Kraftverläufen.
- Die Zählvariable x zählt **immer** in Balkenlängsrichtung und beginnt an Balkenenden, Knicken, Gelenk- und Lagerstellen stets bei **Null**.
- Die gesuchten Schnittgrößenverläufe sollen stets in einem geeigneten Maßstab gezeichnet werden. Gelenkträger werden zwar nach dem Trennen als Einzelbalken berechnet, für die Schnittgrößendarstellung aber wieder zusammengefügt.
- Für die grafische Darstellung der Schnittgrößenfunktionen ist die Verwendung einer Wertetabelle vorteilhaft. Tragen Sie hier stets die Randwerte an den Bereichsgrenzen (hier A und B mit Abstand L) sowie Nullstellen (NSt) des Querkraftverlaufs $Q(x)$ und die Beträge der dortigen lokalen Momentenextrema ein. Bei Funktionen der 2. und 3. Ordnung empfiehlt es sich, für die eindeutige Darstellung zusätzliche Stützpunkte (Stzpkt) mit aufzunehmen.

Tabelle 8.1 Aufnahme von zusätzlichen Stützpunkten bei Parabeln und Hyperbeln

x_1	wo?	$N(x)$	$Q(x)$	$M(x)$
0	A			
$L/4$	Stzpkt 1			
$L/2$	NSt			
$(3/4)\cdot L$	Stzpkt 2			
L	B			

Die Anzahl der erforderlichen Tabelleneinträge ist abhängig von der Ordnung der zu zeichnenden Schnittgrößenfunktion. Im Normalkraftverlauf hat man üblicherweise Konstanten (Nullte Ordnung, x^0). Hier reicht im Bereich zwischen 0 und L **ein** Tabelleneintrag (Punkt in Bild 8.2). Bei Geraden mit Steigung (1. Ordnung, x^1) braucht man **zwei** Einträge am Anfang und am Ende des Bereichs, also an den Bereichsgrenzen. Haben diese beiden verschiedenen Vorzeichen, muss sich dazwischen ein Sprung oder eine Nullstelle (NSt) befinden. Deren Ort (in Bild 8.2 bei $L/2$) wird ebenfalls in die Wertetabelle aufgenommen, weil sich in der Folgefunktion ein lokales Extremum (LE) befindet. Bei quadratischen Funktionen (2. Ordnung, x^2) tragen wir die Randwerte an den Bereichsgrenzen 0 und L ein sowie das berechnete lokale Extremum (hier bei $L/2$). Zwei weitere Stützpunkte (bei $L/4$ und $(3/4)\cdot L$) geben eindeutige Hinweise auf die Krümmung und die Symmetrie der Parabel. Bei Funktionen der 3. Ordnung (x^3) werden demzufolge ebenfalls mindestens **vier**, besser **fünf** Tabelleneinträge empfohlen. Als **Faustregel** gilt: Anzahl Tabelleneinträge = Ordnung plus eins, ab der 2. Ordnung mindestens vier.

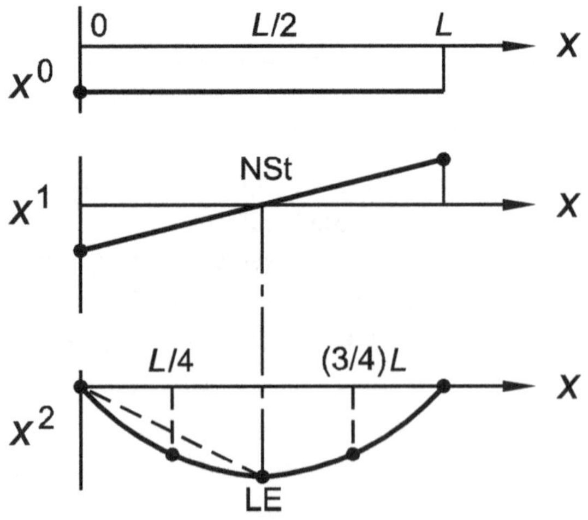

Bild 8.2
Empfohlene Anzahl Tabelleneinträge

- Führen Sie nach dem Anfertigen der Wertetabelle eine Einheitenprüfung durch. In den Spalten der Kraftverläufe $N(x)$ und $Q(x)$ dürfen nur Kräfte (Einheit N bzw. F) stehen, in der Spalte $M(x)$ nur die Einheit Nm bzw. Fa. Die Belastungsintensität q hat die Einheit N/m. Also gibt es bei Streckenlasten in den Kraftverläufen nur die beiden Varianten qx und qa, bei der Momentenfunktion nur qx^2, qax und qa^2.
- Bei der grafischen Darstellung der Schnittgrößen gibt es keine einheitliche Regelung für die Ausrichtung der positiven Achsen. Auf den ersten Blick ungewöhnlich erscheint das Abtragen der positiven Werte **nach unten**. Der Vorteil besteht hierbei in der Plausibilitätsprüfung des Querkraftverlaufs, der die Steigung des Momentenverlaufs zeigt. Das hat zur Folge, dass im Momentenverlauf die positive Steigung nach **unten** zeigt, die negative nach **oben**. Wir betrachten hierzu den Gelenkbalken **Ba_07**, dessen Eigengewicht durch eine Rechtecklast q dargestellt wird. Die Musterlösung finden Sie im Lehrbuch „Brücken zur Mechanik – Statik".

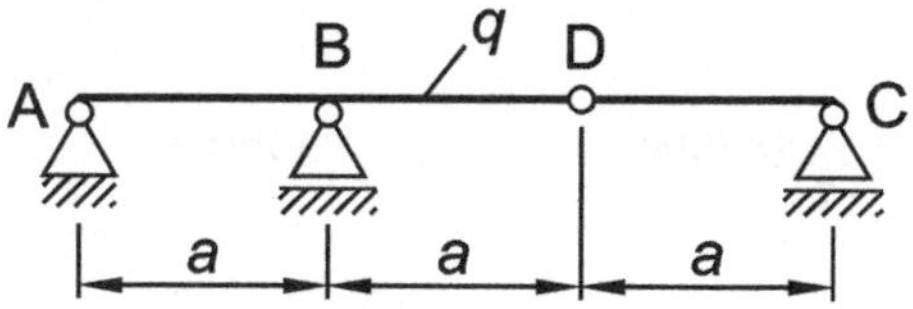

Bild 8.3
Die Gelenkbalkenaufgabe Ba_07

Wir trennen die beiden Balkenteile ABD und DC im Gelenk D, ziehen sie auseinander und schneiden diese getrennt frei. Empfohlen wird, immer am „einfacheren" Balkenteil zu beginnen, hier also auf der rechten Seite DC. Die Ersatzkraft qa zeigt nach unten, also müssen die Gelenkkraft D und die Lagerkraft C nach oben wirken:

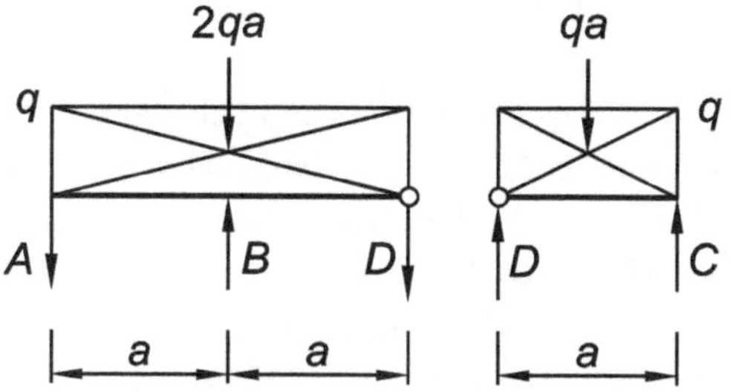

Bild 8.4
Getrenntes Freischneiden der beiden Balkenteile

Für jedes Balkenteil stellen wir drei Gleichgewichtsbedingungen auf und erhalten die Lager- und Gelenkreaktionen $A = C = D = qa/2$ sowie $B = 3qa$. Durch das Trennen im Gelenk haben wir zwei separate Balken, daher sind wir bei Blickrichtung in der Schnittführung völlig frei. Die Bereiche AB und DC schneiden wir in Vorzugsrichtung (Blick nach rechts). Für den Bereich BD bietet sich ein Gegenschnitt an (Blick nach links). Die innenliegende Bereichsgrenze B wird dadurch elegant „übergangen“. Nach den drei Schnitten fertigen wir die Wertetabelle an. Bei Streckenlasten kann man die Schnittgrößenfunktionen auf qa bzw. qa^2 normieren, in die Wertetabelle und in den Schnittgrößenverläufen tragen wir dementsprechend nur noch die Zahlenwerte ein:

Tabelle 8.2 Wertetabelle für die Balkenaufgabe Ba_07

x_1	**wo?**	$Q(x_1)/(qa)$	$M(x_1)/(qa^2)$
0	A	-1/2	0
a/4	Stzpkt 1		-5/32
a/2		-1	-3/8
(3/4)·a	Stzpkt 2		-21/32
a	B	-3/2	-1
x_2	**wo?**	$Q(x_2)/(qa)$	$M(x_2)/(qa^2)$
a		+3/2	-1
a/2		+1	-3/8
0	D	+1/2	0
x_3	**wo?**	$Q(x_3)/(qa)$	$M(x_3)/(qa^2)$
0	D	+1/2	0
a/2		0	+1/8
a	C	-1/2	0

Der zweite Schnitt im Bereich BD ist ein Gegenschnitt (Blick nach links). Um für die Schnittgrößendarstellung die Reihenfolge A, B, D, C entlang des Balkens zu gewährleisten, fangen wir beim Befüllen der Wertetabelle immer beim größten Wert (hier a) an und schließen mit dem kleinsten (hier 0) ab.

Für die grafische Darstellung der Schnittgrößenfunktionen empfiehlt es sich, den Balken samt Lagerreaktionen direkt über die Schnittgrößen zu zeichnen. Wir fügen die Balkenteile wieder zusammen und tragen die Werte für die Lagerreaktionen A, B und C ein. Von der inneren Gelenkkraft D kennen wir nur den Betrag $qa/2$. Die Schnittgrößenfunktionen zeichnen wir direkt darunter, die positiven Werte nach **unten**, die negativen nach **oben**.

- Grundsätzlich können die Einheiten für Kraft und Moment (*F*, *Fa*) in die Diagrammbeschriftung als **Nenner** der Schnittgrößenfunktionen übernommen werden, also z.B. $N(x)/F$, $Q(x)/F$ und $M(x)/(Fa)$. Bei Streckenlasten normiert man auf qa bzw qa^2: $N(x)/(qa)$, $Q(x)/(qa)$ und $M(x)/(qa^2)$. Wie in der Wertetabelle werden somit nur noch Brüche bzw. Dezimalzahlen eingetragen (siehe z.B. **Ba_01 bis Ba_10**).

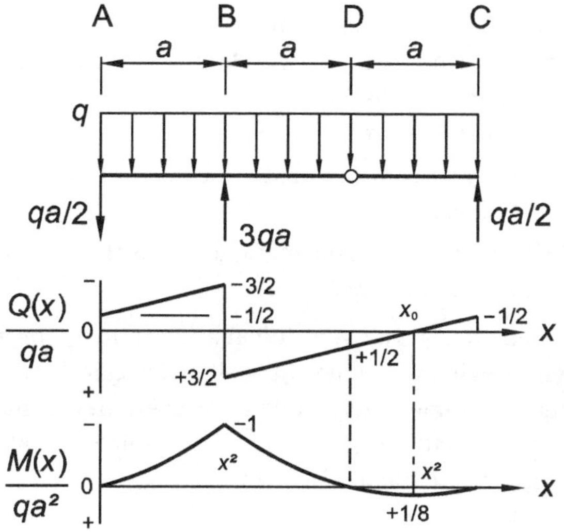

Bild 8.5
Bei Streckenlasten kann man Tabelleneinträge und Diagrammbeschriftungen durch *F* und *a* teilen bzw. auf qa und qa^2 normieren

Die äußere Lagerkraft *A* zeigt nach unten, $Q(x)$ springt als innere Antwort darauf betragsgleich um $qa/2$ nach oben ins Negative. Die konstante Rechtecklast q wirkt stetig über den gesamten Bereich ABDC nach unten. Die Antwort des Balkens darauf ist ein konstant ansteigender Querkraftverlauf nach oben mit der Steigung $-q$. In B wirkt die Lagerkraft *B* nach oben. Dementsprechend reagiert $Q(x)$ mit einem Sprung $3qa$ nach unten ins Positive. In D taucht der Betrag der inneren Gelenkkraft $D = qa/2$ auf, er ist positiv. In C wirkt die Lagerkraft *C* nach oben, $Q(x)$ springt dementsprechend um $qa/2$ nach unten auf den Wert Null. Links vom Balkenanfang A und rechts vom Balkenende B muss die Querkraft Null sein. Wir sehen den Vorzeichenwechsel zwischen D und C. Wie erwartet finden wir eine Nullstelle genau in der Mitte des Bereichs DC. Im Momentenverlauf erwarten wir hier ein lokales Extremum.

Der Querkraftverlauf zeigt die Steigung von $M(x)$. In A beginnt der Momentenverlauf mit einer negativen Steigung, die bis B zunimmt. Der Querkraftsprung in B hat einen Vorzeichenwechsel, was an dieser Stelle einen Knick im Momentenverlauf bedeutet. Die Steigung wird positiv und nimmt bis zur Nullstelle x_0 ab. Die beiden Parabeln in den Bereichen AB und BD sind symmetrisch und haben in B eine gemeinsame Spitze.

Durch die beiden Stützpunkte (Wertetabelle) im Bereich AB konnte deren Krümmung eindeutig bestimmt werden. Wie erwartet finden wir im Bereich DC bei der Nullstelle x_0 ein lokales Extremum.

Auf **drei** Kontrollmöglichkeiten sei hierbei noch hingewiesen:

a. Wir haben zu Beginn den Gelenkbalken getrennt und die Lager- und Gelenkreaktionen berechnet. Da in D das Wechselwirkungsgesetz gilt, kennen wir zwar den Betrag der Lagerkraft *D*, aber nicht deren Vorzeichen. In $Q(x)$ muss der Betrag von *D* auftauchen, wir sehen, dass er positiv ist.

b. Gelenke sind zweiwertig und können kein Moment aufnehmen. Daher überrascht es nicht, dass $M(x)$ in D Null ist.

c. Die Lager A und C an den Balkenenden nehmen ebenfalls keine Momente auf. Dementsprechend sehen wir hier ebenfalls $M(x) = 0$.

- In den eckigen Klammern am Ende der jeweiligen Aufgabe sind nur die Lager-, Gelenk- und Einspannreaktionen sowie eventuelle Nullstellen des Querkraftverlaufs $Q(x)$ sowie lokale Extrema des Momentenverlaufs angegeben. In den nachfolgenden Schnittgrößendiagrammen sind Geraden mit Steigung mit x^1, Parabeln mit x^2 und Funktionen dritten Grades mit einem x^3 gekennzeichnet.

Für den Einstieg eignen sich: Ba_01 bis Ba_12, Ba_27

Etwas sportlicher sind: Ba_18, Ba_23 bis Ba_26, Ba_28, Ba_36 bis Ba_38, Ba_40, Ba_43 bis Ba_46, Ba_51 bis Ba_55 (!)

Ba_01

Der Winkelträger ABDE ist in A gelagert und wird durch den senkrechten Stab BC gestützt. Im Bereich ABD wirkt eine Rechtecklast mit $q = 500$ N/m, in E greift die horizontale Einzelkraft $F = 500$ N an. Es gilt $a = 1{,}5$ m. Bestimmen Sie die:

a) Lagerreaktionen in A und C.

b) Schnittgrößenfunktionen im Bereich ABDE.

c) Wo hat $Q(x)$ im Bereich AB eine Nullstelle?

d) Wie groß ist dort das Biegemoment?

e) Stellen Sie die Schnittgrößen grafisch dar.

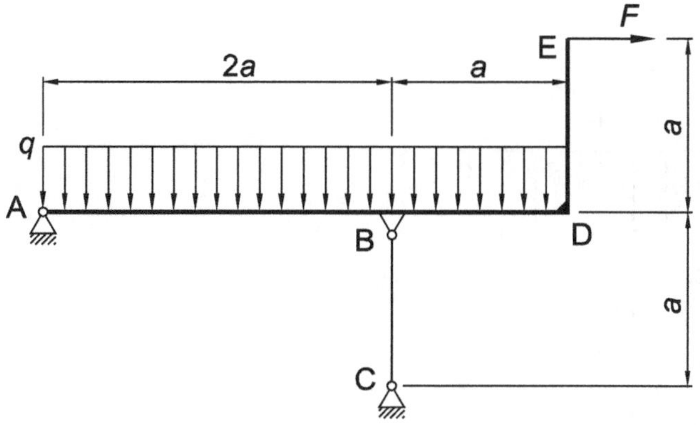

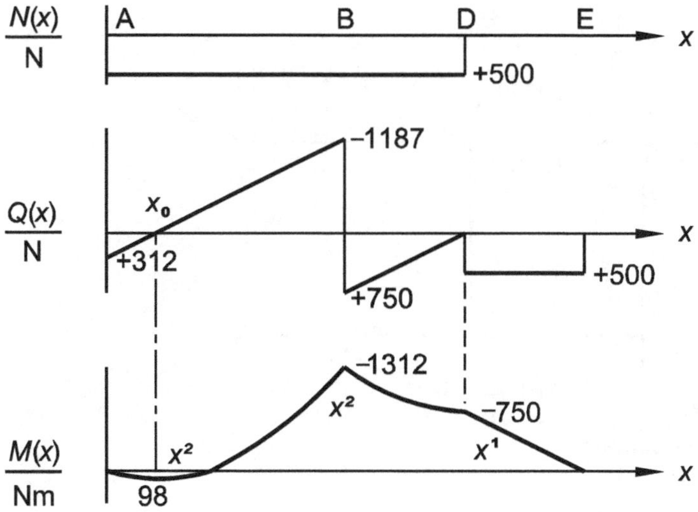

[$A_x = 500$ N; $A_y = 312{,}5$ N; $B = C = 1937{,}5$ N; Bereich AB: $x_0 = 0{,}625$ m; $M_{max} = 97{,}7$ Nm]

Ba_02

Der Balken ABC ist in A und C gelagert. Er wird mit einer Rechtecklast $q = F/a$ und in B mit einer Vertikalkraft $F = qa$ belastet. Gesucht sind die:

a) Lagerreaktionen in A und C als Vielfache von F.

b) Schnittgrößenfunktionen im Gesamtbereich ABC.

c) An welcher Stelle x_{10} im Bereich AB tritt das größte Biegemoment M_{max1} auf? Wie groß ist es?

d) Gibt es im Bereich BC ein zweites Momentenmaximum? Falls ja, geben Sie dessen Ort x_{20} sowie dessen Betrag M_{max2} an.

e) Stellen Sie die Schnittgrößenfunktionen grafisch dar.

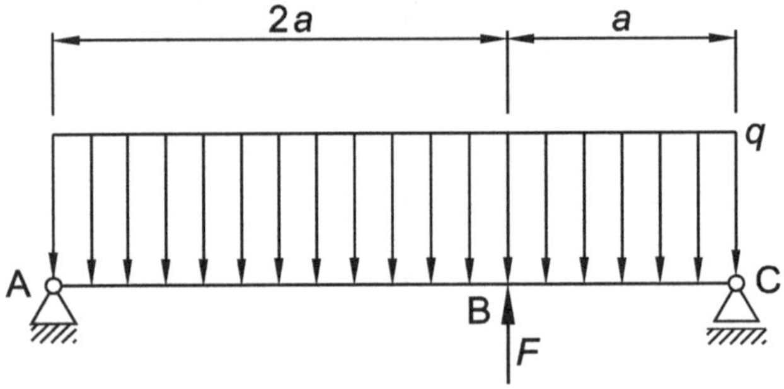

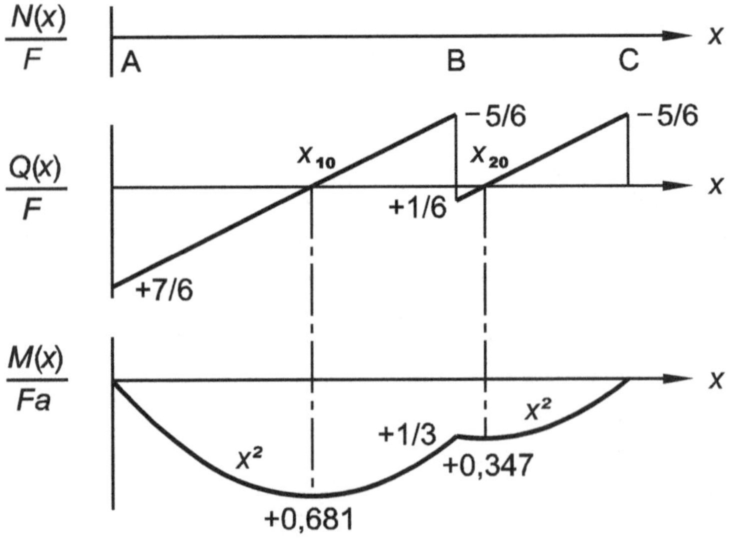

[$A_x = 0$; $A_y = (7/6) \cdot F$; $C = (5/6) \cdot F$; Bereich AB: $x_{10} = (7/6) \cdot a$; $M_{\text{max1}} = 0{,}681 \cdot Fa$; Bereich BC: $x_{20} = (1/6) \cdot a$; $M_{\text{max2}} = 0{,}347 \cdot Fa$]

Ba_03

Die Balken ABD und CD sind in D gelenkig miteinander verbunden. Im Bereich AB wirkt die Rechtecklast $q = 10$ kN/m, im Bereich CD die Kraft $F = qa$. Bestimmen Sie für $a = 1$ m die:

a) Lager- und Gelenkreaktionen in B, D und C.

b) Schnittgrößenfunktionen für den Bereich ABD.

c) Skizzieren Sie die Schnittgrößenverläufe maßstäblich.

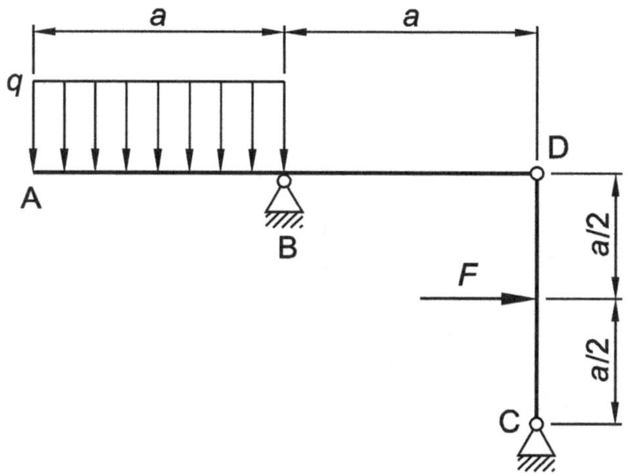

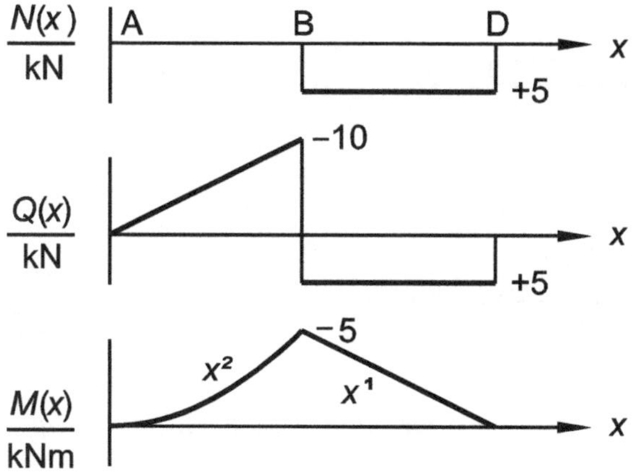

[$B_x = D_x = 5$ kN; $B_y = 15$ kN; $C_x = 5$ kN; $C_y = D_y = 5$ kN]

Ba_04

Die Teile AG und GBC des Gelenkträgers sind im Gelenk G miteinander verbunden. Der Träger ist in A, B und C gelagert. Das Teil AG wird durch die Rechtecklast q, das Teil GBC durch die Einzelkraft $F = qL$ belastet. Bestimmen Sie die:

a) Lager- und Gelenkreaktionen in A, G, B und C.

b) Schnittreaktionen des Gesamtträgers.

c) Ort und Betrag des größten Biegemoments im Bereich AB.

d) Skizzieren Sie die Schnittreaktionen maßstäblich.

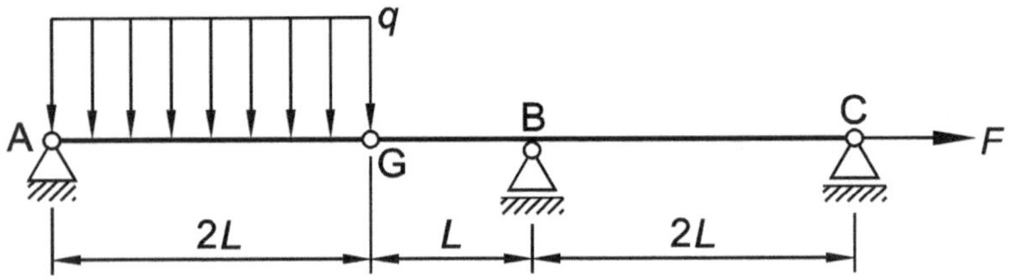

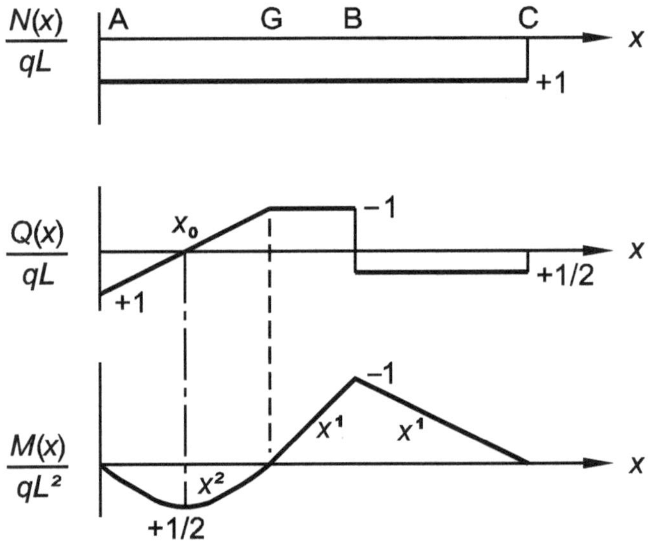

[$A_x = G_x = F$; $A_y = G_y = qL$; $B_y = (3/2) \cdot qL$; $C_y = (1/2) \cdot qL$; Bereich AG: $x_0 = L$; $M_{max} = (1/2) \cdot qL^2$]

Ba_05

Der T-Träger ABCD ist in A fest eingespannt. In D ist der Träger DE gelenkig befestigt, der sich in E reibungsfrei auf ACB abstützt. Auf das System wirken eine Horizontalkraft F und eine Vertikalkraft $2F$. Bestimmen Sie die:

a) Einspannreaktionen in A.

b) Gelenkkraftkomponenten in D und die Kontaktkraft in E.

c) Trennen Sie Träger CD und Teil DE vom Hauptträger ACB und ersetzen Sie diese in C und B durch Kraft und Moment.

d) Berechnen Sie die Schnittgrößen für den Bereich ACB und skizzieren Sie diese maßstäblich.

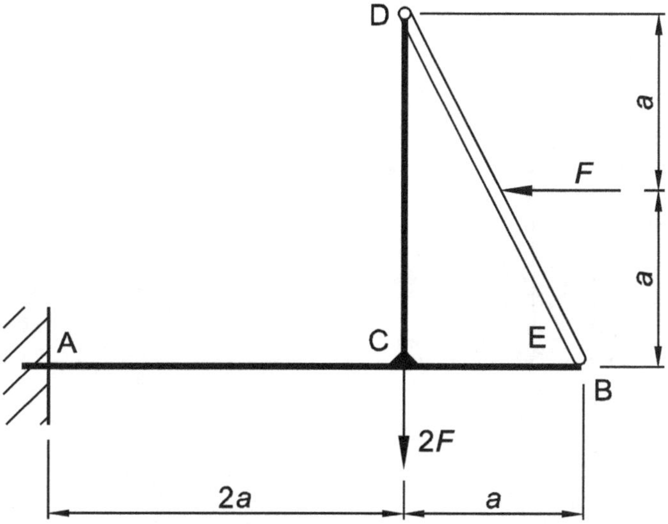

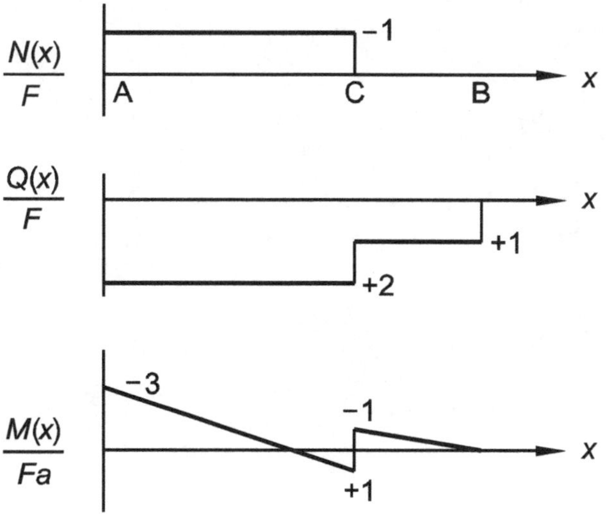

[$A_x = F$; $A_y = 2F$; $M_A = 3Fa$; $E = F = D_y$; $D_x = F$; $C_x = F$; $C_y = F$; $M_C = 2Fa$]

Ba_06

Der Schweißrahmen ABCDE ist in A und B gelagert. Im Bereich CE wirkt die Rechtecklast $q = 20\,\text{kN/m}$ sowie die schräge Kraft $F = 56{,}57\,\text{kN}$. Es gilt $a = 2\,\text{m}$, $b = 3\,\text{m}$, $c = 4\,\text{m}$. Gesucht sind die:

a) Lagerkraftkomponenten in A und B.

b) Schnittgrößenfunktionen für den Hauptträger ACEB. Stellen Sie diese grafisch dar.

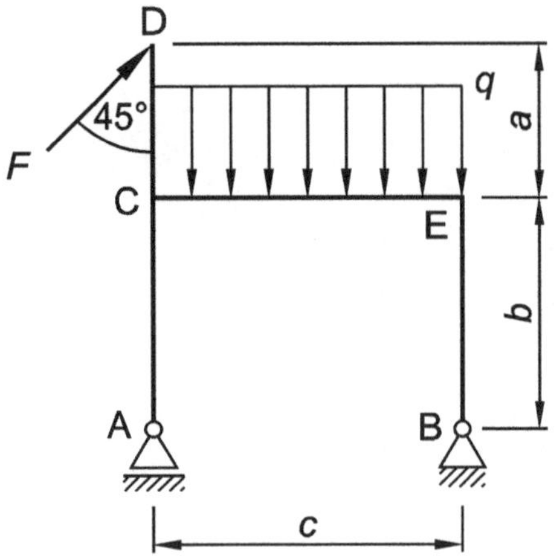

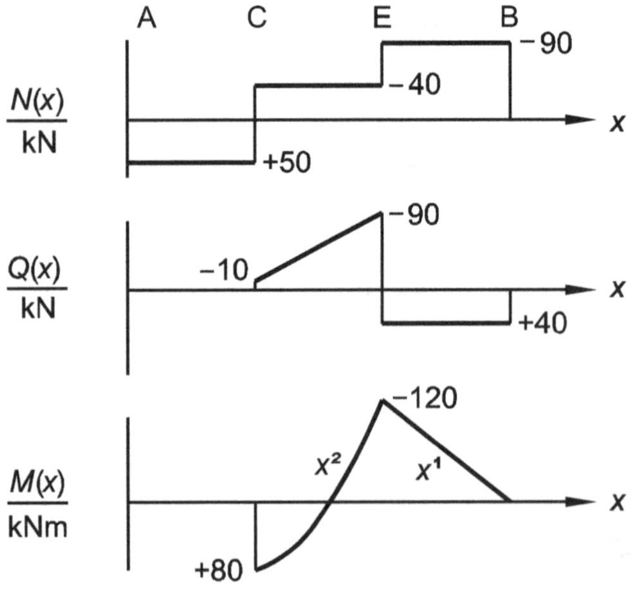

[$A = 50\,\text{kN}$; $B_x = 40\,\text{kN}$; $B_y = 90\,\text{kN}$]

Ba_07

Die beiden Brückenteile ABD und DC sind in D gelenkig verbunden. Das Eigengewicht der Brücke wird als Rechtecklast q angenommen.

a) Ermitteln Sie die Lager- und Gelenkreaktionen in A, B, D und C.

b) Berechnen Sie die Schnittgrößenfunktionen und zeichnen Sie diese maßstäblich.

Über die Brücke wird nun eine Last $F = qa$ transportiert, welche zusätzlich zum Eigengewicht q wirkt. **Lösungshinweis:** Eigengewicht und Einzellast können überlagert werden (Superposition).

c) Bei welchem Abstand x^* der Kraft F vom Lager A aus tritt das größte Biegemoment auf? Wo wirkt dieses Moment und wie groß ist es?

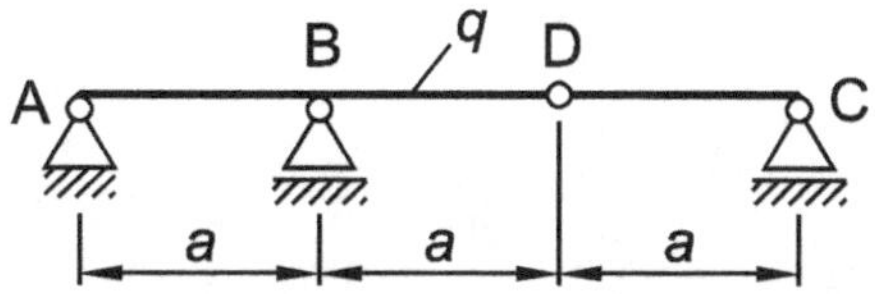

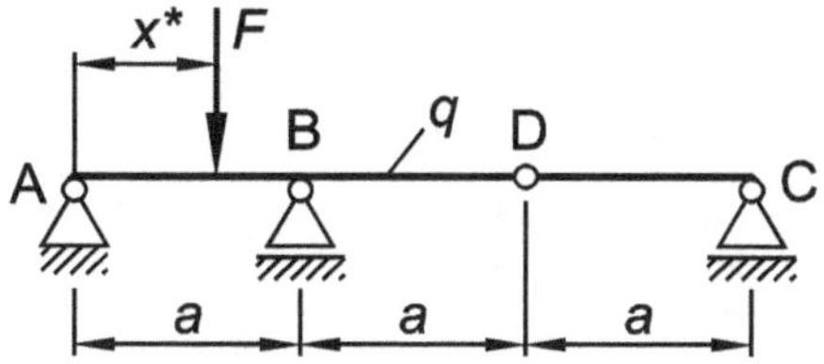

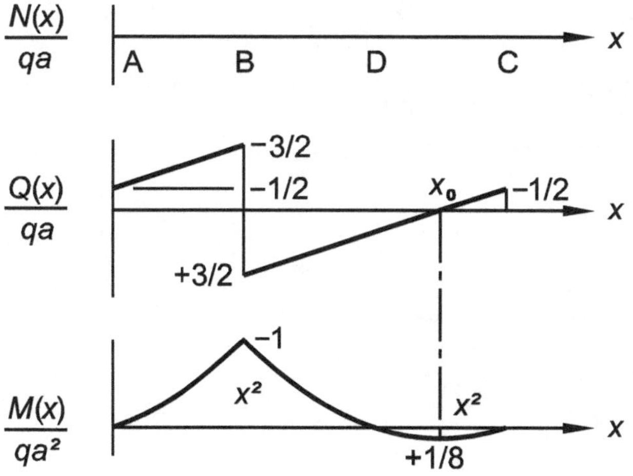

[$A = C = D = (1/2) \cdot qa$; $B = 3qa$; für $x^* = 2a$ wird in B: $M_{max} = -2qa^2$]

Ba_08

Der rechtwinklige Portalrahmen ($L = 0{,}4$ m) ist in A und B gelagert. Er wird mit der Kraft $F = 80$ N und der Rechtecklast $q = 200$ N/m belastet. Bestimmen Sie die:

a) Lagerkraftkomponenten in A und B.

b) Schnittgrößenfunktionen im gesamten Rahmen.

c) Stellen Sie die Schnittgrößen grafisch dar.

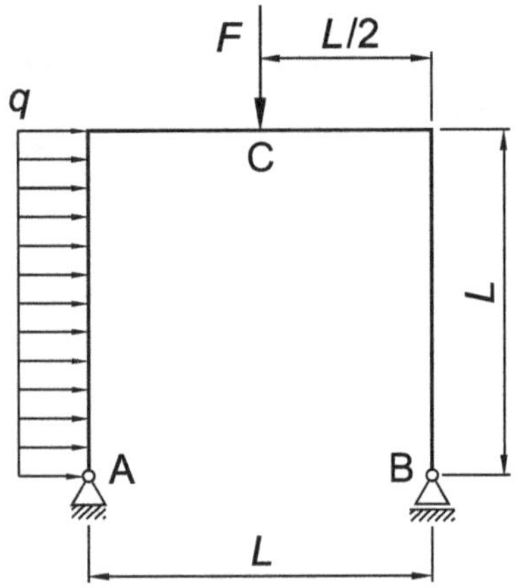

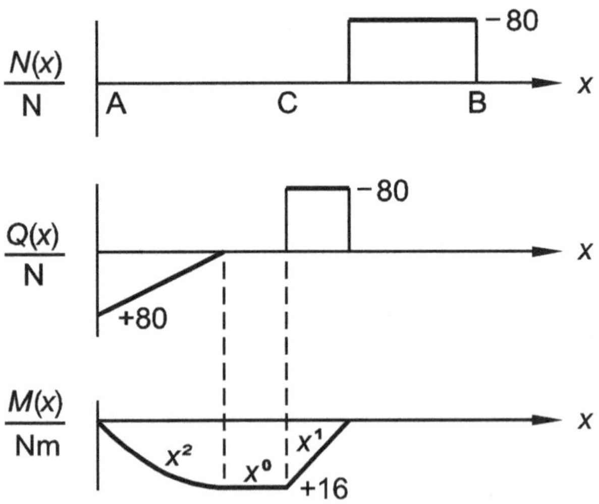

[$A_x = 80$ N; $A_y = 0$; $B_y = 80$ N]

Ba_09

Der Gelenkträger setzt sich aus dem Winkel ABG und dem Balken GC zusammen, die in G verbunden sind. Er ist in A gelagert und in C fest eingespannt. Auf ihn wirkt die Horizontalkraft $F = qa$ und im Bereich BGC die Rechtecklast q. Bestimmen Sie die:

a) Lager-, Gelenk- und Einspannreaktionen in A, G und C als Vielfache von qa und qa^2.

b) Schnittgrößen im Gesamtträger als Funktionen von x und Vielfache von q und a und zeichnen Sie diese maßstäblich.

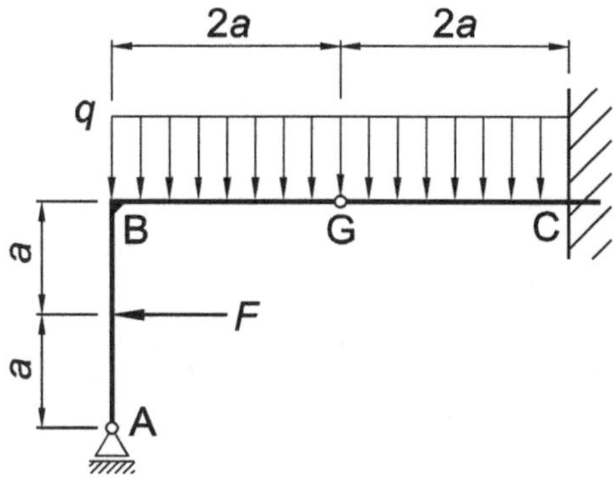

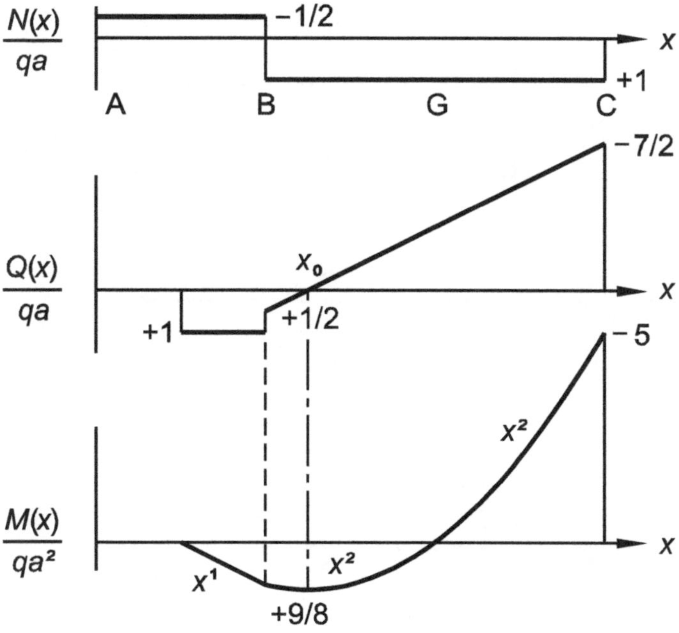

[$A = qa/2$; $G_x = C_x = qa$; $G_y = 1{,}5 \cdot qa$; $C_y = 3{,}5 \cdot qa$; $M_C = 5qa^2$; Bereich BG: $x_0 = a/2$; $M_{max} = 1{,}125 \cdot qa^2$]

Ba_10

Der T-Träger ist in D und E gelagert. Die Teile CBA und BDE sind in B fest miteinander verschweißt. Im Bereich BC greift die horizontale Rechtecklast q an, in A und E jeweils eine Einzelkraft $F = qa$.

a) Ermitteln Sie die Lagerkräfte in D und E in Abhängigkeit von q und a.

b) Berechnen Sie die Schnittgrößenfunktionen für den gesamten Träger und stellen Sie diese grafisch dar.

Lösungshinweis: Trennen Sie knapp rechts von B (Balkenflex) und behandeln sie die Teile ABC und BDE separat.

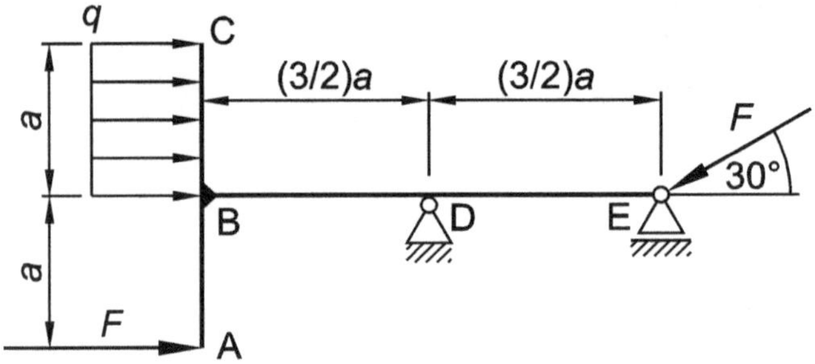

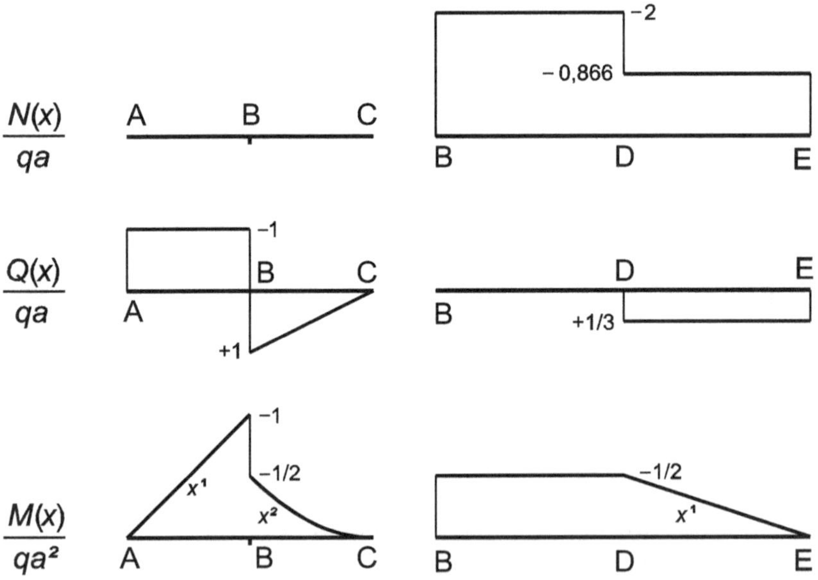

$[D_x = 1{,}134 \cdot qa;\ D_y = 0{,}33 \cdot qa;\ E = 0{,}166 \cdot qa]$

Ba_11

Der Winkelträger ABC ist in C gelenkig mit dem Balken CDE verbunden. Das System ist in B gelagert und in E fest eingespannt. Zwischen A und B wirkt die horizontale Rechtecklast $q = F/a$ nach links, in D greift die Kraft $2F$ an. Ermitteln Sie die:

a) Lager- Gelenk- und Einspannreaktionen in B, C und E als Vielfache von F und a.

b) Schnittgrößenfunktionen für den Gesamtträger ABCDE und stellen Sie diese grafisch dar.

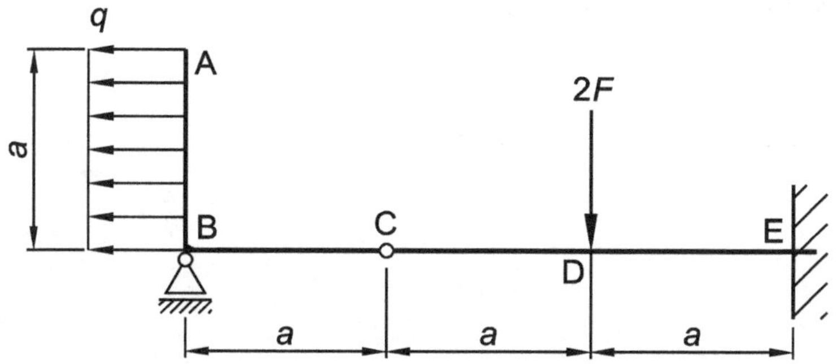

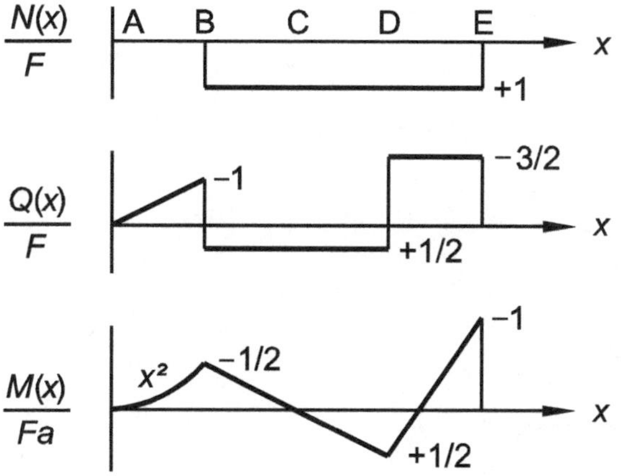

[$C_x = E_x = F$; $B = C_y = F/2$; $E_y = 1{,}5 \cdot F$; $M_E = Fa$]

Ba_12

Der Gelenkträger ABC ist in C fest eingespannt. Im Bereich AB wirkt die Rechtecklast $q = 3$ kN/m. Ermitteln Sie die:

a) Lager- Gelenk- und Einspannreaktionen in A, B und C.

b) Schnittgrößenfunktionen im Bereich ABC und stellen Sie diese grafisch dar.

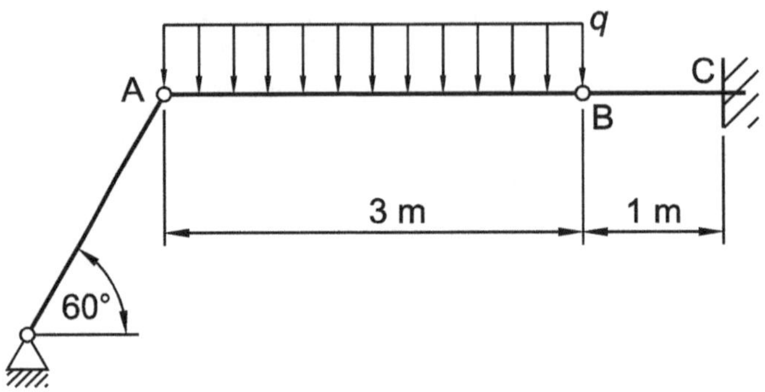

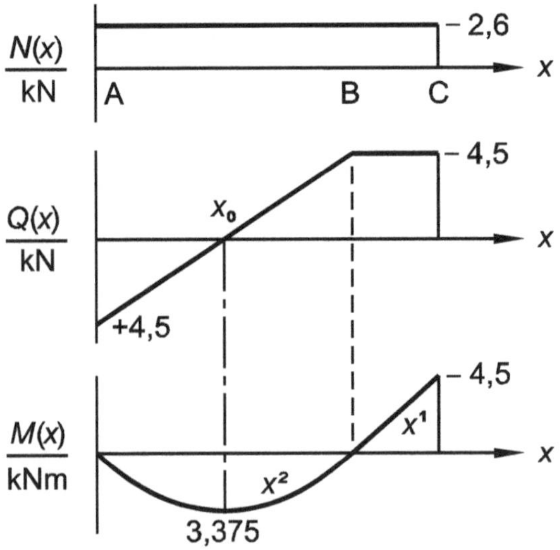

[$A_x = B_x = C_x = 2{,}59$ kN; $A_y = B_y = C_y = 4{,}5$ kN; $M_C = 4{,}5$ kNm; Bereich AB: $x_0 = 1{,}5$ m; $M_{max} =$ 3,38 kNm]

Ba_13

Der Gelenkträger ADCB setzt sich aus dem vertikalen Balken AD und dem schiefwinkligen Träger BCD zusammen, die in D gelenkig miteinander verbunden sind. Im Bereich AD wirkt die horizontale Rechtecklast $q = 200$ N/m. Bestimmen Sie für $a = 0{,}4$ m die:

a) Lager- und Gelenkreaktionen in A, B und D.

b) Schnittgrößenreaktionen im gesamten Balken und stellen Sie diese grafisch dar.

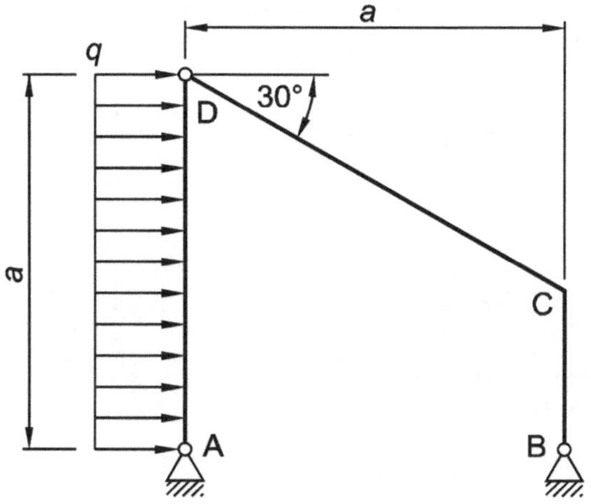

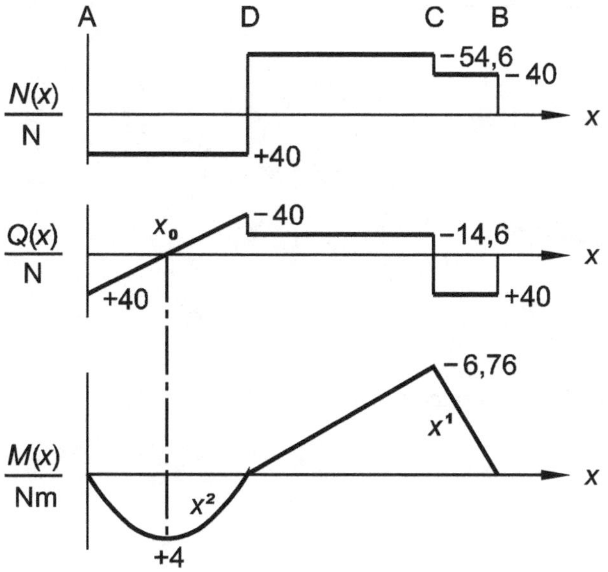

[$A_x = A_y = B_x = B_y = D_x = D_y = 40$ N; Bereich AD: $x_0 = 0{,}2$ m; $M_{max} = 4$ Nm]

Ba_14

Auf den Winkelträger ABCD wirkt die Kraft $F = (1/2) \cdot qa$ und eine Rechtecklast q. Ermitteln Sie die:

a) Lagerreaktionen in A und C.

b) Schnittreaktionen im Hauptträger ABC und stellen Sie diese grafisch dar.

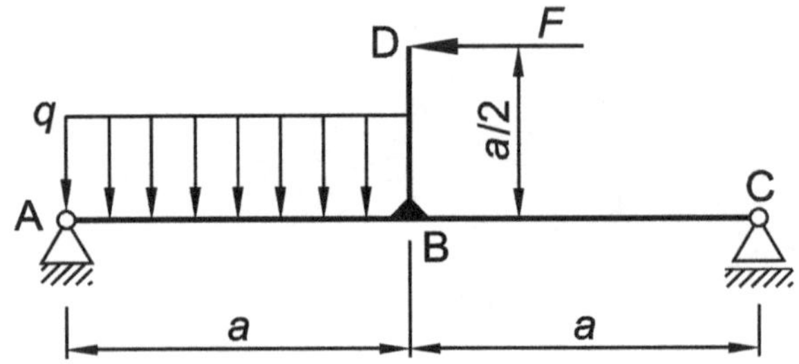

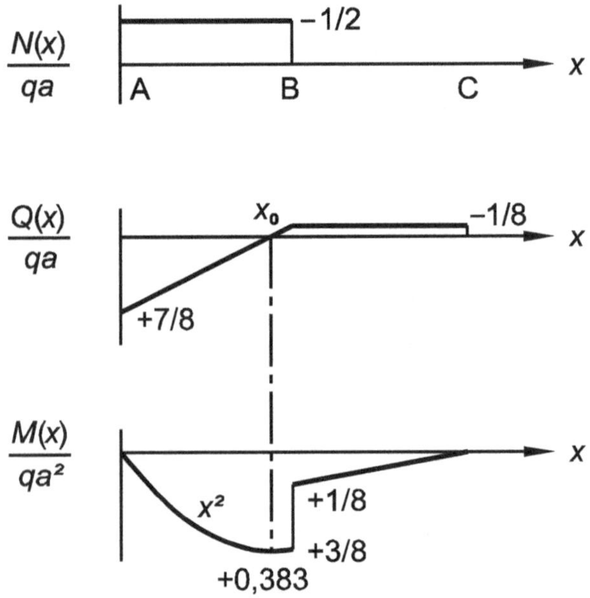

[$A_x = (1/2) \cdot qa$; $A_y = (7/8) \cdot qa$; $C = (1/8) \cdot qa$; Bereich AB: $x_0 = (7/8) \cdot a$; $M_{max} = (49/128) \cdot qa^2$]

Ba_15

Der Träger ACB ist in A und B gelagert. Auf ihn wirkt im Bereich AC eine Rechtecklast q und in Punkt C ein Moment $M_C = qa^2$. Berechnen Sie die:

a) Lagerreaktionen in A und B.

b) Schnittreaktionen im ganzen Träger.

c) An welcher Stelle x_0 tritt das maximale Biegemoment auf? Wie groß ist es?

d) Skizzieren Sie die Schnittgrößen maßstäblich.

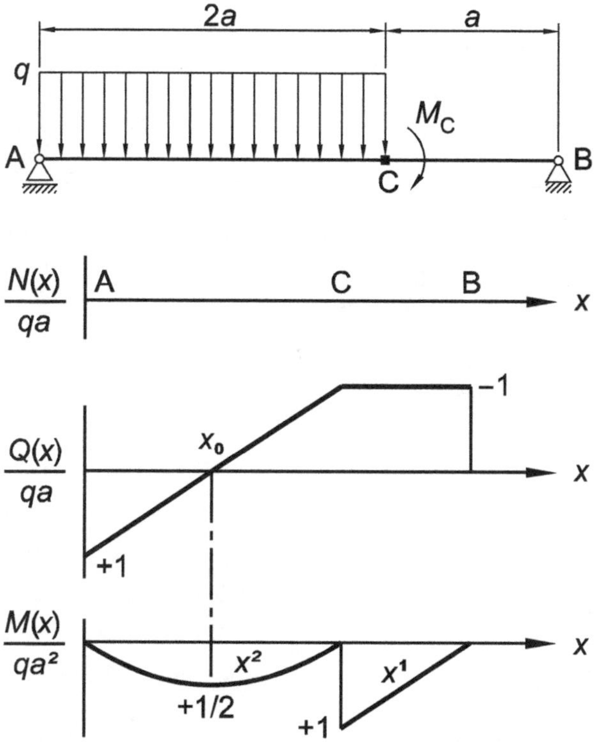

[$A = qa$; $B_x = 0$; $B_y = qa$; Bereich AC: $x_0 = a$; $M_{max} = (1/2) \cdot qa^2$]

Ba_16

Das Tragwerk besteht aus drei Trägern AB, BC und CD, welche in B und C gelenkig miteinander verbunden sind. Es ist in A und D gelagert. Im Bereich BC wirkt die Rechtecklast $q = 100$ N/m. Bestimmen Sie für $a = 1$ m die:

a) Einspann- Gelenk- und Lagerreaktionen in A, B, C und D.

b) Schnittgrößen im gesamten Träger und stellen Sie diese maßstäblich dar.

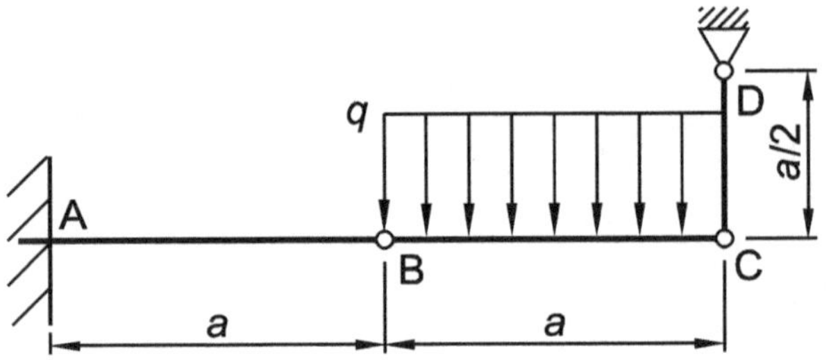

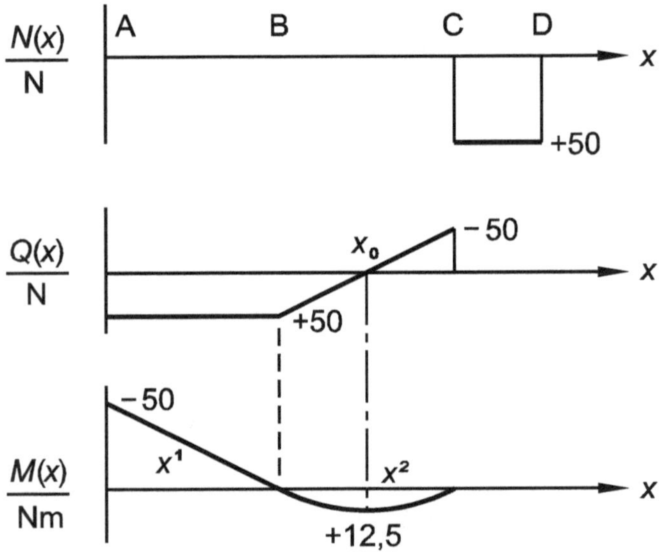

[$A = B = C = D = 50$ N; $M_A = 50$ N; Bereich: BC: $x_0 = a/2$; $M_{max} = 12{,}5$ Nm]

Ba_17

Der Winkelträger ABCD ist in D gelagert und wird durch den Gelenkstab BE gestützt. Im Bereich CD wirkt die Rechtecklast $q = F/a$. In A greift eine Horizontalkraft F an. Ermitteln Sie die:

a) Lagerreaktionen in B und D als Vielfache von F.

b) Schnittreaktionen des gesamten Trägers als Funktionen von x und Vielfache von F und a und zeichnen Sie diese maßstäblich. Tragen Sie Rand- und Extremwerte ein.

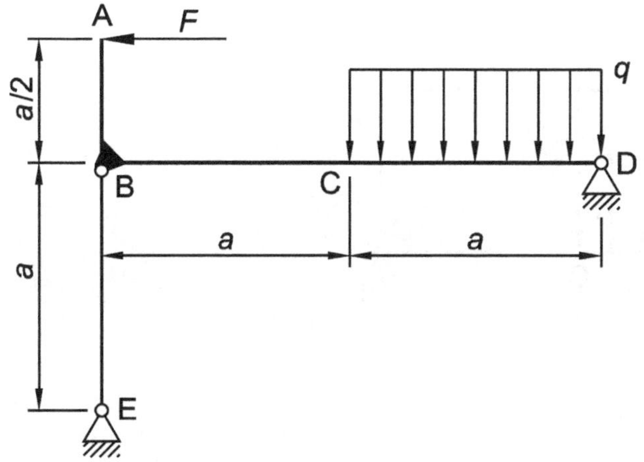

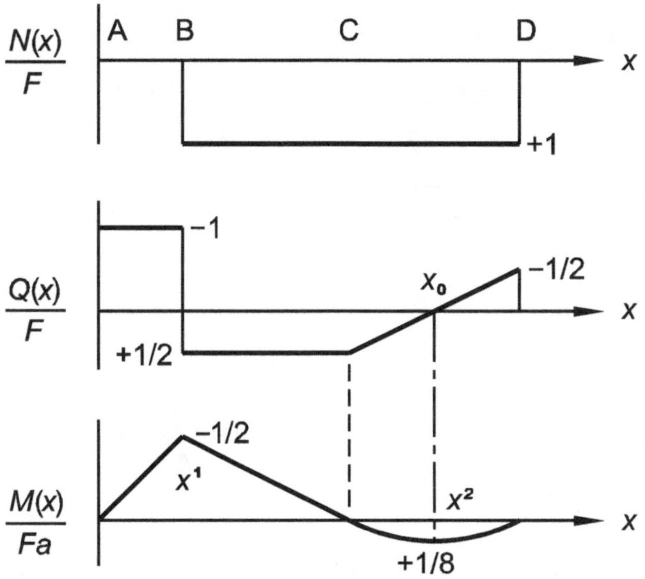

[$B = F/2$; $D_x = F$; $D_y = F/2$; Bereich CD: $x_0 = a/2$; $M_{max} = (1/8) \cdot Fa$]

Ba_18

Der Balken ABCD ist in B und D gelagert. Im Bereich AC wirkt die Rechtecklast $q = F/a$, in C das Moment $M = Fa$. Ermitteln Sie die:

a) Lagerkraftkomponenten in B und D als Vielfache von F.

b) Schnittgrößen im gesamten Balken als Funktionen von x und Vielfache von F und a.

c) Wo hat der Momentenverlauf $M(x)$ im Bereich BC ein lokales Extremum? Wie groß ist dessen Betrag?

d) Stellen Sie die Schnittgrößen grafisch dar.

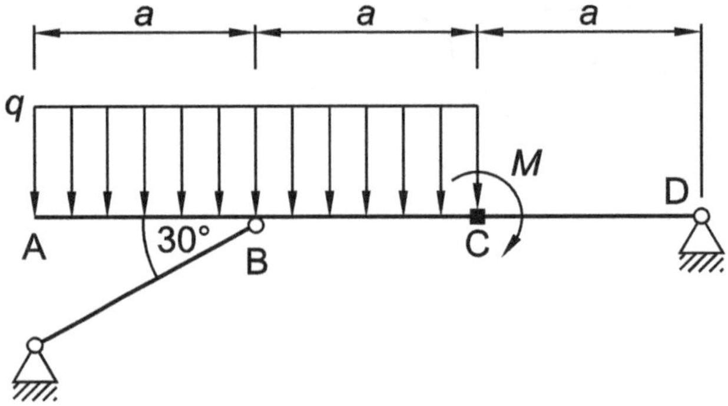

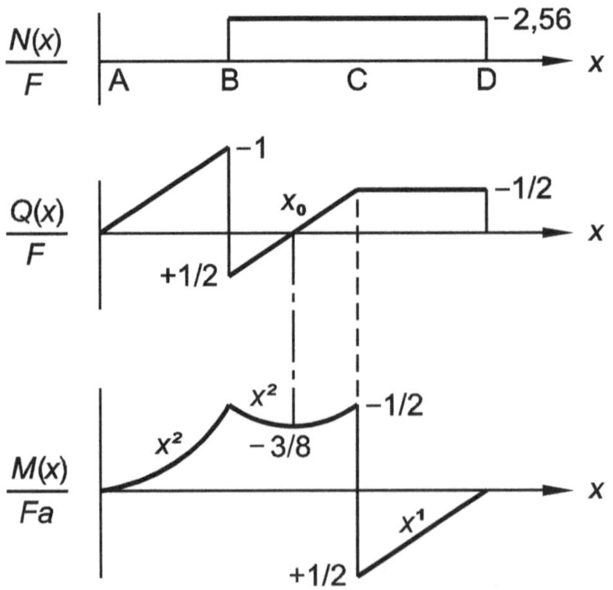

[$B_x = D_x = 2{,}598 \cdot F$; $B_y = 1{,}5 \cdot F$; $B = 3F$ (D); $D_y = F/2$; Bereich BC: $x_0 = a/2$; $M_{min} = -(3/8) \cdot Fa$ (Minimum)]

Ba_19

Der Winkelträger ABCDEH ist in C gelagert und wird in H durch zwei Stäbe gestützt. In A greift eine Horizontalkraft $2F$ an, in D das Moment $M = 3Fa$. Im Bereich EH wirkt die Rechtecklast $q = 2F/a$. Bestimmen Sie die:

a) Lagerreaktionen in C und H als Vielfache von F.

b) Schnittgrößen im gesamten Träger als Funktionen von x und Vielfache von F und a und skizzieren Sie diese maßstäblich.

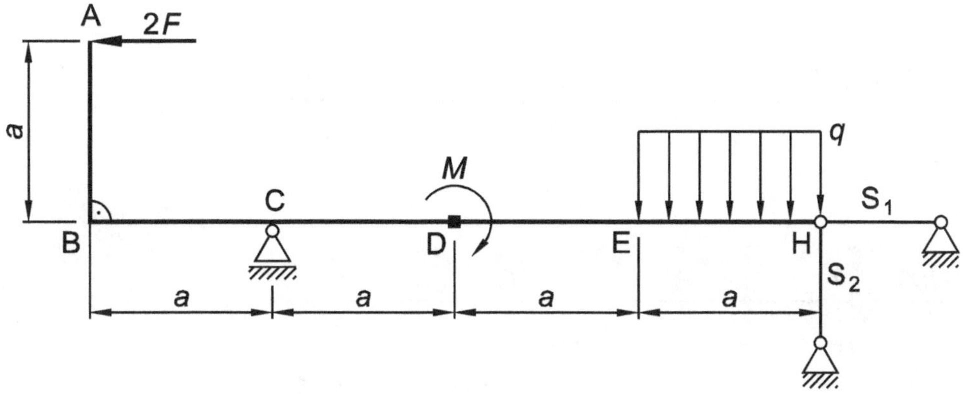

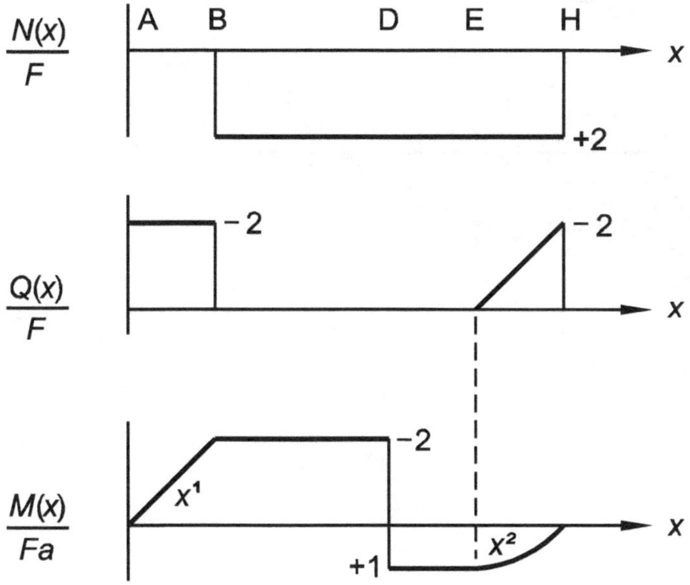

[$C = 0$; $S_1 = S_2 = 2F$]

Ba_20

Der Balken ABCD ist in A und D gelagert. In B wirkt das Moment $M = Fa$, in C und D greifen zwei Kräfte F an. Im Bereich AC wirkt die Rechtecklast $q = F/a$. Gesucht sind die:

a) Lagerreaktionen in A und D als Vielfache von F.

b) Schnittgrößen im Bereich ABCD als Funktionen von x und Vielfache von F und a. Zeichnen Sie diese maßstäblich.

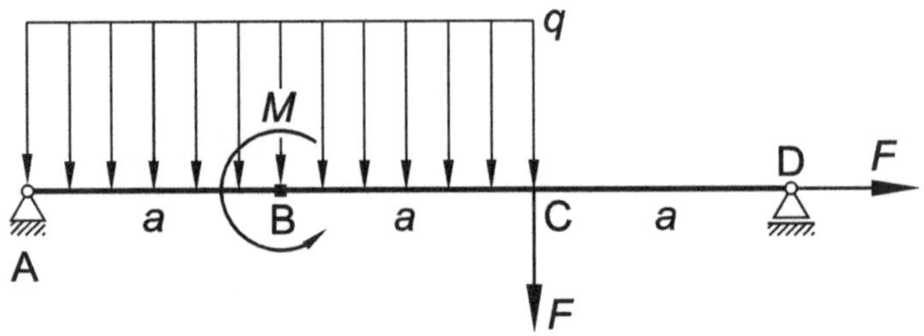

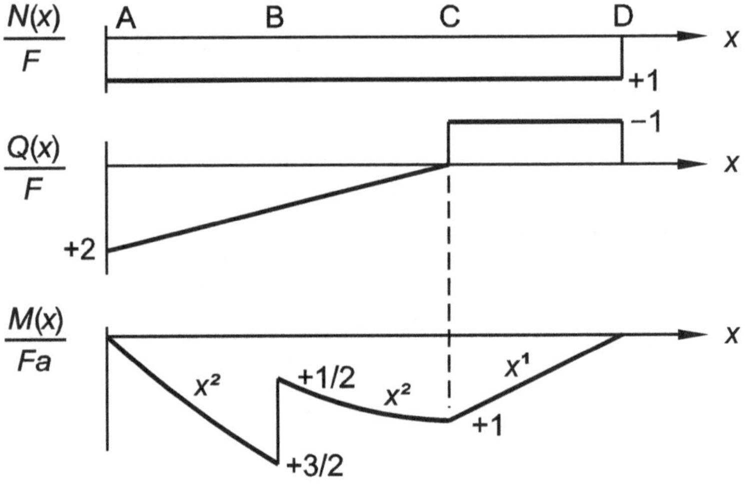

[$A_x = F$; $A_y = 2F$; $D = F$]

Ba_21

Das Tragwerk ist in B, C und D gelagert. Der Winkelträger ABCG und der Balken GDE sind in G miteinander verbunden. Im Bereich CGDE wirkt eine Rechtecklast $q = 2F/a$ nach oben, in A greift eine Horizontalkraft F an. Bestimmen Sie die:

a) Lagerreaktionen in B sowie die Stabkräfte in C und D als Vielfache von F. **Lösungshinweis:** Schneiden Sie ABCG und GDE getrennt frei. Handelt es sich um Zug- oder Druckstäbe?

b) Schnittgrößen im Bereich ABCG als Funktionen von x und Vielfache von F und a.

c) Zeichnen Sie die Schnittgrößen im Bereich ABCG maßstäblich.

d) Können Sie durch Überlegung die Schnittgrößen im Bereich GDE ohne zusätzliche Balkenschnitte zeichnen?

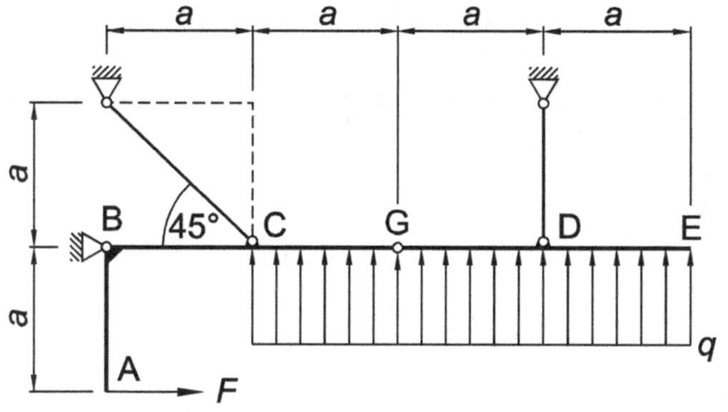

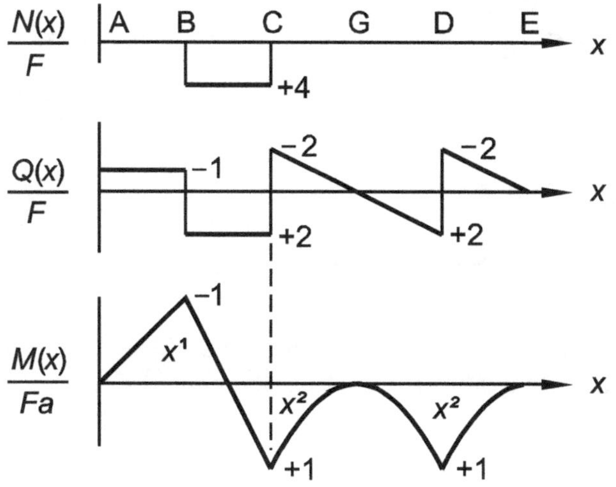

[$B_x = 5F$; $B_y = 2F$; $C_x = C_y = D = 4F$; $G_x = G_y = 0$]

Ba_22

Der Gelenkträger ist in A, B und D gelagert, die Teile ABG und GD sind in G miteinander verbunden. Über die Gesamtlänge wirkt die Rechtecklast $q = 2F/a$. Bestimmen Sie die:

a) Lager- und Gelenkkraftkomponenten in A, B, G und D als Vielfache von F.

b) Schnittgrößen im Gesamtträger als Funktionen von x und Vielfache von F und a.

c) Zeichnen Sie die Schnittgrößen maßstäblich.

d) Zusatzfrage: An welcher Stelle im Bereich AB hat der Momentenverlauf $M(x)$ eine Nullstelle? Was bedeutet das für den Biegewinkelverlauf $\varphi(x)$?

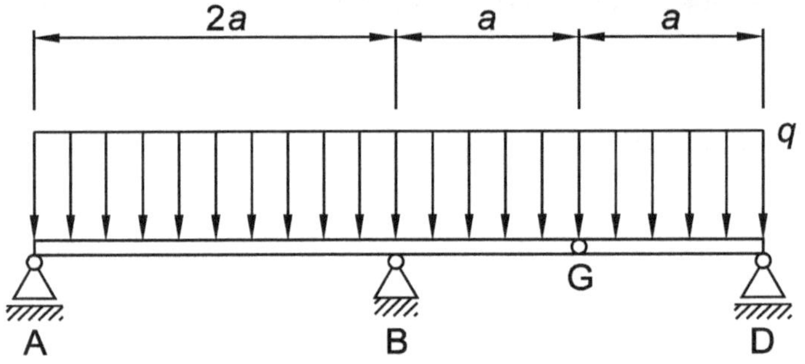

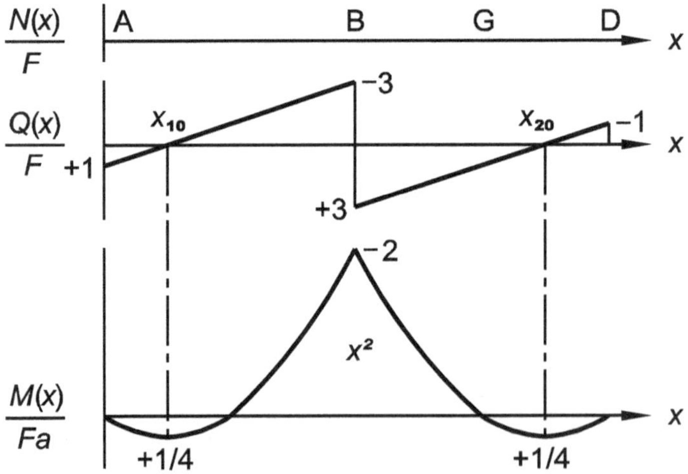

[$A = G_y = D = F$; $B_y = 6F$; Bereich AB: $x_{10} = a/2$; $M_{max} = (1/4) \cdot Fa$; Bereich GD: $x_{20} = a/2$; $M_{max} = (1/4) \cdot Fa$; d) Bereich AB: bei $x = a$ ist $M = 0$; $\varphi(x)$ hat ein lokales Extremum]

Ba_23

Der Träger ABC ist in A und B gelagert. Über seine Gesamtlänge wirkt die Rechtecklast $q = 2F/a$, in C greift eine Vertikalkraft F an. Bestimmen Sie die:

a) Lagerkraftkomponenten in A und B als Vielfache von F.

b) Schnittgrößen im Bereich ABC als Funktionen von x und Vielfache von F und a und stellen Sie diese maßstäblich dar.

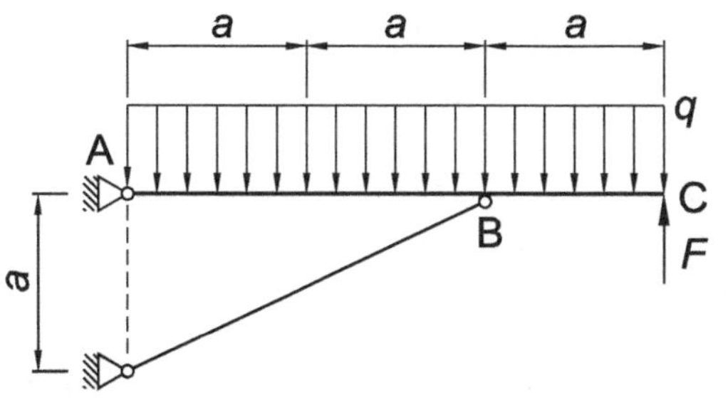

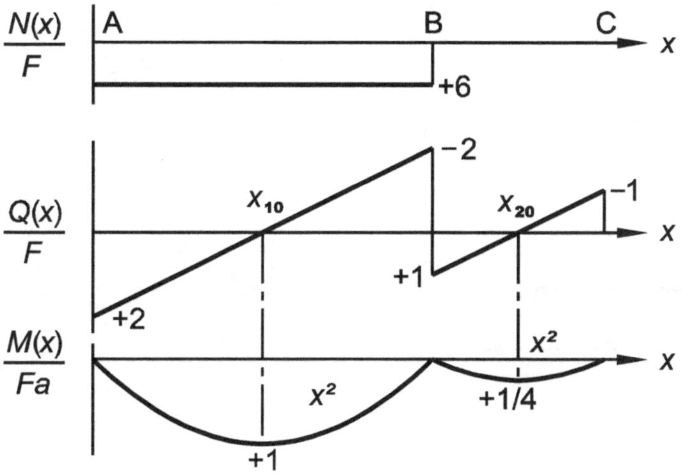

[$B_x = A_x = 6F$; $A_y = 2F$; $B_y = 3F$; Bereich AB: $x_{10} = a$; $M_{\max} = Fa$; Bereich BC: $x_{20} = 0{,}5 \cdot a$; $M_{\max} = (1/4) \cdot Fa$]

Ba_24

Der massefreie Winkelträger ABC ($a \times a$) ist in A und C gelagert und wird im Bereich AB mit einer Rechtecklast $q = 6F/a$, im Bereich BC mit einer Dreieckslast $q_0 = 6F/a$ belastet. In B wirkt ein Moment $M = 2Fa$.

a) Ermitteln Sie die Lagerreaktionen in A und C als Vielfache von F.

b) An welcher Stelle x_0 tritt im Bereich AB das größte Biegemoment auf? Wie groß ist dessen Betrag?

c) Berechnen Sie die Schnittgrößen im gesamten Träger ABC und stellen Sie diese grafisch dar.

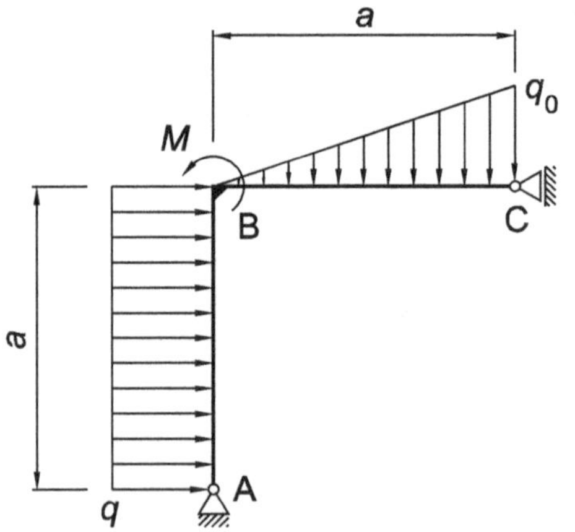

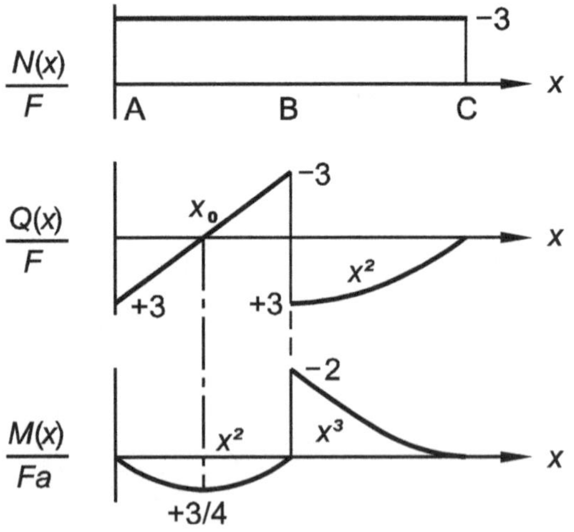

[$A_x = A_y = C = 3F$; $x_0 = a/2$: $M_{max} = (3/4) \cdot Fa$]

Ba_25

Der massefreie T-Träger ABC wird im Bereich AB mit einer Dreieckslast $q_0 = F/a$ belastet, der senkrechte Kragarm mit einer Einzelkraft $F = q_0 a$.

a) Ermitteln Sie die Lagerreaktionen in A und C als Vielfache von $q_0 a$.

b) An welcher Stelle x_0 im Bereich AB tritt das größte Biegemoment auf? Wie groß ist es?

c) Ermitteln Sie die Schnittgrößen im Hauptträger ABC und stellen Sie diese maßstäblich dar.

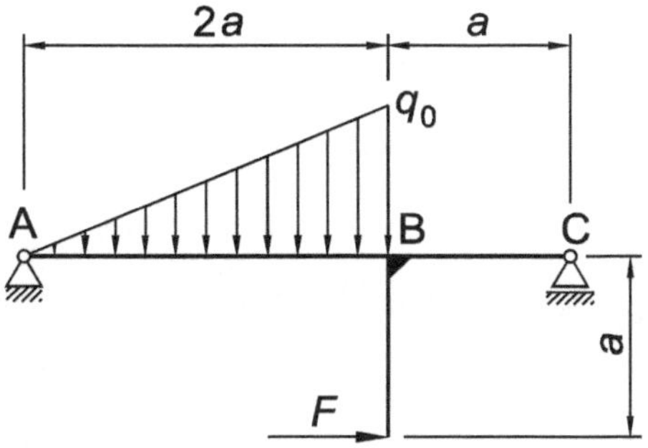

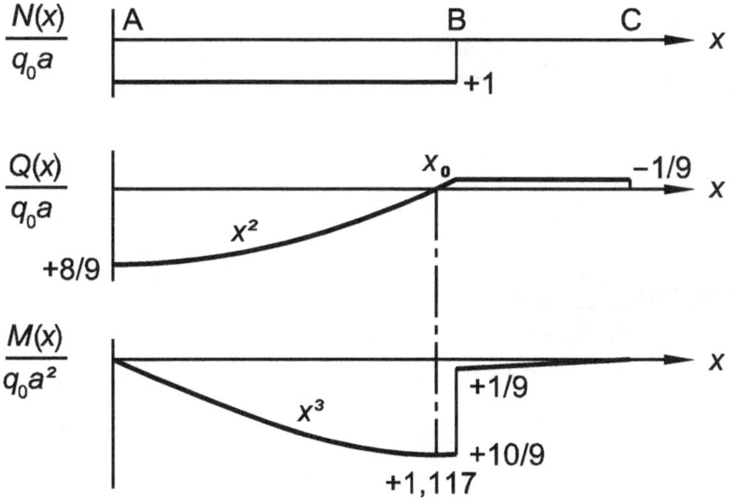

[$A_x = q_0 a$; $A_y = (8/9) \cdot q_0 a$; $C = (1/9) \cdot q_0 a$; $x_0 = 1{,}886 \cdot a$; $M_{max} = 1{,}117 \cdot q_0 a^2$]

Ba_26

Der massefreie Gelenkbalken AGB ist in A fest eingespannt und in B gelagert. Über seine Gesamtlänge $2L$ wirkt eine Dreieckslast q_0. Ermitteln Sie die:

a) Einspann-, Gelenk- und Lagerreaktionen in A, G und B als Vielfache von q_0 und L.

b) Schnittgrößenfunktionen im Gesamtbereich AGB und stellen Sie diese maßstäblich dar.

c) An welcher Stelle x_0 im Bereich GB tritt das größte Biegemoment auf? Wie groß ist es?

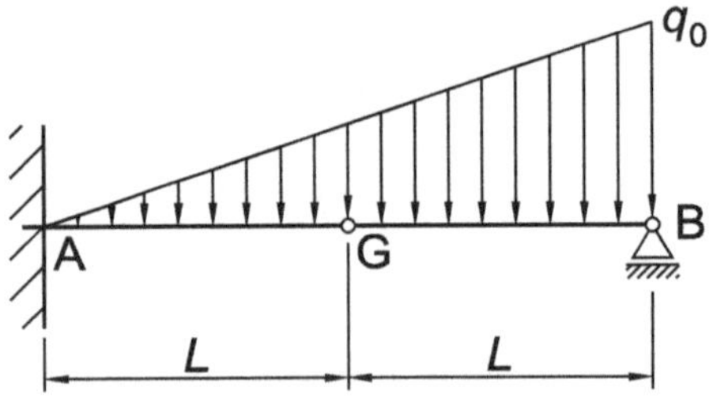

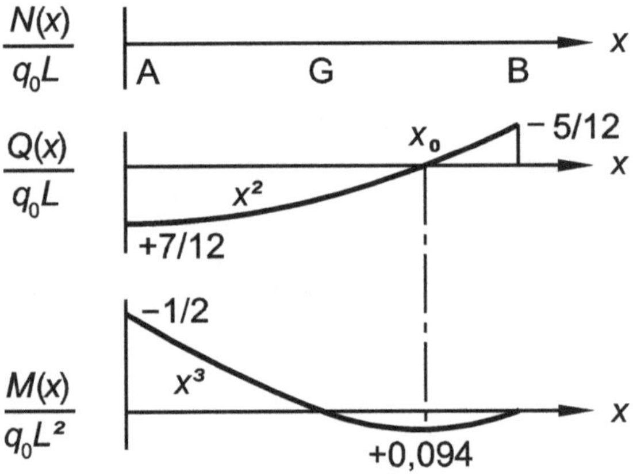

[$A_x = 0$; $A_y = (7/12) \cdot q_0L$; $B = (5/12) \cdot q_0L$; $G_y = (1/3) \cdot q_0L$; $M_A = (1/2) \cdot q_0L^2$; $x_0 = 1{,}528 \cdot L$; $M_{max} = 0{,}094 \cdot q_0L^2$]

Ba_27

Der massefreie Balken AB ist in A fest eingespannt. Auf ihn wirkt eine Dreieckslast $q_0 = 4F/L$ und in B eine Vertikalkraft F. Ermitteln Sie die:

a) Einspannreaktionen in A als Vielfache von F und L.

b) Schnittgrößenfunktionen im Bereich AB und stellen Sie diese maßstäblich dar.

c) An welcher Stelle x_0 hat das Biegemoment ein lokales Extremum? Wie groß ist es?

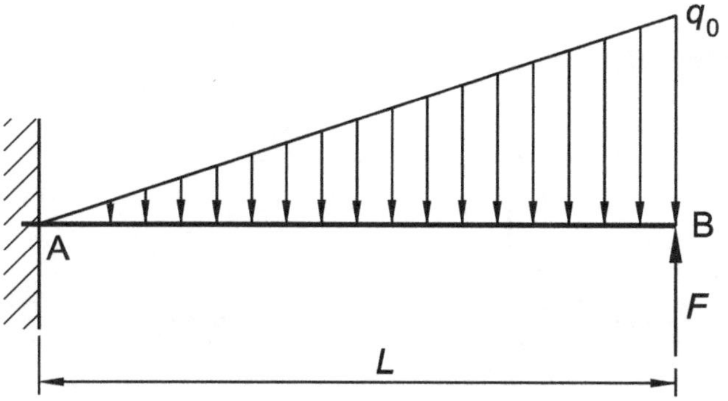

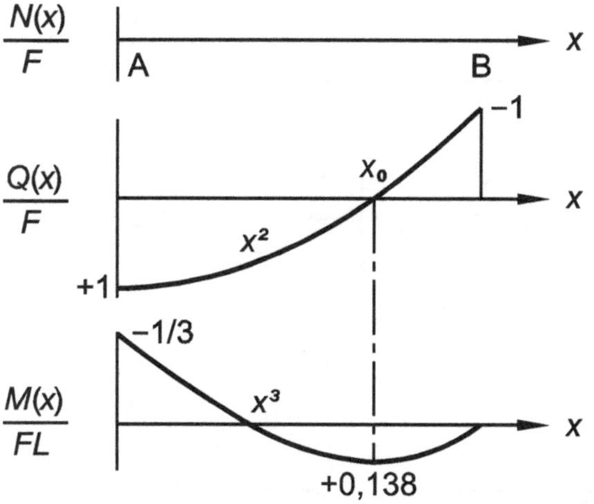

[$A_x = 0$; $A_y = F$; $M_A = (1/3) \cdot FL$; $x_0 = 0{,}7071 \cdot L$; $M_{max} = 0{,}138 \cdot FL$]

Ba_28

Der zweiteilige Gelenkbalken AGB ist in A fest eingespannt und in B gelagert. Er wird im Bereich GB mit einer Dreieckslast $q_0 = F/a$ belastet und zusätzlich mit einer Vertikalkraft F. Ermitteln Sie die:

a) Einspann-, Gelenk- und Lagerreaktionen in A, G und B als Vielfache von F und a.

b) Schnittgrößenfunktionen im Bereich AGB als Funktionen von F, x und a.

c) An welcher Stelle x_0 tritt im Abschnitt GB das größte Biegemoment auf? Wie groß ist dessen Betrag?

d) Stellen Sie die Schnittgrößen grafisch dar.

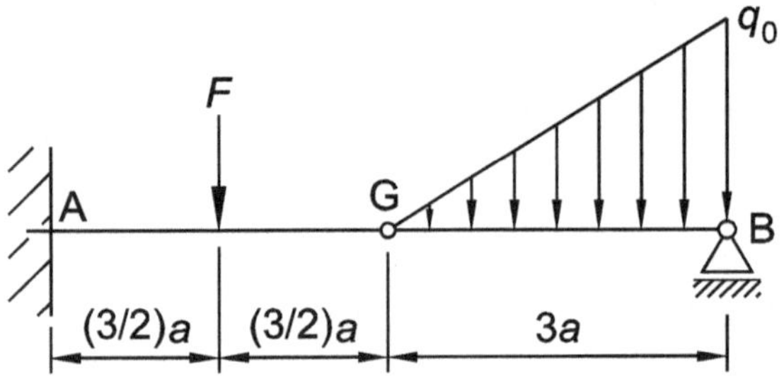

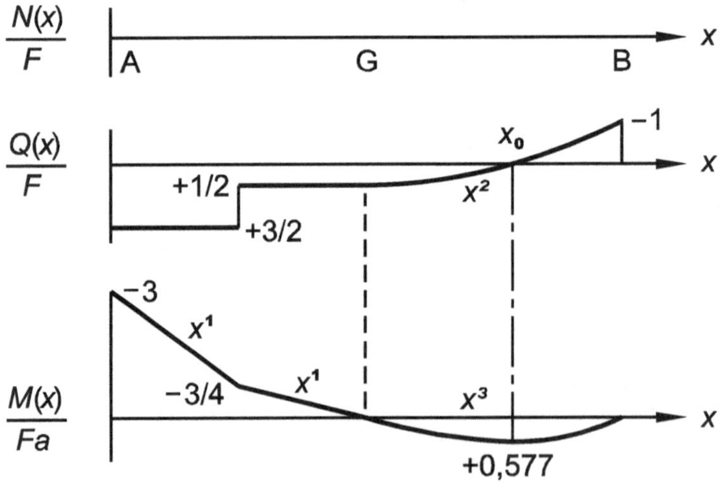

[$A_x = G_x = 0$; $A_y = (3/2) \cdot F$; $M_A = 3 \cdot Fa$; $G_y = (1/2) \cdot F$; $B = F$; $x_0 = 1{,}732 \cdot a$; $M_{max} = 0{,}5774 \cdot Fa$]

Ba_29

Die beiden Balkenteile AG und GBC sind in G gelenkig verbunden und in A und B gelagert. Im Bereich AG wirkt die Dreieckslast q_0, in C die Vertikalkraft $F = q_0 a$.

a) Ermitteln Sie die Lager- und Gelenkreaktionen in A, G und B als Vielfache von q_0 und a.

b) An welcher Stelle x_0 tritt im Abschnitt AG das größte Biegemoment auf? Wie groß ist es?

c) Stellen Sie die Schnittgrößen im Bereich AGB maßstäblich dar.

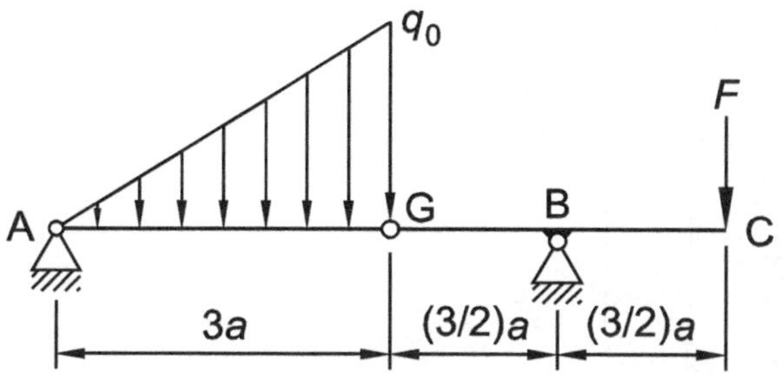

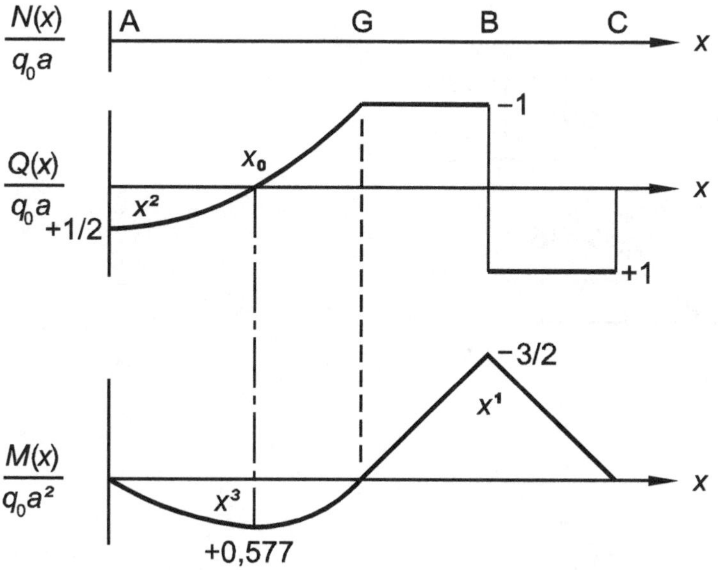

[$A_x = G_x = 0$; $A_y = (1/2) \cdot q_0 a$; $G_y = q_0 a$; $B = 2 \cdot q_0 a$; $x_0 = 1{,}732 \cdot a$; $M_{max} = 0{,}5774 \cdot q_0 a^2$]

Ba_30

Das Balkensystem AGBC setzt sich aus den Teilen AG und GBC zusammen, die in G gelenkig miteinander verbunden sind. Der Winkel GBC wird im Bereich GB mit der Dreieckslast $q_0 = 4$ kN/m und in B mit der Kraft $F = (1/2) \cdot q_0 a$ belastet. Bestimmen Sie für $a = 1$ m die:

a) Lager- und Gelenkreaktionen in A, G und C.

b) Belastungsart (Zug, Druck) des Bauteils AG.

c) Schnittreaktionen für den Bereich GBC und skizzieren Sie diese maßstäblich.

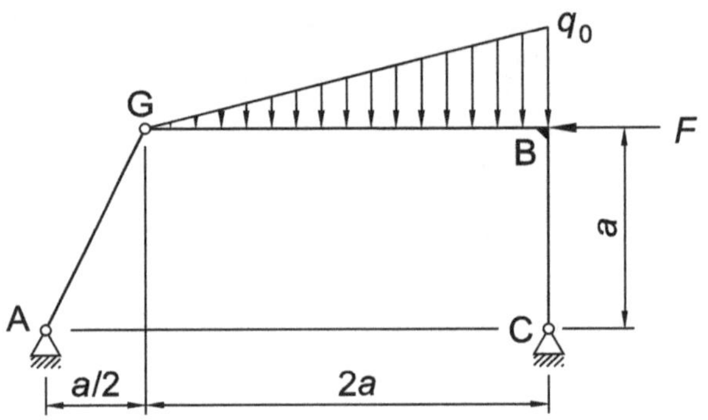

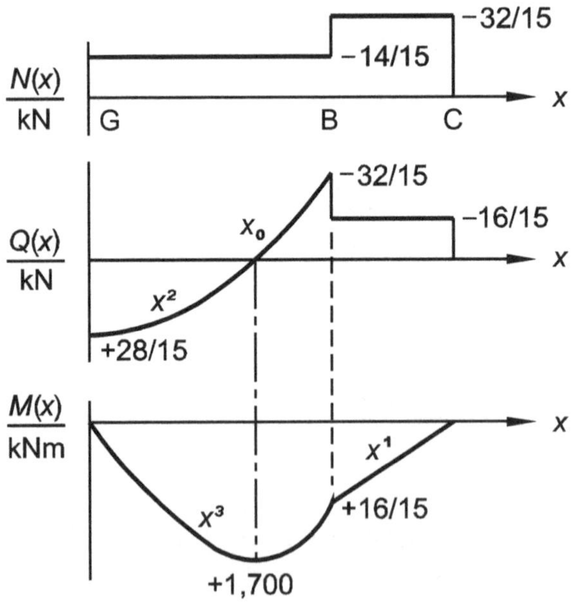

[$C_x = (16/15)$ kN; $C_y = (32/15)$ kN; $A_x = G_x = (14/15)$ kN; $A_y = G_y = (28/15)$ kN; $G = 2{,}087$ kN (D); Bereich GB: $x_0 = 1{,}366$ m; $M_{max} = 1{,}70$ kNm]

Ba_31

Der Winkelträger ABCD ist in B und C gelagert. Auf ihn wirken eine Kraft F und eine Dreieckslast q_0 im Bereich CD. Dabei ist q_0 so gewählt, dass deren resultierende Streckenlast F ergibt. Gesucht sind die:

a) Lagerreaktionen in B und C.

b) Schnittgrößen im gesamten Balken. Stellen Sie diese grafisch dar.

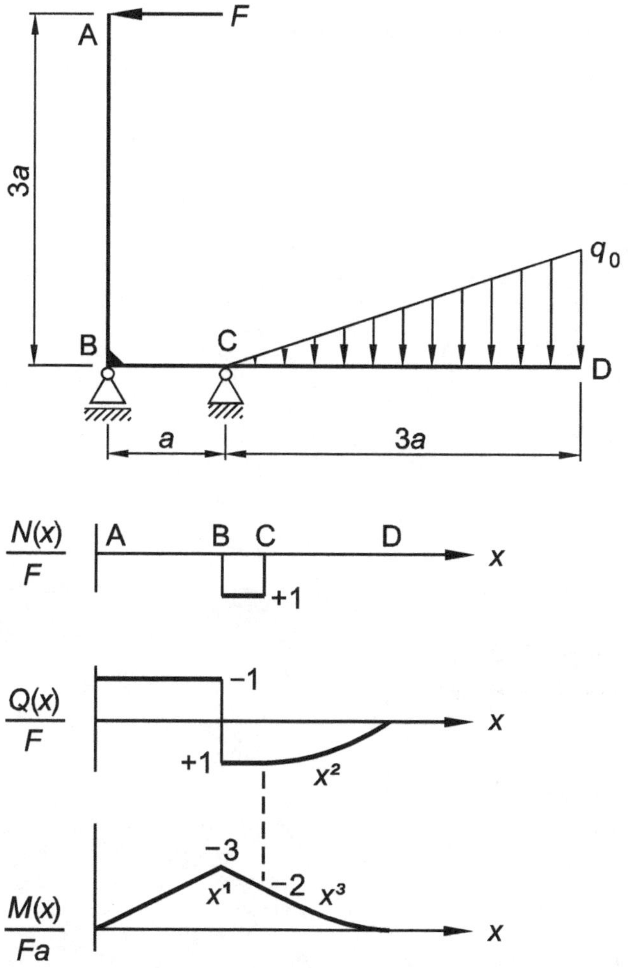

[$q_0 = 2F/(3a)$; $B = F$; $C_x = F$; $C_y = 0$]

Ba_32

Der Winkelträger ABC ist in C fest eingespannt. Auf ihn wirkt im Bereich BC die Dreieckslast $q_0 = 1000$ N/m sowie im Bereich AB zwei Kräfte $F = 100$ N. Bestimmen Sie für $a - 0{,}5$ m die:

a) Einspannreaktionen in C.

b) Schnittgrößen im gesamten Rahmen.

c) An welcher Stelle ist das Biegemoment maximal und wie groß ist es?

d) An welcher Stelle hat der Bereich BC sein kleinstes Biegemoment?

e) Skizzieren Sie die Schnittgrößenverläufe maßstäblich.

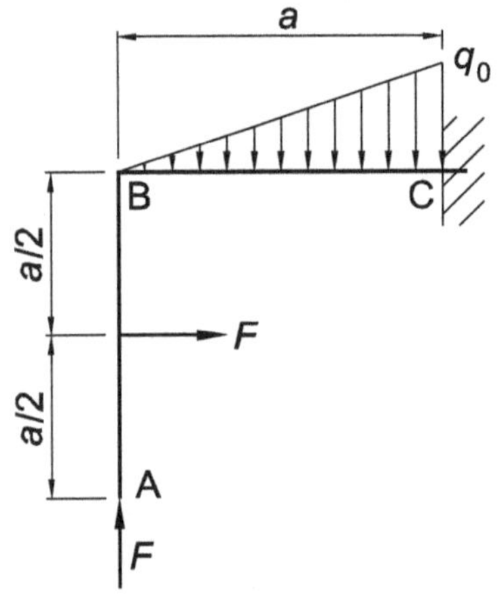

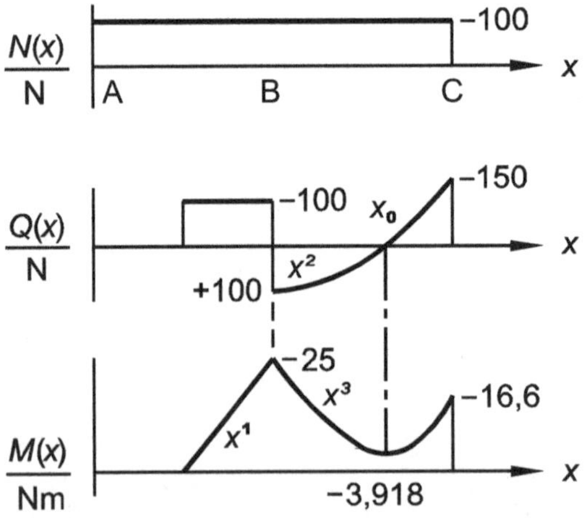

[$C_x = 100$ N; $C_y = 150$ N; $M_C = 16{,}67$ Nm; Bereich BC: $x_0 = 0{,}316$ m; $M_{max} = -3{,}92$ Nm (Minimum)]

Ba_33

Der Winkelträger ABC ist in A fest eingespannt. Im Bereich AB greift eine Dreieckslast q_0 an, in Punkt C die Kraft $F = q_0 a$. Ermitteln Sie die:

a) Einspannreaktionen in A.

b) Schnittgrößen im Gesamtträger und stellen Sie diese grafisch dar.

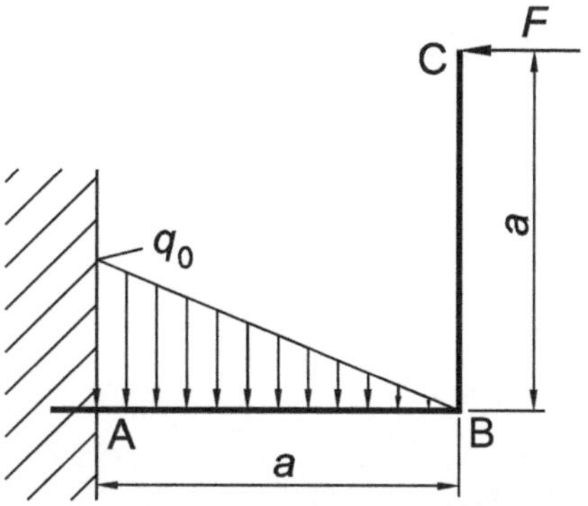

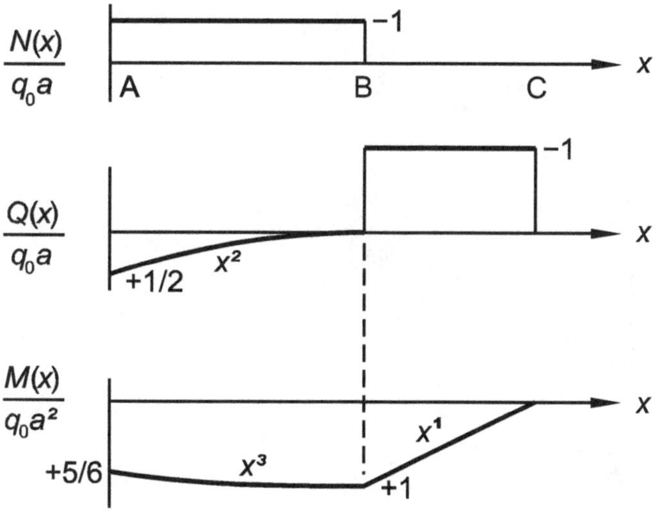

[$A_x = q_0 a$; $A_y = (1/2) \cdot q_0 a$; $M_A = (5/6) \cdot q_0 a^2$]

Ba_34

Der Winkelträger ABC ist in B und C gelagert. Im Abschnitt AB wirkt die Dreieckslast $q_0 = 4F/L$. In Punkt A greift eine Kraft F unter 30° zur Horizontalen an. Gesucht sind die:

a) Lagerreaktionen in B und C als Vielfache von F.

b) Schnittreaktionen für den gesamten Träger.

c) Ort und Betrag des maximalen Biegemoments im Bereich AB.

d) Hat der Momentenverlauf im Bereich AB einen Nulldurchgang. Falls ja, wo?

e) Skizzieren Sie die Schnittreaktionen maßstäblich als Vielfache von F und L.

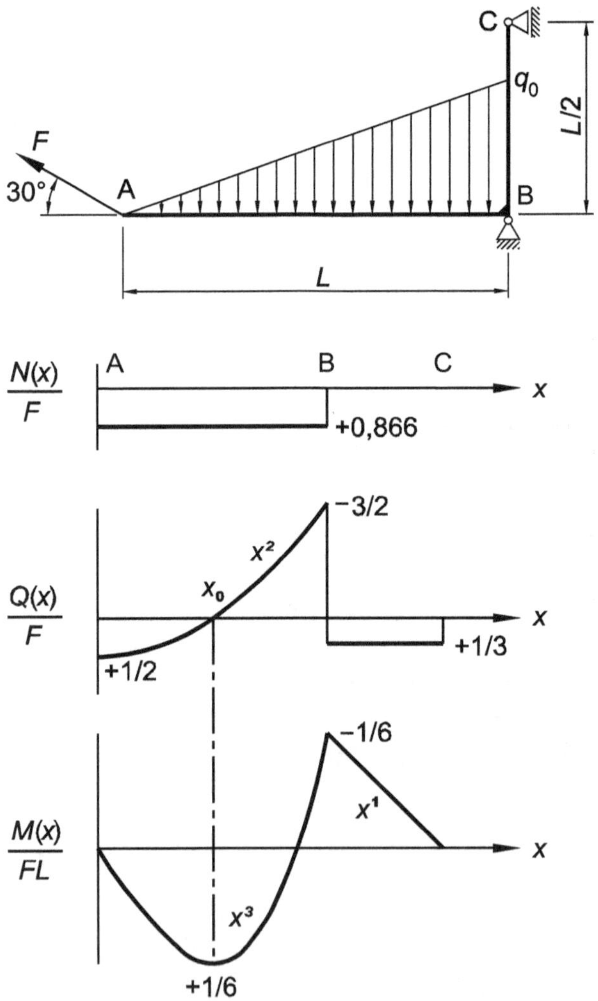

[$B_x = 0{,}5327 \cdot F$; $B_y = (3/2) \cdot F$; $C = F/3$; Bereich AB: $x_0 = L/2$; $M_{max} = (1/6) \cdot FL$]

Ba_35

Der Winkelträger ABC ist in C mit dem geraden Balken CDE verbunden. Das System ist in A gelagert und in E fest eingespannt. Im Bereich AB wirkt eine Dreieckslast q_0, in D greift die Kraft $F = q_0 a$ an. Ermitteln Sie die:

a) Lager-, Gelenk- und Einspannreaktionen in A, C und E.

b) Schnittgrößen im gesamten System und stellen Sie diese grafisch dar.

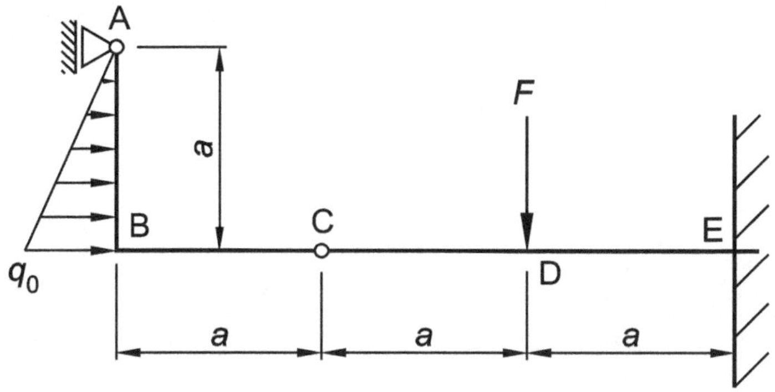

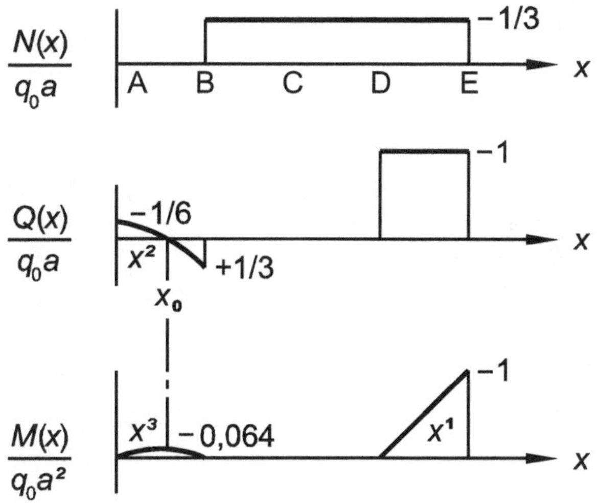

[$A = (1/6) \cdot q_0a$; $C_x = (1/3) \cdot q_0a$; $C_y = 0$; $E_x = (1/3) \cdot q_0a$; $E_y = q_0a$; $M_E = q_0a^2$; Bereich AB: $x_0 = 0{,}577 \cdot a$; $M_{max} = -0{,}064 \cdot q_0a^2$]

Ba_36

Der Gelenkträger AGB setzt sich aus den Teilen AG und GB zusammen, die in G miteinander verbunden sind. In A wirkt die Horizontalkraft $F = q_0 a$, das Moment $M = Fa$ und im Bereich AG die Dreieckslast $q_0 = F/a$. Bestimmen Sie die:

a) Lager-, Gelenk- und Einspannreaktionen in A, G und B als Vielfache von F und a.

b) Schnittreaktionen im Gesamtträger AGB als Funktionen von x und Vielfache von F und a.

c) An welcher Stelle des Trägers AG hat $Q(x)$ eine Nullstelle? Wie groß ist dort das Moment?

d) Zeichen Sie für das Gesamtsystem die Schnittgrößen maßstäblich und tragen Sie Rand- und Extremwerte ein.

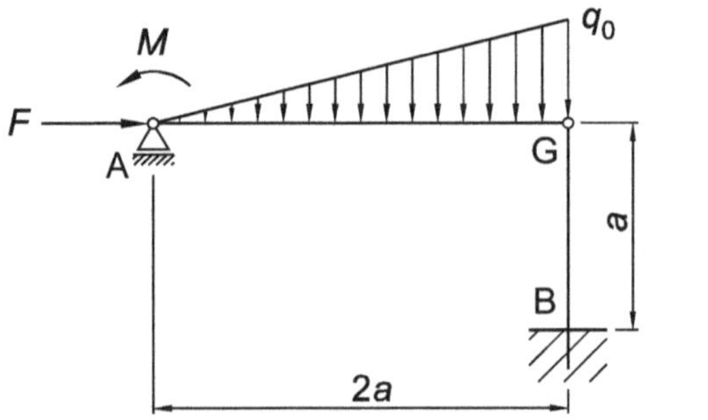

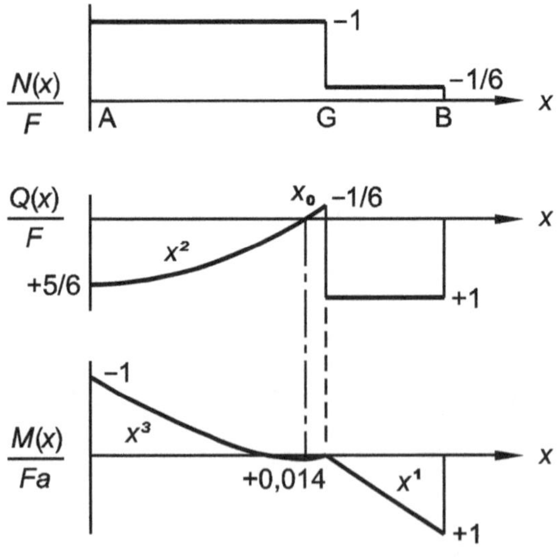

[$A_y = (5/6) \cdot F$; $G_x = F$; $G_y = F/6$; $B_x = F$; $B_y = F/6$; $M_B = Fa$; Bereich AG: $x_0 = 1{,}83 \cdot a$; $M_{max} = 0{,}014 \cdot Fa$]

Ba_37

Auf den Winkelträger ABC wirkt im Bereich BC die Dreieckslast $q_0 = 2F/a$ sowie im Bereich AB eine Horizontalkraft *F*. Ermitteln Sie die:

a) Lagerreaktionen in A und C als Vielfache von *F*.

b) Schnittgrößen im gesamten Träger als Funktionen von *x* und Vielfache von *F* und *a*. **Lösungshinweis:** die Ecke B ist nicht momentenfrei.

c) An welcher Stelle des Bereichs BC hat *Q*(*x*) eine Nullstelle? Wie groß ist dort das Biegemoment?

d) Stellen Sie die Schnittgrößen grafisch dar und zeichnen Sie Rand- und Extremwerte ein.

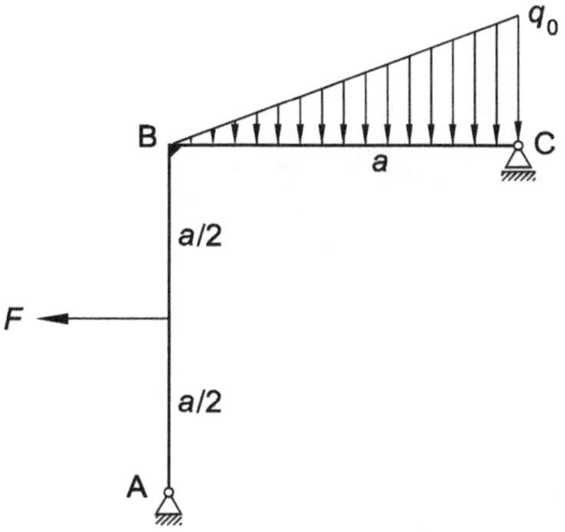

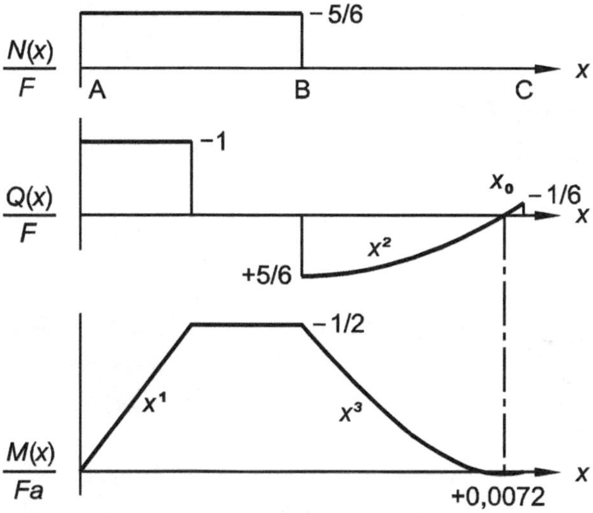

[$A_x = F$; $A_y = (5/6) \cdot F$; $C = F/6$; Bereich BC: $x_0 = 0{,}91 \cdot a$; $M_{\max} = 0{,}0072 \cdot Fa$]

Ba_38

Der Winkelträger ABC ist in A fest eingespannt. Er wird im Bereich AB mit der Dreieckslast $q_0 = 2F/L$ und in C mit zwei Einzelkräften $F/2$ belastet. Gesucht sind die:

a) Einspannreaktionen in A als Vielfache von F und L.

b) Schnittgrößen im gesamten Träger als Funktionen von x und Vielfache von F und L.

c) An welcher Stelle des Abschnitts AB hat $Q(x)$ eine Nullstelle? Wie groß ist hier das Biegemoment?

d) Stellen Sie die Schnittgrößen grafisch dar und geben Sie Rand- und Extremwerte an.

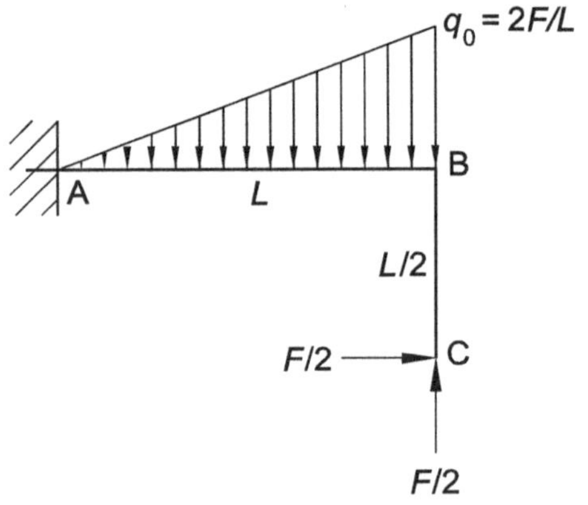

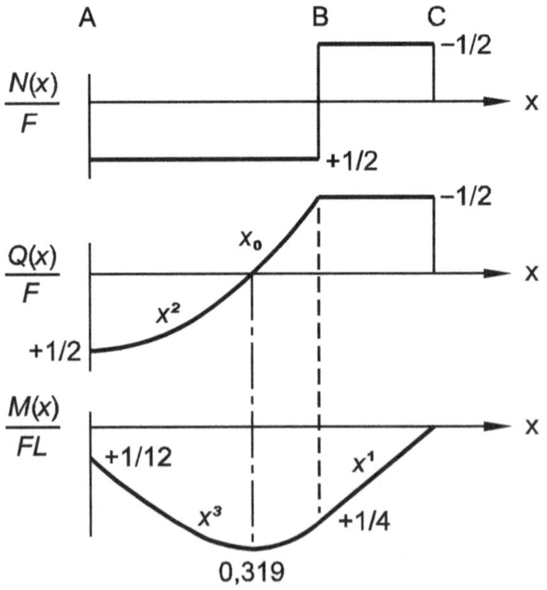

[$A_x = F/2$; $A_y = F/2$; $M_A = (1/12) \cdot FL$; Bereich AB: $x_0 = 0{,}707 \cdot L$; $M_{max} = 0{,}32 \cdot FL$]

Ba_39

Der Balken ABCD ist in A und D gelagert. Er wird in B mit dem Moment $M = 10Fa$ belastet, in D greift eine Horizontalkraft F an. Im Bereich CD wirkt die Dreieckslast $q_0 = 6F/a$. Bestimmen Sie die:

a) Lagerreaktionen in A und D als Vielfache von F.

b) Schnittreaktionen im gesamten Balken als Funktionen von x und Vielfache von F und a.

c) An welcher Stelle tritt im Bereich CD ein maximales Biegemoment auf? Wie groß ist dessen Betrag?

d) Zeichen Sie die Schnittgrößen maßstäblich.

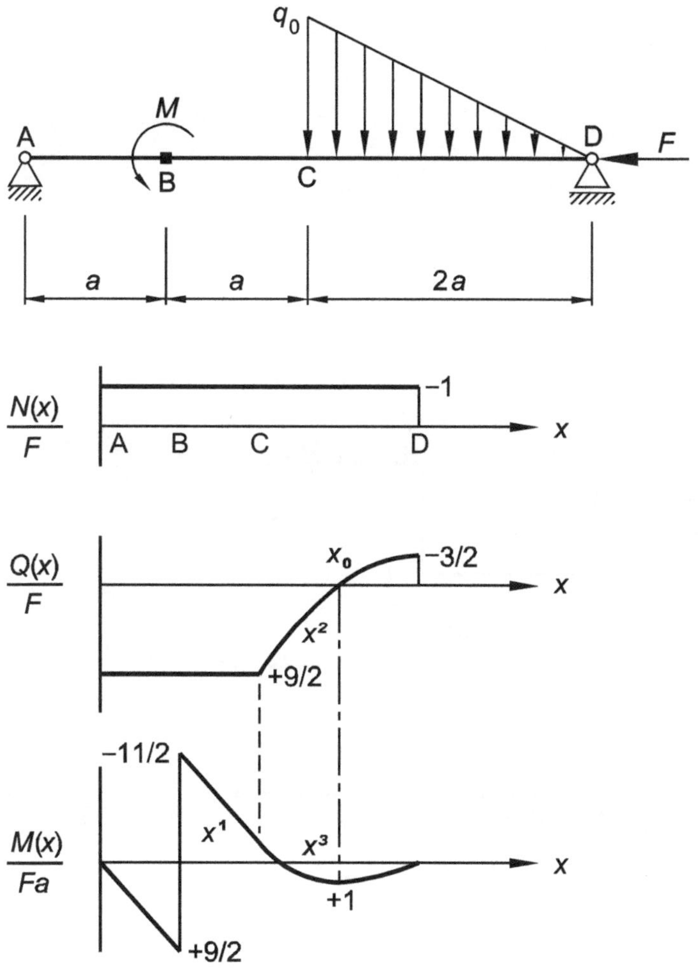

[$A_x = F$; $A_y = (9/2) \cdot F$; $D = (3/2) \cdot F$; Bereich CD: $x_0 = a$; $M_{max} = Fa$]

Ba_40

Der rechtwinklige Rahmen ABCD ist in A und D gelagert. In B greift das Moment $M = (11/6) \cdot Fa$, in C eine Horizontalkraft F an. Im Bereich BC wirkt die Dreieckslast $q_0 = F/a$. Bestimmen Sie die:

a) Lagerreaktionen in A und D als Vielfache von F.

b) Schnittgrößen im gesamten Rahmen als Funktionen von x und Vielfache von F und a.

c) An welcher Stelle im Bereich BC tritt ein Extremwert des Momentes auf? Wie groß ist dessen Betrag?

d) Zeichnen Sie die Schnittgrößen maßstäblich.

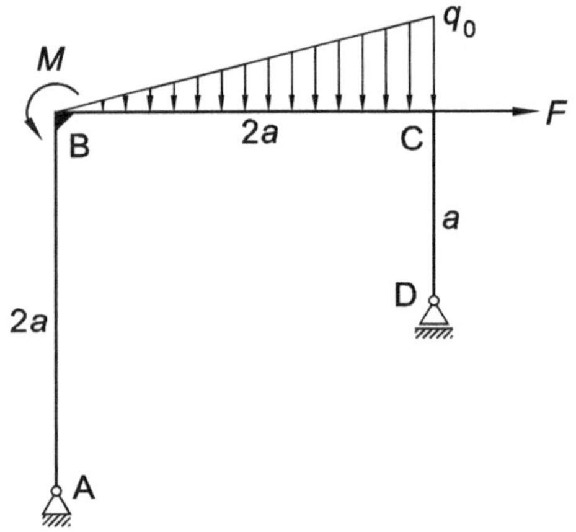

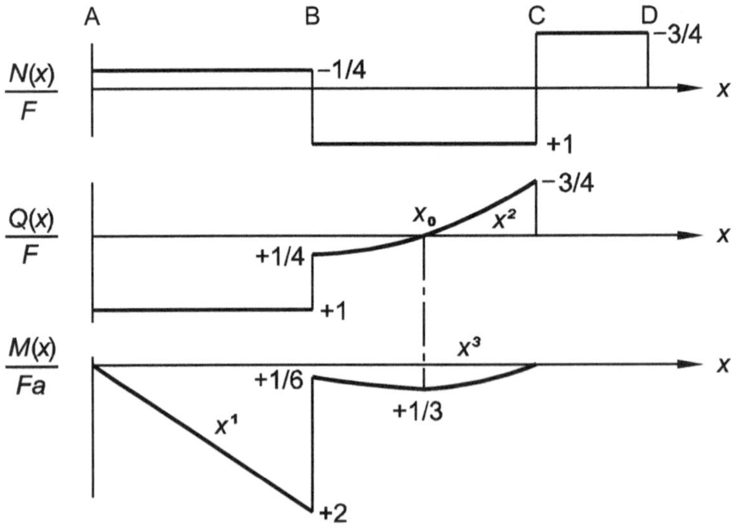

[$A_x = F$; $A_y = F/4$; $D = (3/4) \cdot F$; Bereich BC: $x_0 = a$; $M_{max} = (1/3) \cdot Fa$]

Ba_41

Das Tragwerk setzt sich aus einem T-Träger ABCD und dem Bauteil CE zusammen, die in C gelenkig miteinander verbunden sind. Es ist in A und E gelagert. Im Bereich AC wirkt die Dreieckslast $q_0 = 3F/a$. In D greift eine Kraft F an. Ermitteln Sie die:

a) Lagerreaktionen in A, C und E als Vielfache von F.

b) Schnittgrößen im Bereich ABC als Funktionen von x und Vielfache von F und a.

c) Wo hat das Biegemoment im Bereich BC ein lokales Extremum? Wie groß ist dessen Betrag?

d) Zeichen Sie die Schnittgrößen für den Bereich ABC maßstäblich. **Lösungshinweis:** Schnittgrößen in den Bereiche CE und BD sind nicht verlangt.

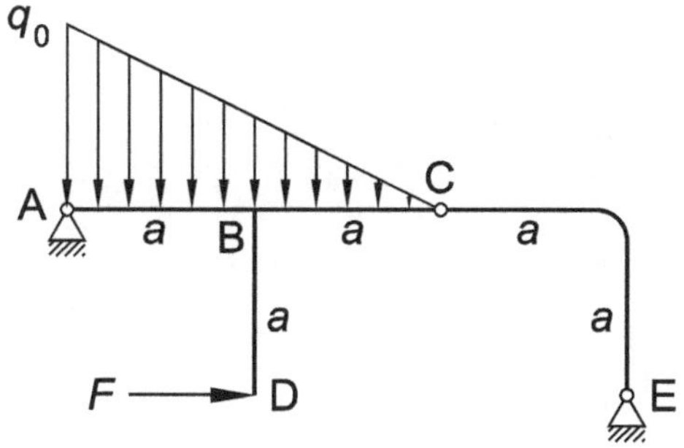

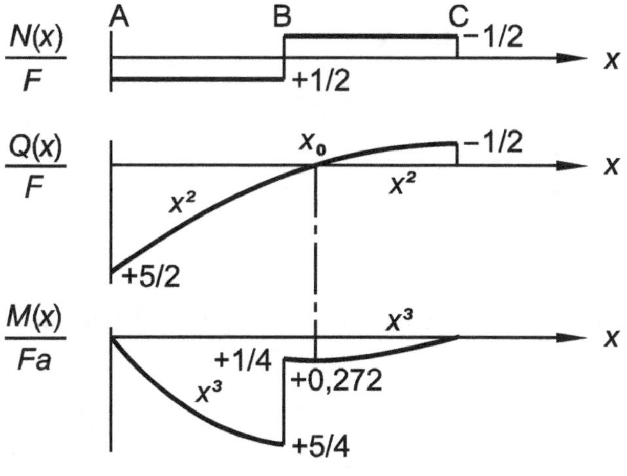

[$A_x = F/2$; $A_y = 2{,}5 \cdot F$; $C_x = C_y = E_x = E_y = F/2$; Bereich BC: $x_0 = 0{,}184 \cdot a$; $M_{max} = 0{,}272 \cdot Fa$]

Ba_42

Der Gelenkträger besteht aus dem rechtwinkligen Hebel ABCG und dem Balken GD. Er ist in A fest eingespannt und in D gelagert. In C wirkt das Moment $M = 3Fa$, im Bereich GD die Dreieckslast $q_0 = 2F/a$. Bestimmen Sie:

a) die Einspann-, Gelenk- und Lagerreaktionen in A, G und D als Vielfache von F und a.

b) die Schnittgrößen für den Bereich BCGD als Funktionen von x und Vielfache von F und a.

c) Ort und Betrag des maximalen Biegemoments im Bereich GD.

d) Zeichnen Sie die Schnittgrößen maßstäblich.

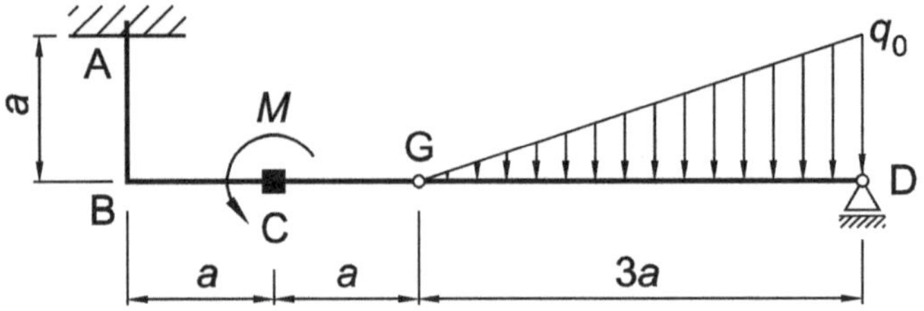

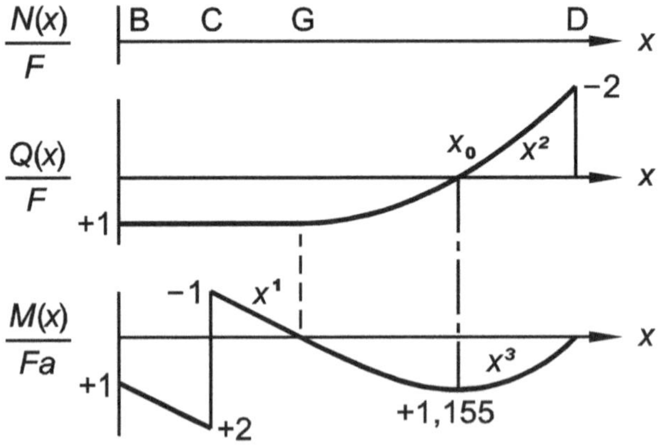

[a) $A_x = G_x = 0$; $A_y = G_y = F$; $D = 2F$; $M_A = Fa$; c) Bereich GD: $x_0 = 1{,}73 \cdot a$; $M_{max} = 1{,}155 \cdot Fa$]

Ba_43

Der Balken ABC ist in A und C gelagert. Im Bereich AB wirkt die Rechtecklast $q = F/a$, im Bereich BC eine Dreieckslast $q_0 = q$. In C greift das Moment $M = (1/6) \cdot Fa$ an. Ermitteln Sie die:

a) Lagerreaktionen in A und C als Vielfache von F.

b) Schnittgrößen im gesamten Balken als Funktionen von x und Vielfache von F und a.

c) den Ort, an dem das Biegemoment ein lokales Extremum besitzt. Wie groß ist dessen Betrag?

d) Zeichnen Sie die Schnittgrößen maßstäblich.

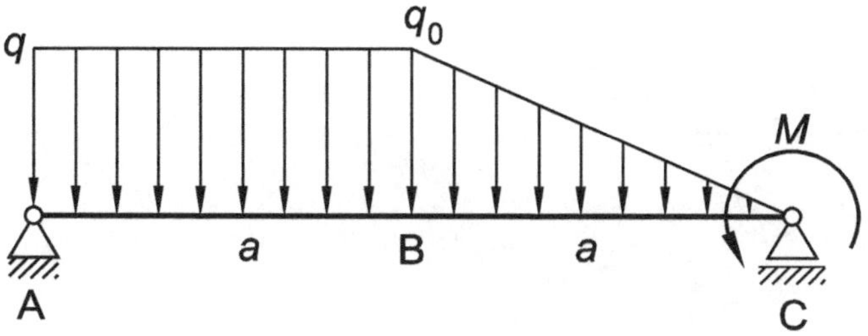

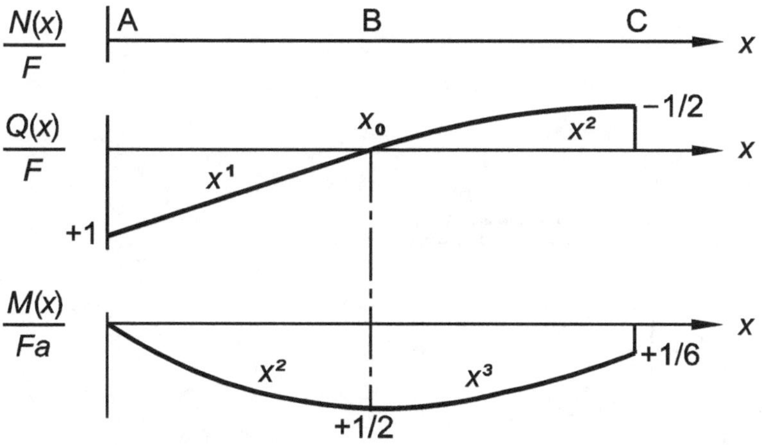

[$A_x = 0$; $A_y = F$; $C = F/2$; Bereich AB: $x_0 = a$; $M_{max} = (1/2) \cdot Fa$]

Ba_44

Der Winkelträger ABC ist in A fest eingespannt. Im Bereich AB wirkt eine Dreieckslast q_0, im Bereich BC eine Rechtecklast q. Für beide gilt $q_0 = q = 3F/L$. In C wirkt eine Horizontalkraft F. Bestimmen Sie die:

a) Einspannreaktionen in A als Vielfache von F und L.

b) Schnittgrößen im gesamten Träger als Funktionen von x und Vielfache von F und L.

c) An welchem Ort im Bereich AB besitzt das Biegemoment ein lokales Extremum? Wie groß ist dessen Betrag?

d) Zeichnen Sie die Schnittgrößen maßstäblich.

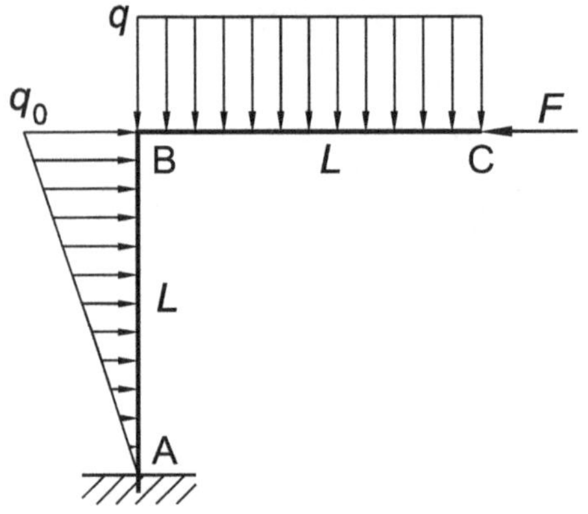

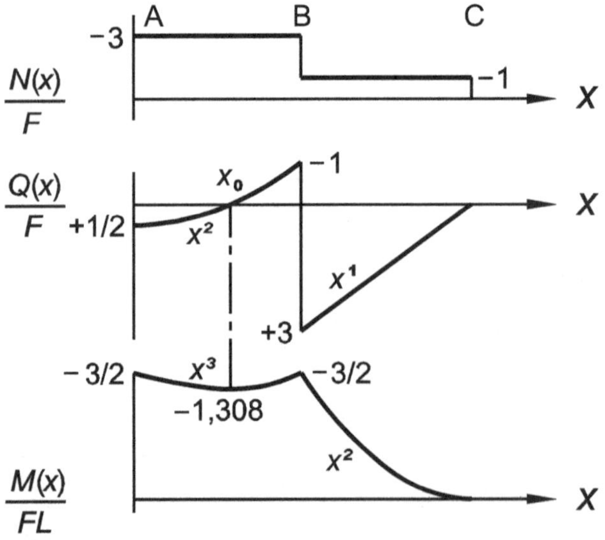

[$A_x = F/2$; $A_y = 3F$; $M_A = (3/2) \cdot FL$; Bereich AB: $x_0 = 0{,}577 \cdot L$, $M_{min} = -1{,}308 \cdot FL$ (Minimum)]

Ba_45

Der Winkelträger ABC ist in A und C gelagert. Auf ihn wirkt eine Vertikalkraft $F/2$ und im Bereich BC die Dreieckslast $q_0 = 3F/a$. Ermitteln Sie die:

a) Lagerreaktionen in A und C als Vielfache von F.

b) Schnittgrößen im gesamten Träger als Funktionen von x und Vielfache von F und a.

c) Wo im Bereich BC hat das Biegemoment ein lokales Extremum? Wie groß ist dessen Betrag?

d) Zeichnen Sie die Schnittgrößenfunktionen maßstäblich.

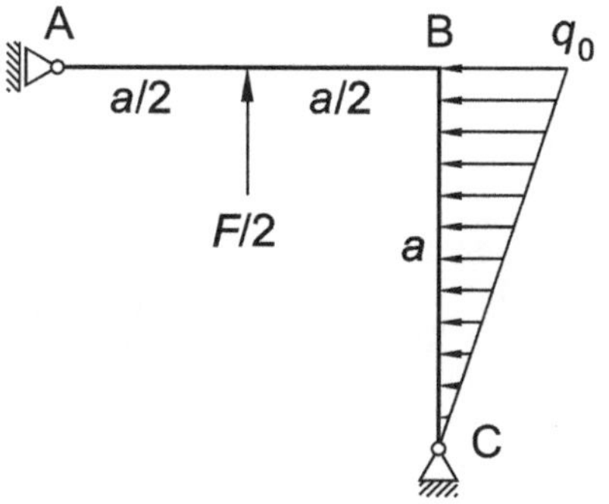

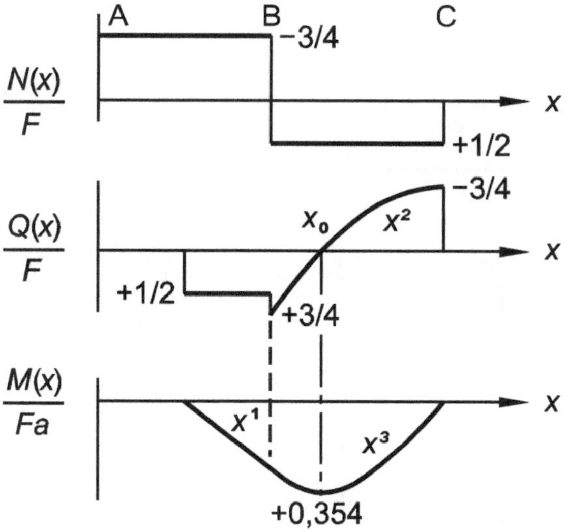

[$A = C_x = (3/4) \cdot F$; $C_y = F/2$; Bereich BC: $x_0 = 0{,}293 \cdot a$; $M_{max} = 0{,}354 \cdot Fa$]

Ba_46

Die Träger AG und GBC sind in G gelenkig miteinander verbunden. Das System ist in A fest eingespannt und in B gelagert. Im Bereich AG wirkt eine Dreieckslast, zwischen G und B eine Rechtecklast, für beide gilt $q_0 = 4F/a$. In G greift die Vertikalkraft $6F$ an, in C ein Moment $M = Fa$. Bestimmen Sie die:

a) Einspann-, Gelenk- und Lagerreaktionen in A, G und B als Vielfache von F und a. **Lösungshinweis:** Verteilen Sie die Einzelkraft $6F$ hälftig auf beide Seiten des Gelenks G.

b) Schnittgrößen im Gesamtsystem als Funktionen von x und Vielfache von F und a.

c) Geben Sie Nullstellen und Extremwerte an.

d) Zeichnen Sie die Schnittgrößen maßstäblich.

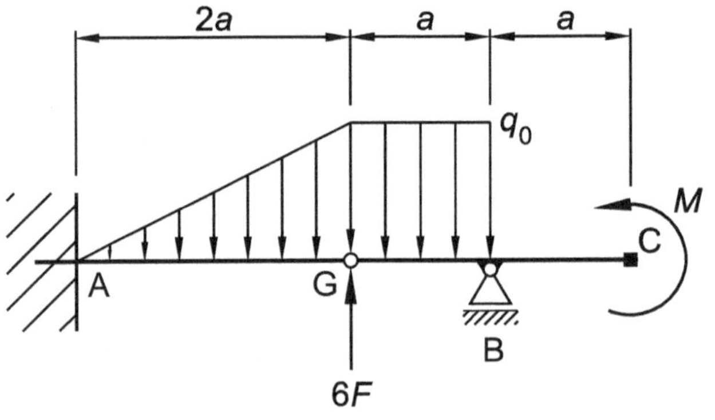

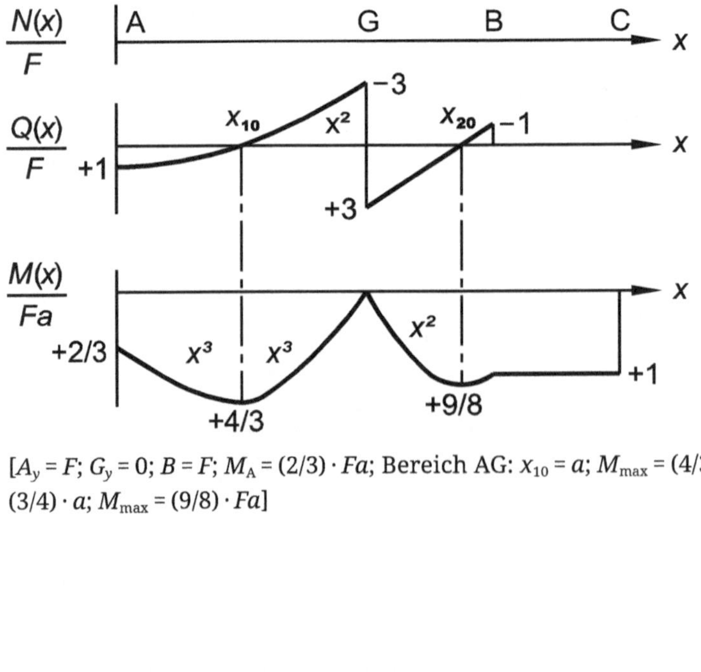

[$A_y = F$; $G_y = 0$; $B = F$; $M_A = (2/3) \cdot Fa$; Bereich AG: $x_{10} = a$; $M_{max} = (4/3) \cdot Fa$; Bereich GB: $x_{20} = (3/4) \cdot a$; $M_{max} = (9/8) \cdot Fa$]

Ba_47

Der Winkelträger ABC und das Bauteil CD sind in A und D gelagert und in C gelenkig miteinander verbunden. Im Bereich BC wirkt die Dreieckslast $q_0 = 9F/a$, in B greifen eine Horizontalkraft F und ein Moment $M = 2Fa$ an. Bestimmen Sie die:

a) Lager- und Gelenkkraftkomponenten in A, C und D als Vielfache von F.

b) Schnittgrößen im Bereich ABC als Funktionen von x und Vielfache von F und a.

c) Geben Sie Nullstellen und Extremwerte an.

d) Stellen Sie die Schnittgrößen grafisch dar.

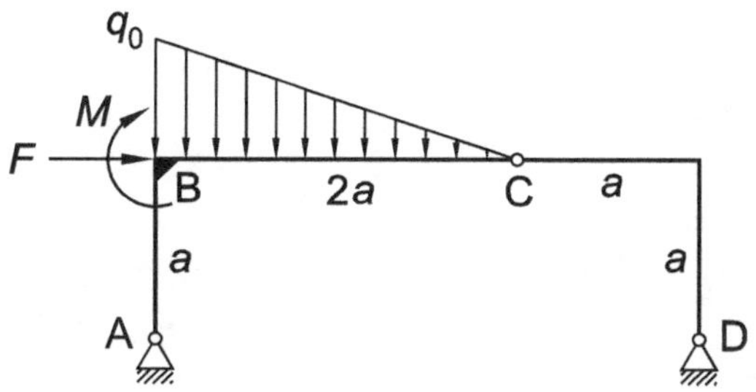

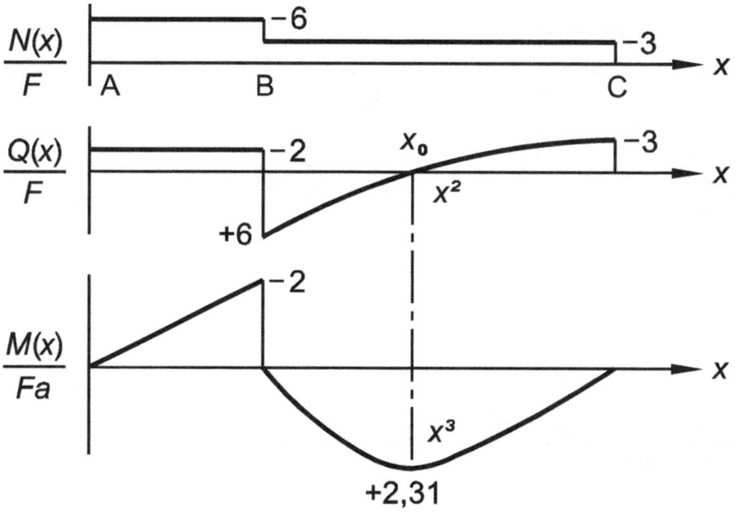

[$A_x = 2F$; $A_y = 6F$; $C_x = C_y = 3F$ (D); Bereich BC: $x_0 = 0{,}845 \cdot a$; $M_{max} = 2{,}31 \cdot Fa$]

Ba_48

Der Winkelträger ABC ist in A fest eingespannt. Im Bereich AB wirkt die Dreieckslast $q_0 = 4F/a$. In B und C greifen zwei Kräfte F bzw. $F/3$ an. Ermitteln Sie die:

a) Einspannreaktionen in A als Vielfache von F und a.

b) Schnittgrößen im Gesamtträger als Funktionen von x und Vielfache von F und a.

c) Nullstellen und Extremwerte.

d) Zeichnen Sie die Schnittgrößen maßstäblich.

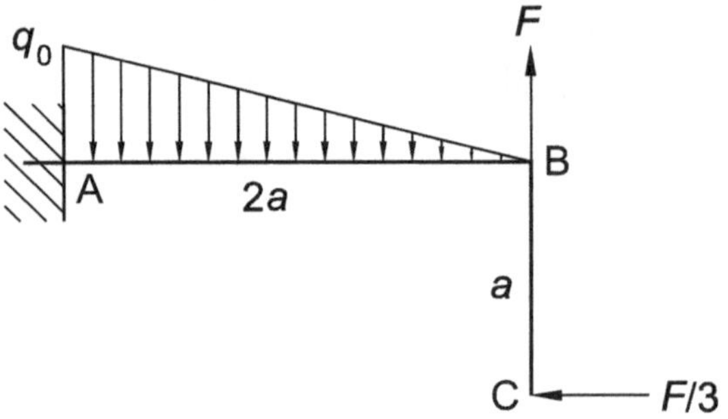

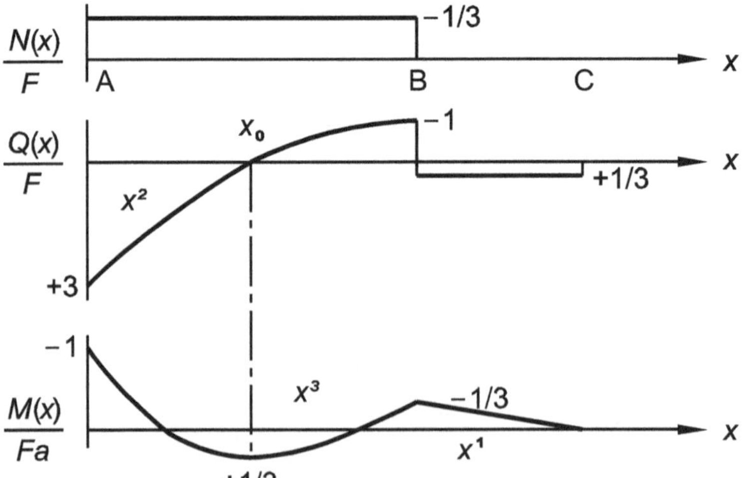

[$A_x = F/3$; $A_y = 3F$; $M_A = Fa$; Bereich AB: $x_0 = a$; $M_{max} = (1/3) \cdot Fa$]

Ba_49

Das Tragwerk besteht aus den beiden Balken ABC und CDE, die in C verbunden sind. Es ist in A fest eingespannt und in D gelagert. In B greift eine Vertikalkraft $4F$ an, im Bereich DE wirkt die Dreieckslast $q_0 = (3/2) \cdot F/a$. Berechnen Sie die:

a) Einspann-, Gelenk- und Lagerreaktionen in A, C und D als Vielfache von F und a.

b) Schnittgrößen im gesamten Tragwerk als Funktionen von x und Vielfache von F und a und stellen Sie diese maßstäblich dar.

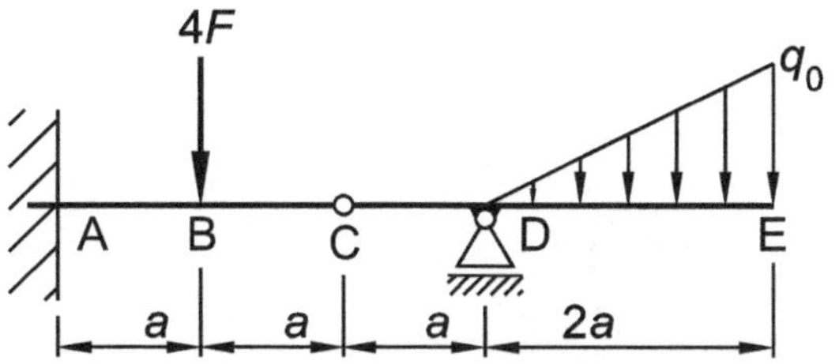

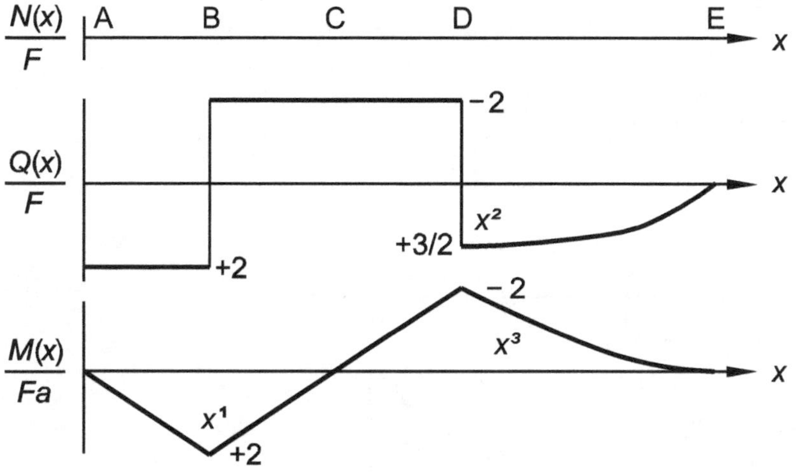

[$A_y = 2F$; $M_A = 0$; $A_x = C_x = 0$; $C_y = 2F$; $D = 3{,}5 \cdot F$]

Ba_50

Der Winkelträger ABC ist in A fest eingespannt. Er wird durch zwei Kräfte $(4/3) \cdot F$ und $3F$ belastet. Im Bereich BC wirkt die Dreieckslast $q_0 = 8F/L$. Bestimmen Sie die:

a) Einspannreaktionen in A als Vielfache von F und L.

b) Schnittgrößen im Gesamtträger als Funktionen von x und Vielfache von F und L.

c) Randwerte, Nullstellen und lokalen Extrema.

d) Zeichnen Sie die Schnittgrößen maßstäblich.

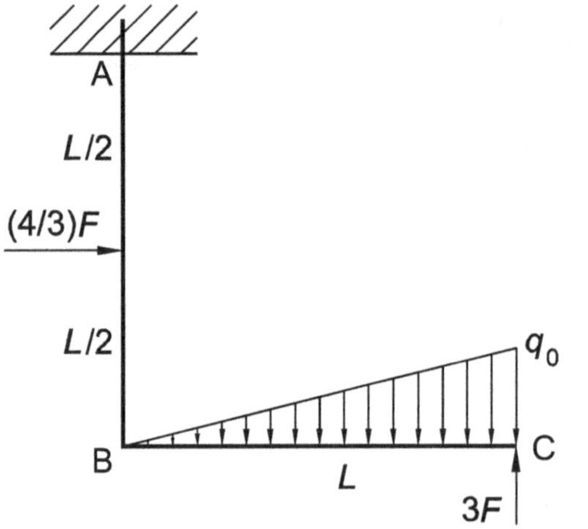

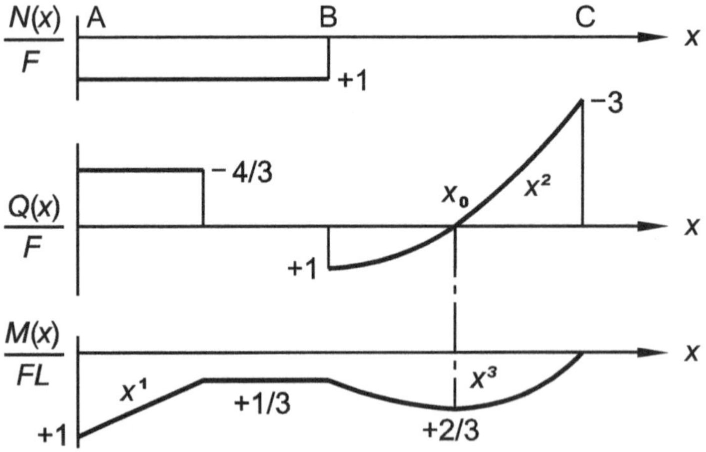

[$A_x = (4/3) \cdot F$; $A_y = F$; $M_A = FL$; Bereich BC: $x_0 = L/2$; $M_{max} = (2/3) \cdot FL$]

Ba_51

Das Tragwerk setzt sich aus den beiden Balken AB und BCD zusammen, die in B gelenkig verbunden sind. Es ist in D fest eingespannt, Stab AC verbindet die beiden Bauteile. Im Bereich AB wirkt die Dreieckslast $q_0 = 3F/a$, in A das Moment $M = Fa$. Bestimmen Sie die:

a) Einspannreaktionen in D, die Gelenkkraftkomponenten in B sowie die Stabkraft A als Vielfache von F und a. Handelt es sich bei AC um einen Zug- oder Druckstab? **Lösungshinweis:** Schneiden Sie zunächst das Gesamtsystem frei (EMGS), dann den Träger AB.

b) Schnittgrößen im Bereich AB als Funktionen von x und Vielfache von F und a.

c) Randwerte, Nullstellen und lokalen Extrema.

d) Zeichnen Sie die Schnittgrößen im Bereich AB maßstäblich.

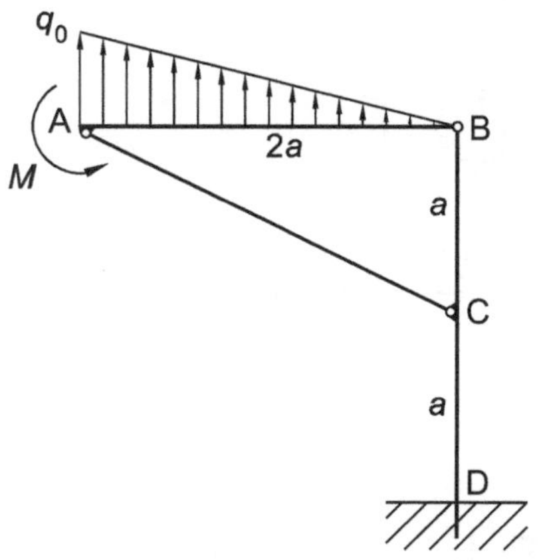

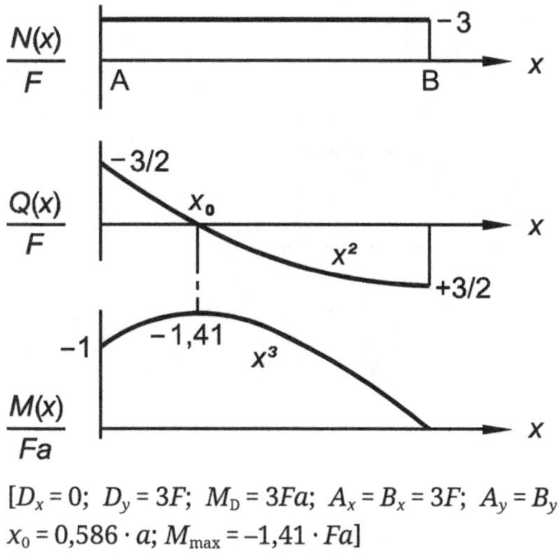

[$D_x = 0$; $D_y = 3F$; $M_D = 3Fa$; $A_x = B_x = 3F$; $A_y = B_y = 1{,}5 \cdot F$; $A = C = 3{,}35 \cdot F$ (Z); Bereich AB: $x_0 = 0{,}586 \cdot a$; $M_{max} = -1{,}41 \cdot Fa$]

Ba_52

Der Gelenkträger AGBCD ist in A, B und C gelagert. Er wird durch eine Rechtecklast q, eine Dreieckslast $q_0 = q$, die Einzelkraft $F = 2q_0a$ und durch das Moment $M = 2q_0a^2$ in D belastet. Berechnen Sie die:

a) Lager- und Gelenkreaktionen in A, G, B und C.

b) Schnittgrößen im gesamten Träger.

c) Zeichnen Sie die Schnittgrößen maßstäblich.

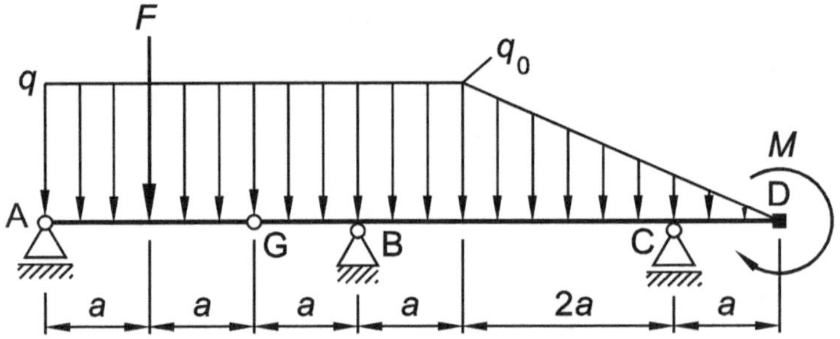

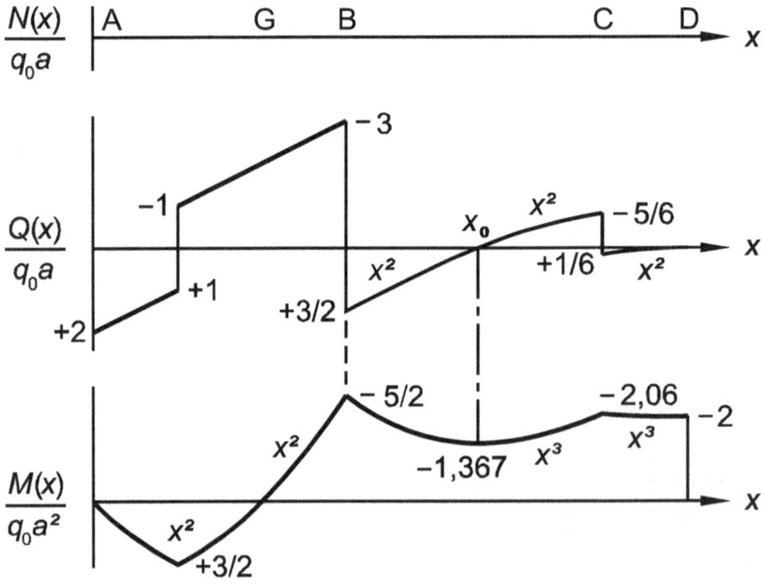

[$A = 2q_0a$; $B = 4{,}5 \cdot q_0a$; $C = q_0a$; $G = 2q_0a$; Bereich BC: $x_0 = 4{,}55 \cdot a$ von A aus gezählt; $M_{min} = -1{,}367 \cdot q_0a^2$ (Minimum)]

Ba_53

Der Träger ABC ist in B und C gelagert. Das Gelenk B ist an den Träger angeschweißt und teilt diesen nicht. Über die Gesamtlänge wirkt die Dreieckslast $q_0 = 6F/a$. In A greifen die Vertikalkraft $F/4$ sowie das Moment $M = (3/4) \cdot Fa$ an. Bestimmen Sie die:

a) Lagerkraftkomponenten in B und C als Vielfache von F.

b) Schnittgrößenfunktionen im Gesamtträger als Funktionen von x und Vielfache von F und a.

c) Geben Sie Nullstellen und Extremwerte an.

d) Zeichnen Sie die Schnittgrößen maßstäblich.

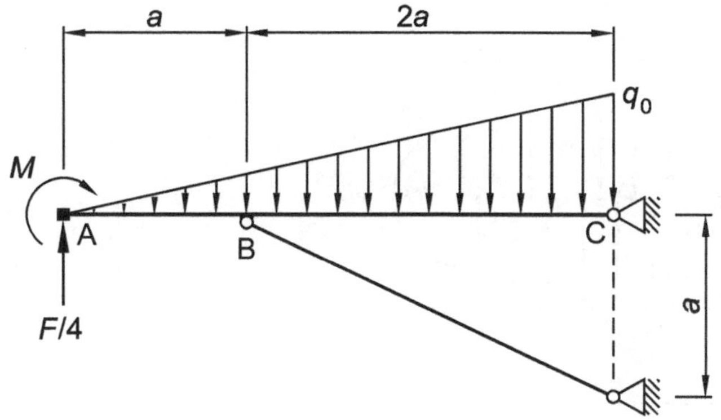

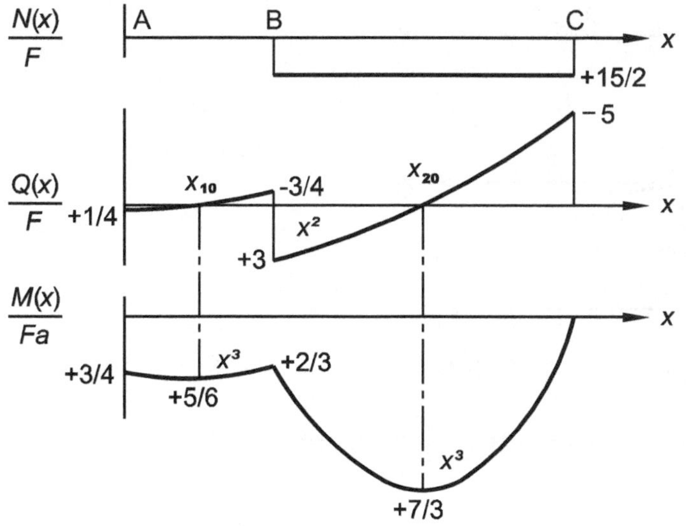

[$B_x = C_x = (15/2) \cdot F$; $B_y = (15/4) \cdot F$; $C_y = 5F$; Bereich AB: $x_{10} = a/2$; $M_{max} = (5/6) \cdot Fa$; Bereich AC: $x_{20} = 2a$ von A aus gezählt; $M_{max} = (7/3) \cdot Fa$]

Ba_54

Der Träger AB ist in A fest eingespannt und wird in B durch das Moment $M = (1/3) \cdot Fa$ belastet. Auf ihn wirkt die Dreieckslast $q_0 = 4F/a$ sowie eine nach **oben** gerichtete Rechtecklast $0{,}75 \cdot q_0$. Bestimmen Sie die:

a) Einspannreaktionen in A als Vielfache von F und a.

b) Schnittgrößen als Funktionen von x und Vielfache von F und a im gesamten Träger.

c) Randwerte, Nullstellen und Extremwerte.

d) Zeichnen Sie die Schnittgrößen maßstäblich.

Lösungshinweis: ein Schnitt durch Rechtecks- und Dreieckslast genügt.

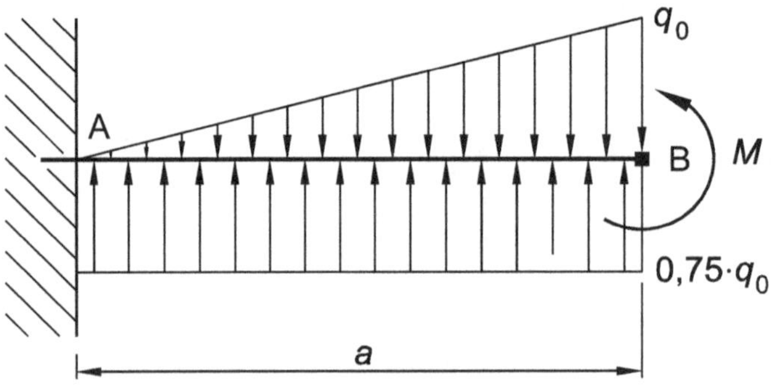

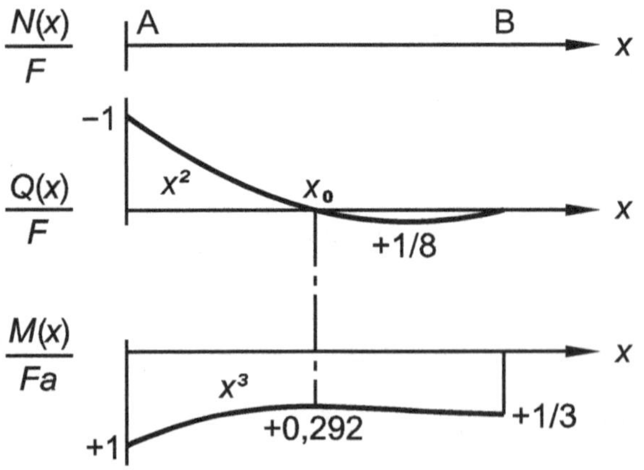

[$A_y = F$; $M_A = 0{,}5 \cdot Fa$; Bereich AB: $x_0 = a/2$; $M_{min} = 0{,}292 \cdot Fa$ (Minimum)]

Ba_55

Der Balken ABC ist in A und B gelagert. Im Bereich AB wirkt die Dreieckslast $q_0 = 6F/a$, im Bereich BC die Rechtecklast $q = 3F/a$. In C wirkt das Moment $M = (5/2) \cdot Fa$. Bestimmen Sie die:

a) Lagerkraftkomponenten in A und B als Vielfache von F.

b) Schnittgrößen im gesamten Bereich als Funktionen von x und Vielfache von F und a.

c) Randwerte, Nullstellen und lokale Extrema.

d) Zeichnen Sie die Schnittgrößen maßstäblich.

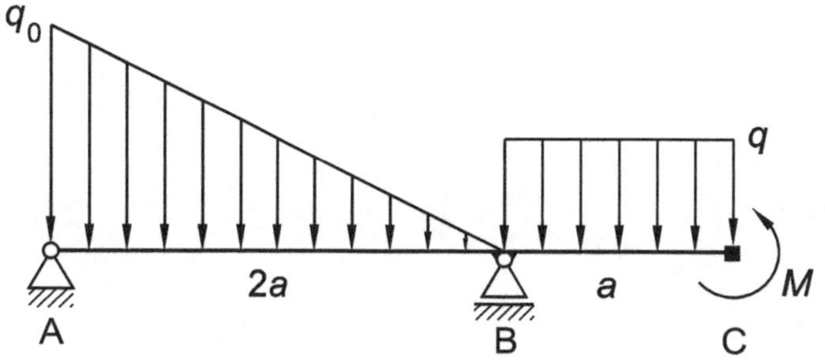

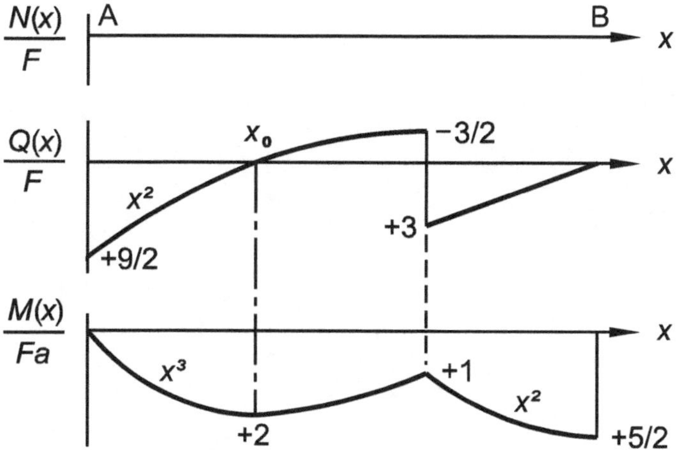

[$A_x = 0$; $A_y = B = 4{,}5 \cdot F$; Bereich AB: $x_0 = a$; $M_{max} = 2Fa$]